装备科技译著出版基金

精密调频连续波近程雷达及其工业应用

Precision FMCW Short-Range
Radar for Industrial Applications

［俄］ Boris A. Atayants　　Viacheslav M. Davydochkin
Victor V. Ezerskiy　　Valery S. Parshin　　Sergey M. Smolskiy 著

包中华　蒋燕妮　卢建斌　王　庆 译

国防工业出版社

·北京·

著作权合同登记　图字：军-2019-027 号

图书在版编目（CIP）数据

精密调频连续波近程雷达及其工业应用／（俄罗斯）
鲍里斯·A. 阿塔扬特斯（Boris A. Atayants）等著；
包中华等译. — 北京：国防工业出版社，2023.1
书名原文：Precision FMCW Short-Range Radar for Industrial Applications
ISBN 978-7-118-12589-4

Ⅰ. ①精… Ⅱ. ①鲍… ②包… Ⅲ. ①调频连续波雷达－精密测量－研究　Ⅳ. ① TN958

中国版本图书馆 CIP 数据核字（2022）第 192581 号

（根据版权贸易合同著录原书版权声明等项目）

Precision FMCW Short-Range Radar for Industrial Applications by Boris Atayants, et al..
ISBN：978-1-60807-738-0
© 2014 Artech House
All rights reserved.
本书简体中文版由 Artech House 授权国防工业出版社独家出版。
版权所有，侵权必究。

※

国防工业出版社出版发行
（北京市海淀区紫竹院南路 23 号　邮政编码 100048）
三河市腾飞印务有限公司印刷
新华书店经售

*

开本 710×1000　1/16　印张 19¾　字数 362 千字
2023 年 1 月第 1 版第 1 次印刷　印数 1—1500 册　定价 129.00 元

（本书如有印装错误，我社负责调换）

国防书店：（010）88540777　　书店传真：（010）88540776
发行业务：（010）88540717　　发行传真：（010）88540762

前　言

写作本书源于我们在雷达液位计这一专门领域多年的研发与制造经验。相关研究工作始于 20 世纪 70—80 年代，当时我们与梁赞州无线电工程学院以及苏联科学院遥控与自动化所的科学家们合作开展了一项名为 TEPLOPRIBOR 的研究项目。很多人都对该项目做出了贡献，如 B. V. Lunkin、A. S. Sovlukov、A. I. Kiyashev、A. G. Miasnikov、F. Z. Rosenfeld、B. V. Kagalenko、B. A. Atayants、V. M. Izrailson 和 M. P. Marfin 等。在过去的 15 年中，该研究又得到了 JSC Contact-1 公司中从事 BARS-3XX 系列液位计研发、现代化和量产工作专家们的帮助。世界上不同国家都在该领域里进行了大量的研究工作，以期能够制造出可自动、精确、可靠、连续检测不同技术规格容器中液位的设备。除这个狭窄但有用的领域外，在功能和性价比等方面有类似要求的其他工业领域，近程雷达系统的应用需求也很广泛，这些需求都可通过调频连续波（FMCW）雷达得到成功实现。我们认为，一个新的研究方向已在传统近程测量领域（含军事应用领域）中诞生，那就是旨在开发、研制和生产精密 FMCW 近程雷达相关的测量技术。

世界各地的供应商已经能够给出相当令人满意的各型号产品，但由于存在市场竞争压力，研发者很少解密新产品的工作原理和高精度稳定信号处理算法方面的技术细节。因此，我们需要牢记，这些产品在使用经典方法进行射频信号产生与处理时，也经常伴随或多或少不为人知的改进设计，而这些改变势必会导致用户在应用时出现意料之外的结果。当然，新方法在近程雷达测量系统射频信号产生和处理中的应用会推动新成果的产生，这也是我们决定在已有且公开的专利与工程出版物等文献资料之外，发表我们自己理论与实践成果的原因，希望本书的出版能够推动近程精密雷达技术的进一步创新和发展。

真诚感谢 JSC Contact-1 项目组全体同仁的理解、帮助以及他们在研发过程中持续的对新问题的跟踪和关于应用与结果的有趣而富有实践性的讨论。在这里，难以将推动相关研究的所有同事一一提及，但是需要特别指出 I. V. Baranov、V. A. Bolonin、V. S. Gusev、S. V. Miroshin、D. Y. Nagorny 和 V. A. Pronin 做出的突出贡献。

本书的基础是我们在梁赞州无线电工程学院无线电控制与通信部研讨班完成的学位论文，这些论文无论是在资料还是结果方面都曾得到很多人的指导与帮助，特别重要的有无线电控制与通信部主任 S. N. Kirillov 教授、无线电工程系统部主任 V. I. Koshelev 教授以及无线电工程设备部主任 Y. N. Parshin 教授。

我们还要感谢国立研究大学莫斯科电力工程学院无线电工程系统部主任 A. I. Perov 教授专门抽出大量时间审阅书稿并提出十分有益的建议。

特别感谢 Artech House Publishers 的匿名评阅人对本书的推荐和有价值的评论。

作者们还要向他们的同事 S. M. Smolskiy 表达诚挚的敬意，是他将此书译成英文。

真诚欢迎感兴趣的读者对本书内容提出宝贵意见，若有相关意见和建议可联系 Artech House 出版社，或者直接联系俄罗斯 CONTACT-1 公司（e-mail：market@ kontakt-1. ru）。

目　录

绪论 ·· 001
　参考文献 ··· 006

第1章　差频估计计数法 ··· 010
　1.1　引言 ·· 010
　1.2　主要计算关系 ··· 011
　1.3　距离测量的传统计数法 ·· 014
　1.4　FMCW雷达测距器的测距误差来源 ·· 015
　1.5　调频参数的自适应控制 ·· 017
　1.6　自适应调频下距离测量的截断误差 ·· 021
　　1.6.1　修正的测量时间间隔 ··· 021
　　1.6.2　测量时间间隔多倍于调制半周期 ··· 025
　　1.6.3　距离计算结果修正 ·· 027
　1.7　自适应调制不准确导致的测距误差 ·· 030
　1.8　噪声对于附加计数法测距精度的影响 ··· 032
　1.9　小结 ·· 037
　参考文献 ··· 037

第2章　差拍频率的加权平均估计 ··· 040
　2.1　引言 ·· 040
　2.2　差频加权平均法的截断误差 ·· 042
　2.3　通过加权函数参数优化实现差频加权平均法的截断误差最小化 ······· 051
　2.4　通过FM参数优化实现差频加权平均法的截断误差最小化 ·············· 055
　　2.4.1　附加慢调频的应用 ·· 056
　　2.4.2　扫频带宽优化 ·· 058
　　2.4.3　组合优化 ··· 060
　　2.4.4　误差最小化的组合过程 ·· 061

2.5 噪声对差频加权平均法误差的影响 ………………………………… 061
　　2.5.1 三角级数形式加权函数的测量误差 ………………………… 062
　　2.5.2 Kaiser-Bessel 加权函数的测量误差 ………………………… 066
2.6 小结 ……………………………………………………………………… 068
参考文献 …………………………………………………………………………… 069

第 3 章　基于谱峰位置估计差拍频率 …………………………………………… 071

3.1 引言 ……………………………………………………………………… 071
3.2 差频估计算法 ……………………………………………………………… 072
3.3 基于差频信号谱密度峰值的差频估计 ………………………………… 075
　　3.3.1 测距截断误差的分析估计 …………………………………… 075
　　3.3.2 加权函数为 Dolph-Chebyshev 和 Kaiser-Bessel 下的差频估计
　　　　　截断误差 ……………………………………………………… 077
　　3.3.3 基于 FM 参数优化的测量误差最小化 ……………………… 081
　　3.3.4 基于加权函数参数优化的误差最小化 ……………………… 083
　　3.3.5 采用自适应加权函数的截断误差最小化 …………………… 089
　　3.3.6 采用自适应加权的频率估计算法 …………………………… 089
3.4 差频的平均加权估计 …………………………………………………… 092
　　3.4.1 平均加权估计的截断误差 …………………………………… 092
3.5 校正系数频率估计算法的系统误差 …………………………………… 094
3.6 噪声干扰对距离测量误差的影响 ……………………………………… 096
　　3.6.1 DFS 和噪声之和的谱密度估计的统计特性 ………………… 096
　　3.6.2 噪声对中心频率估计精度的影响 …………………………… 097
3.7 小结 ……………………………………………………………………… 105
参考文献 …………………………………………………………………………… 106

第 4 章　差频信号距离的最大似然估计 ………………………………………… 110

4.1 引言 ……………………………………………………………………… 110
4.2 基于差频信号的距离估计 ……………………………………………… 111
4.3 采用极大似然方法的时延估计的特征 ………………………………… 116
4.4 影响时延测量误差的主要因素 ………………………………………… 119
4.5 FMCW RF 相位特征估计 ……………………………………………… 123
4.6 距离估计算法仿真 ……………………………………………………… 132
　　4.6.1 相位特性已知时的仿真结果 ………………………………… 133

4.6.2 相位特性未知时的仿真结果：相位特性实用估计方法 ………… 133
4.6.3 降低噪声对相位特性估计精度的影响 ………………………… 136
4.7 小结 ……………………………………………………………………… 136
参考文献 ……………………………………………………………………… 137

第5章 调频非线性效应 ……………………………………………………… 139

5.1 引言 ……………………………………………………………………… 139
5.2 调制特性的数学模型 …………………………………………………… 139
5.3 非线性调频对频率测量的计数方法的影响 …………………………… 142
    5.3.1 二次调制特性 ……………………………………………………… 143
    5.3.2 振荡调制特性 ……………………………………………………… 145
    5.3.3 具有振荡分量的二次调制特性 …………………………………… 148
5.4 FM 非线性对差频平均加权方法的影响 ……………………………… 149
5.5 修正系数与 MC 非线性参数的关系 …………………………………… 152
    5.5.1 调制特性的二次非线性 …………………………………………… 152
    5.5.2 调制特性的振荡非线性 …………………………………………… 153
    5.5.3 调节特性的二次振荡非线性 ……………………………………… 154
5.6 根据工作差频信号估计校正系数 ……………………………………… 154
    5.6.1 算法序列 …………………………………………………………… 154
    5.6.2 仿真条件 …………………………………………………………… 155
5.7 调制特性非线性的补偿 ………………………………………………… 156
5.8 距离计算时对非线性调制特性的考虑 ………………………………… 161
    5.8.1 极端周期部分估算 ………………………………………………… 161
    5.8.2 信号周期时间函数的近似 ………………………………………… 163
5.9 小结 ……………………………………………………………………… 165
参考文献 ……………………………………………………………………… 165

第6章 干扰存在条件下距离测量误差分析 ……………………………… 167

6.1 引言 ……………………………………………………………………… 167
6.2 单个伪目标引起的差频估计误差 ……………………………………… 170
    6.2.1 采用 DFS 谱峰位置估计法时的误差 …………………………… 170
    6.2.2 采用时域信号处理法时的误差 …………………………………… 172
6.3 天线波导路径和测距仪工作区伪反射体干扰误差分析 ……………… 174
    6.3.1 AWP 和 FMCW 测距仪工作区非频率依赖性伪反射体的影响 …… 174

6.3.2 脉冲性伪反射体的影响 …………………………………………… 176
6.4 容器垂边与液面夹角反射所引起的误差 …………………………… 181
6.5 待测物体尺寸有限引起边缘效应的影响 …………………………… 184
6.6 反射回波对 FM 测距仪测量误差的影响 …………………………… 186
　6.6.1 回波信号对 SHF 振荡器工作状态的影响 ……………………… 186
　6.6.2 有用反射信号对测距误差的影响 ……………………………… 187
　6.6.3 同时存在有用反射和伪反射回波对测距误差的影响 ………… 188
6.7 FMCW 雷达测距仪混频器交调分量对测距误差的影响 …………… 190
　6.7.1 虚拟反射体 ……………………………………………………… 190
　6.7.2 虚拟杂波对测距误差的影响 …………………………………… 192
6.8 小结 …………………………………………………………………… 192
参考文献 ……………………………………………………………………… 193

第7章 干扰存在条件下基于自适应窗函数的测量误差削减 …………… 195

7.1 引言 …………………………………………………………………… 195
7.2 对干扰源状态的估计 ………………………………………………… 196
7.3 单个可分辨干扰下基于微弱信号幅频估计的误差最小化方法 …… 201
　7.3.1 引言 ……………………………………………………………… 201
　7.3.2 微弱反射液体测距误差的最小化 ……………………………… 202
　7.3.3 天线附近区域微弱反射材料液位测量操作流程 ……………… 203
　7.3.4 罐底强反射背景下的距离测量 ………………………………… 206
7.4 非可分辨干扰背景下信号差拍频率估计误差的削减 ……………… 208
　7.4.1 常见的实际应用场景 …………………………………………… 208
　7.4.2 削减误差方法 …………………………………………………… 208
　7.4.3 估计误差削减算法具体流程 …………………………………… 213
7.5 虚拟反射引起测距误差的削减 ……………………………………… 214
　7.5.1 虚拟反射体影响削减算法流程 ………………………………… 215
　7.5.2 回波信号引起误差的削减措施 ………………………………… 217
7.6 小结 …………………………………………………………………… 218
参考文献 ……………………………………………………………………… 219

第8章 干扰存在时提高测量精度的参数化方法 ………………………… 220

8.1 引言 …………………………………………………………………… 220
8.2 伪反射信号的抵消 …………………………………………………… 220

- 8.2.1 基于复值谱的干扰抵消 ·········· 222
- 8.2.2 基于功率谱的干扰抵消 ·········· 224
- 8.3 采用最大似然法降低伪反射体对测距精度的影响 ·········· 228
  - 8.3.1 跟踪距离测量系统 ·········· 229
  - 8.3.2 本地极值跟踪流程的主要步骤 ·········· 233
  - 8.3.3 跟踪模式 ·········· 233
  - 8.3.4 相位估计误差对跟踪测量器的影响 ·········· 235
  - 8.3.5 跟踪丢失条件的确定 ·········· 236
  - 8.3.6 弱幅度伪反射体存在时的距离测量 ·········· 238
- 8.4 参数谱分析法频率测量 ·········· 240
  - 8.4.1 基于噪声子空间特征矢量分析的频率测量算法 ·········· 240
  - 8.4.2 基于 Prony 最小二乘法的距离测量算法 ·········· 243
- 8.5 引入运动速度信息的距离预测 ·········· 245
  - 8.5.1 有用反射体匀速运动时 ·········· 246
  - 8.5.2 有用反射体非匀速运动时 ·········· 248
- 8.6 小结 ·········· 249
- 参考文献 ·········· 250

第9章 近程 FM 雷达精密测量系统测试与实际应用 ·········· 252

- 9.1 引言 ·········· 252
- 9.2 用于试验估计 FM RF 信号特性的设备和方法 ·········· 253
  - 9.2.1 用于精确测量的雷达反射体设计 ·········· 253
  - 9.2.2 用于 FM RF 参数测量的测试台 ·········· 258
  - 9.2.3 测量过程 ·········· 259
- 9.3 减小虚拟干扰误差的试验研究 ·········· 260
  - 9.3.1 波导测量测试台 ·········· 260
  - 9.3.2 减小虚拟干扰影响可能性的试验研究 ·········· 260
  - 9.3.3 辐射功率对于虚拟干扰引起估计误差的影响 ·········· 261
- 9.4 通过自适应加权函数减小测距误差的试验结果 ·········· 262
- 9.5 测试台上距离测量的参数化算法的试验结果 ·········· 264
  - 9.5.1 基于参数谱分析的算法 ·········· 264
  - 9.5.2 基于最大似然估计的算法 ·········· 266
  - 9.5.3 跟踪测距仪的试验结果 ·········· 267

- 9.5.4 "预测"算法的试验结果 ... 267
- 9.6 FMCW 雷达的实际应用领域 ... 268
  - 9.6.1 中小型的无线电高度计 ... 269
  - 9.6.2 无线电近炸引信 ... 270
  - 9.6.3 导航雷达 ... 270
  - 9.6.4 交通雷达 ... 271
  - 9.6.5 液位计 ... 272
  - 9.6.6 冰雪覆盖层厚度计 ... 272
  - 9.6.7 调频地质雷达 ... 273
  - 9.6.8 大气感知雷达 ... 274
  - 9.6.9 大地测量学研究用的测距仪 ... 274
  - 9.6.10 鸟类观测雷达 ... 274
  - 9.6.11 细小位移计 ... 275
  - 9.6.12 安全系统 ... 275
  - 9.6.13 机器人导航和绘图系统 ... 276
- 9.7 小结 ... 276
- 参考文献 ... 277

结束语 ... 279

附录 用于谐波分析及相关问题的窗函数 ... 281
- A.1 AWF 的解析表达式 ... 281
- A.2 数字信号处理中 AWF 的谱特性 ... 285
- A.3 旁瓣电平的最小化 ... 289
- A.4 最小化 AWF 等效噪声带宽 ... 297
- A.5 频率估计误差的最小化 ... 300
- A.6 小结 ... 303
- 参考文献 ... 304

绪　论

调频测距仪(FRF)也称为 FMCW 近程雷达,使用调频(FM)连续波信号。多年来,它们作为军、民用飞机的高度计以及恶劣天气船只进港靠码头时观测港口水域的海用导航雷达,得到了成功的应用。无线电近炸引信(最后一英里①雷达)也是 FRF 的典型应用之一。由于早年间众多工业分支领域的急速发展,加上基础领域产业更新过程中自动控制系统的广泛分布,在 20 世纪 60 年代末期近程雷达测量设备开始在工业上得到大量应用[1-3]。相关针对极近距离(从数分米到数十米)精密测量的设备可归纳如下:

①各种专业容器的液位测量系统(液位计);
②复杂技术装备的精确定位系统(从精密仪器一直到门座起重机);
③各种机械装置和仪器设备中部件微小移位和振动检测系统;
④大地测量中的测距仪;
⑤冰层厚度测量系统;
⑥汽车防撞和自主停车应用中的测距测速系统;
⑦大气遥感雷达;
⑧鸟类观测雷达;
⑨各种制导系统。

尽管应用领域如此宽泛,但上述所有设备也可纳入统一的方法框架之下处理,不同之处在于各自拥有自己的特性要求和典型特征。过去数十年各类军事应用的发展已奠定实现这些系统的技术基础[3-13]。在很多场合下,当需要对运动目标进行非接触式连续跟踪(跟踪目标的航迹、距离甚至其运动速度)测量时,无线电探测方法可部分解决问题[1],但想要全面解决该问题并得到实际应

---

① 译者注,1 英里 = 1.609344×10^3 m。

用，只能是采用雷达技术。在绝大多数情况下，使用调频连续波（CW）信号的调频测距仪就可以成功解决上述问题，因此，我们将从这里出发，仅考虑类似的 FMCW 雷达设备。

瑞典的 SAAB 公司和荷兰的 Enraf-Nonius 公司是 FMCW 雷达工业应用领域的先锋[2,14-15]，他们最早使用 FMCW 雷达测量各种专业容器的液位。在 1975 年，SAAB 公司推出第一款实用的雷达液位计，到 20 世纪 90 年代中期，该公司已生成 15000 多种液位计产品。1976 年，德国 Krohne 公司也研制了其首款雷达液位计，同年，俄罗斯梁赞的 Teplopribor 工厂[15]生产了用于油轮的液位计。这些首代雷达液位计的精度并不高，其误差大多在数个计量单位甚至数十厘米量级。一直到 20 世纪 90 年代早期，其精度才得以提升至 1cm[2]。俄罗斯的 LUCH-2 液位计在 B. A. Atayants 博士的参与下研发成功并投入量产，其精度为 2cm。然而，1~2cm 的测量精度对于工业应用中的很多领域来说是不够的。为了进一步提高精度，需要更高级的超高频工程开发和现代设备的应用，此外还需要采用数字信号处理方法。为了将精度由 1cm 提高到 1mm，人类用了差不多 10 年的时间。

工业上对近程测量雷达有着极大的需求。工业和经济的巨大影响力不仅来自于对测量和数据处理过程中常规人工方法的淘汰，还包括对高可靠性、高精度、快测量速度的要求以及为产品中自动控制系统提供便捷的测距仪的需求。

需要指出的是，在纯民用的 FMCW 雷达的广泛应用中，不同于军事应用场合，很多常用雷达专业术语需要重新命名。比如，在传统雷达技术中，雷达观测的对象被称为目标，在这里称为有用反射体（UR），以示还有其他的会干扰测量的伪反射体（SR）。

当前，可从相关专利出版物和科技文献中看出各公司在相关设备研发上的主要进展[14-52]，其中文献[14, 17-18, 23]给出了工业用 FMCW 雷达测距仪研制的关键步骤，即差频（DF）的加权估计方法；文献[16, 19]研究了 FM 信号额外的慢相位调制效应；文献[17, 21-22, 25, 28, 40]使用延迟线构建参考（标准）信号通道；文献[15, 37, 43, 49]研究旨在测量和补偿步进调频 CW（简称为 FSCW）发射机非线性调制特性（MC）的校准模式；文献[48-49]建议在 FSCW 模式下使用数字技术合成射频发射信号；文献[33, 35, 43-46]研究 FMCW 雷达在 SR 存在的条件下最大似然估计（MLM）或其他超分辨率估计（如 MUSIC（多重信号分类）算法[43]）方法的工作性能。

尽管 20 世纪 60—70 年代出版的关于 FMCW 雷达理论的书籍大多针对军用系统，除了上述参考文献外，我们还是引入了文献[50-51]作为读者的参考资料。其中最重要和最知名的参考书是由 A. S. Vinitsky 撰写的文献[3]，美中不足的是，该书没有提及过去数十年来引起基础领域革命性变化的现代信号产生与处理方法。在20世纪80年代末期，文献[52]得以出版，该书对工程无线电近程探测系统的基本原理和结构组成有着严谨的阐述，同时给出了其在交通工具运动参数测量和导航系统中的应用实例。同时，我们也注意到文献[53-54]给出的相关研究结果。

我们还关注到文献[55]，作为俄罗斯一些技术大学关于FMCW雷达系统的教材，该文献以现代视角非常简洁地介绍了FMCW雷达相关基础理论。在本书最后的审阅阶段，还看到由Artech House出版社出版并翻译成俄文的文献[56]，该文献论述了符合近程雷达测量系统特点的差拍（也称为自振荡混频(SOM)）接收信号处理和发射机相关基础理论。文献[57-58]给出了关于近程精密距离测量问题研究现状相关的评述。

综合上述文献，有必要将世界范围内所有出版物和不同作者基于新设备实际工作经验给出的相关信息，以及本领域研究的最新进展综合起来呈现给读者。

工业应用领域使用的FMCW近程雷达系统的主要特点可归纳如下。

(1) 作用距离在零点几米至30~50m，测量精度要求高达1mm甚至零点几毫米。

(2) 大多数情况下，测量需在复杂干扰环境下进行，密闭容器中通常会存在多个不同SR，观测过程中会收到大量此类反射体的干扰信号。若待观测液体的介电常数不是很大且在液位测量过程中对电磁波衰减有限，则容器底部的反射信号也清晰可见。尽管如此，RF(射频)工作区中全部的SR(及其相关参数)均可预先被识别和估计出来。

(3) 射频回波信号需要在第一级超高频(SHF)电路所产生噪声的背景下被接收，该背景噪声源于发射机的相位噪声。

(4) 发射机调制特性(MC)的非线性对测量结果有很大影响。

(5) 测量需要在一系列动态变化条件下进行，如环境参数(温度、湿度、压力)的巨大变化、工作区环境参数的动态变化以及电波传播介质灰尘度的通常性增加、水蒸气的存在、天线上的水汽凝结和灰尘沉淀等。

(6) 用于差频信号(DFS)处理的样本数是有限的，因此，对于较小的测量距离，仅有数个周期(3~4个或更少)的信号样本可用于分析和处理。

(7) 高精度测量需要相当复杂的信号处理算法，但是，估计结果必须在一个较短的时间周期内给出，即需要实时处理。

(8) 所开发算法必须在设备经济性要求允许的可用硬件基础上具有可实现性。

通常来说，对 FMCW 雷达工作特性进行理论分析的方法有两种，即谱分析法和基于 DFS 的时域简化处理方法[3,13,53-57]，后者更多是基于对信号交互作用后零值点出现位置及其数量的分析，因此也称为时域法，相关文献给出了关于该方法的各种不同表述。本书将综合使用这两种 DFS 处理方法，利用现代数字信号处理（DSP）技术的优势，以期获得最佳的处理效果。

众所周知，这两种方法均会存在所谓的量化区间[51]（Quantization Interval，QI）误差[3,10,13]，该误差来源于调频的周期性。大部分情况下，该误差都大到不可忽略，需要采取措施加以削减。通常可以采用如 QI 平滑法等方法，通过对发射和接收信号附加额外的确定性操作来达到目的[3,10]，这些方法使得距离测量可以获得较高的精度。但是任何一种相关方法在降低测量误差方面都存在着能力下限，且并不是每一种方法都能基于数字信号处理技术而实现。

如何基于最优处理特别是最大似然类方法获得最好的测量精度，是个十分重要且有意义的研究课题。本书也将对此进行讨论。

对测距误差的分析需要综合考虑噪声以及射频工作区 SR、寄生幅度调制[PAM]和发射机 MC 非线性等多种干扰因素的影响。

在对上述问题进行深入考察的过程中，需要考虑关于近程 FMCW 雷达应用领域，系统结构组成原理以及信号产生和处理基本理论等相关大量信息，前述相关文献对此已有细致的描述。因此，本书不准备再针对这些通用问题或某一具体主题进行深入讨论，尽管在我们的观念中这些都是使用测量系统实现过程中最重要和最关键的问题。

第 1 章旨在研究差拍频率估计中经典的计数类方法。实际上，人们对该类方法的研究还没有穷尽所有可能。书中给出的自适应调频参数控制算法，可有效降低 QI 误差至实用可接受范围以内；研究了两种不同计数法的实现形式，提出的测量误差修正算法可使误差量级锐减。考察了噪声对这两种实现方法的影响，证明了所提实现方法的优越性。

第 2 章研究差拍频率估计中加权类方法的性能。给出了两种加权函数（WF）簇下测距截断误差的完整解析表达式。研究了通过优化 WF 和 FM 参数最小化测量误差的可行性，并开发了相应的算法，同时研究了噪声对所提算法的影响。

第 3 章给出对 DFS 处理相关谱方法的深入分析。DFS 谱方法基于谱密度（SD）函数最大值位置估计差拍频率，得到使用该方法进行距离测量时截断误差的近似解析表达式，可在任意 WF 下以较高精度计算截断误差。依据相关方程和公式，可获得两类有潜力的 WF 簇，结果表明可通过优化 WF 和 FM 参数来最小化测量误差。通过使用 AWF（自适应加权函数），提出了基于 SD 最大值的测量误差最小化算法,与传统 WF 相比,无论是在截断误差水平还是噪声分量上,新方法都具有本质上的优势,尤其是在小距离测量时优势更加明显。此外,还考察了基于差拍频率加权平滑估计和修正系数的距离确定方法的可行性。最后讨论了噪声对上述算法的影响,并基于数值模型给出了上述算法的性能比较结果。

第 4 章旨在分析最大似然估计(MLM)法在实际距离测量中的应用问题。推导了 MLM 法距离测量精度上限公式,并给出两步法 MLM 估计实现流程,可在参数搜索中获得全局极大值点。分析了 MLM 法中影响测距误差估计的相关因素,并基于此对算法流程进行改进,使得误差最大值可得到有效削减。

第 5 章讨论使用计数法和加权平均法估计差拍频率时 MC 非线性对测距精度的影响问题。给出了 MC 数学模型和基于实测数据估计模型参数的方法,结果表明模型与实测结果吻合度较高;基于时域 DFS 处理分析了 MC 非线性对测量误差方差值(MEDS)的影响。给出削减 MC 非线性引起测量误差的 3 种算法,即测量结果校正,预校正调制电压来补偿非线性和在距离计算时考虑非线性影响。所有这 3 种算法均需要对当前 DFS 实时估计非线性参数,量化地给出每个算法带来的估计精度提升性能。

第 6 章讨论分析干扰存在引起的测距误差问题。考察了干扰的种类及其物理机理,对每种干扰,从理论上量化分析了干扰强度及其对测量误差产生影响的主要机理。

第 7 章研究干扰存在引起测量误差的削减方法,尤其是 RF 工作区干扰状态的检测和估计问题。给出了使用自适应 WF 削减差拍频率估计误差的相关算法,使削弱虚拟反射导致的测量误差成为可能。

第 8 章讨论干扰存在条件下提高测距精度的参数化方法。介绍了 MC 补偿的可能方法,SR 存在条件下对 MLM 算法的修正以及参数化谱分析方法等内容;在误差过大的相关区域,基于结果预测的理念,给出具体的测量误差削减算法。

第 9 章介绍在工厂进行 FMCW 雷达特性测试所需的试验条件、仪器设备和试验方法。给出了获得所需测量精度所必需的定标体的构建方法;介绍了试验所用测量系统,该系统已获得认证,能够可靠地输出测距误差;讨论了前述相关算法(其中部分已应用在 BARS 系列化量产液位计产品中)的试验研究结果,所有试验结果与理论和模型计算结果均吻合较好。

附录中给出了用于谱分析方法的自适应 WF,给出了 AWF 设计约束公式和相关解析表达式,对最有应用价值的一些 AWF 同时提供了参数系数集。研究了 AWF 相关特性,并给出了优化相关特性所需的优化方法。

本书同时给出了工业和科学研究领域得到实际应用的一些使用 FMCW 雷达的简要综述。

参考文献

[1] Victorov, V. A., B. V. Lunkin, and A. S. Sovlukov, Radio Wave Measurements of Technological Process Parameters, Moscow, Russia: Energoizdat Publ., 1989. [In Russian.]

[2] Johanngeorg, O., "Radar Application in Level Measurement, Distance Measurement and Nondestructive Material Testing," Proc. of 27th European Microwave Conference, September 8-12, 1997, pp. 1113-1121.

[3] Vinitskiy, A. S., Essay on Radar Fundamentals for Continuous-Wave Radiation, Moscow, Russia: Sovetskoe Radio Publ., 1961. [In Russian.]

[4] Rytov, S. N., "Modulated Oscillations and Waves," Trudy FIAN, Vol. II, No. 1, 1940. [In Russian.]

[5] Gonorovskiy, I. S., Frequency Modulation and Its Application, Moscow, Russia: Sviazizdat Publ., 1948. [In Russian.]

[6] Luck, D. G., Frequency Modulated Radar, New York: McGraw-Hill, 1949.

[7] Kharkevich, A. A., Spectra and Analysis, 4th ed., Moscow, Russia: Fizmatgiz Publ., 1962. [In Russian.]

[8] Bogomolov, A. F., Radar Fundamentals, Moscow, Russia: Sovetskoe Radio Publ., 1954.

[9] Calmus, G., J. Kacheris, and G. Dropkin, "The Frequency-Modulated Altimeter with Non-Discrete Reading," Issues of Radar Technology, No. 3, 1954. [In Russian.]

[10] Abd-El Ismail, M., A Study of the Double Modulated F. M. Radar, Zurich: Verlag Leemann, 1955.

[11] Astafiev, G. P., V. S. Shebshaevich, and Y. A. Yurkov, Radio Navigation Devices and Systems, Moscow, Russia: Sovetskoe Radio Publ., 1958. [In Russian.]

[12] Skolnik, M., Introduction to Radar Systems, New York: McGraw-Hill, 1962.

[13] Kogan, I. M., Short-Range Radar Technology (Theoretical Bases), Moscow, Russia: Sovetskoe radio Publ., 1973. [In Russian.]

[14] Swedish Patent No. 381745, INT. CL. G01S 9/24. "Satt och anerdning for avstandsmatning med frekvens-modulerade kontinuerliga mikrovagor," K. O. Edvardson, No. 7315649-9. Filed November 20, 1973; published December 15, 1975.

[15] Brumbi, D., "Measuring Process and Storage Tank Level with Radar Technology," Records of the IEEE 1995 Intl. Radar Conference, Alexandria, VA, 1995, pp. 256-260.

[16] Schilz, W., R. Jacobson, and B. Schiek, "Mikrowellen Entfernungsmebsystem mit ±2,5 mm Genauigkeit," Mikrowellen Magazine, No. 2, 1976, pp. 102-107.

[17] U. S. Patent 4044355, Int. CI. G01S 9/24, "Measurement of contents of tanks etc. with microwave radiations," K. O. Edvardsson. Filed February 13, 1976. Date of patent, August 23, 1977.

[18] Edvardson, K. O., "An FMCW Radar for Accurate Level Measurements," 9th Eur. Microwave Conference, Brighton, U. K., September 17-19, 1979, pp. 712-715.

[19] Imada, H., and Y. Kawata, "New Measuring Method for a Microwave Range Meter," Kobe Steel Eng. Repts., Vol. 30, No. 4, 1980, pp. 79-82.

[20] Marfin, V. P., V. I. Kuznetsov, and F. Z. Rosenfeld, "SHF Level-Meter," Pribory i sistemy upravlenia, No. 11, 1979, pp. 28-29. [In Russian.]

[21] Kagalenro, B. V., V. P. Marfin, and V. P. Meshcheriakov, "Frequency Range Finder of High Accuracy," Izmeritelnaya technika, No. 11, 1981, p. 68. [In Russian.]

[22] Authors certificate 1123387 (USSR), INT. CL. G01S 13/34, "Radio Range Finder," B. V. Kagalenko and V. P. Meshcheriakov, Bull. No. 41, published July 10, 1984.

[23] Authors Application 30-1591 (Japan), INT. CL. G01S 13/34, "Approach to Distance Measurement with the Aid of Frequency-Modulated Signal and the Radar Station with Frequency Modulation," Izobretenia stran mira, No. 15, 1985, p. 29. [In Japanese.]

[24] Authors Application 60-1592 (Japan), MLI G01S 13/34, "Method for Distance Measurement with the Help of the Radar Station with Double Frequency Modulation," (Izobretenia stran mira, No. 15, 1985, p. 29. [In Japanese.]

[25] Authors certificate 1141354 (USSR), INT. CL. G01S 13/08. "Frequency-modulated radio range finder," B. V. Kagalenko and V. P. Meshcheriakov. Bull. No. 7. Filed March 5, 1983; published February 2, 1985.

[26] Marfin, V. P., et al., "Radio Wave Non-Contact Level-Meter of Higher Accuracy," Izmeritelnaya technika, No. 6, 1986, pp. 46-48. [In Russian.]

[27] Author certificate 1230423 (USSR), INT. CL. G01S 13/34, 13/08. "Radio Range-Finder with Frequency Modulation," B. V. Kagalenro and V. P. Meshcheriakov. Bull. No. 17. Filed August 13, 1984; published July 5, 1986.

[28] U. S. Patent 4737791. Int. CI. G01S 13.08. "Radar Tank Gauge," B. R. Jean, et al. Filed February 19, 1986; date of patent April 12, 1988.

[29] Author certificate 1642250 (USSR), INT. CL. G01F 23/28. "Non-Contact Radio Wave Method for Level Measurement of Media Surface," B. V. Lunkin, D. V. Khablov, and A. I. Kanarev. No. 4678472/10. Bull. No. 14. Filed April 14, 1989; published April 15, 1991.

[30] Author certificate 1700379 (USSR), INT. CL. G01F 23/28. "Non-Contact Radio Wave Method of Level Measurement and Device for Its Implementation," D. V. Khablov. No. 4773382/10, 4773381/10. Bull. No. 47. Filed December 24, 1989; published December 23, 1991.

[31] U. S. Patent 5070730, Int. CI. G01F 23/28. "Device for Level Gauging with Microwave," K. O. Edvardsson. No. 613574. Filed March 27, 1990; date of patent December 10, 1991.

[32] U. S. Patent 5136299, Int. Cl. G01S 13/08. "Device of Radar Level Gauge," K. O. Edvardsson. No. 687914. Filed January 11, 1990; date of patent August 4, 1992.

[33] Woods, G. S., D. L. Maskell, and M. V. Mahoney, "A High Accuracy Microwave Ranging System for Industrial Applications," IEEE Transactions on Instrumentation and Measurement, Vol. 42, No. 4, August 1993.

[34] U. S. Patent 5321408, Int. Cl. G01S 13/08. "Microwave Apparatus and Method for ullage Measurement of Agitated Fluids by Spectral Averaging," B. R. Jean and G. L. Warren. No. 999680. Filed December 31, 1992; date of patent June 14, 1994.

[35] Bialkovski, M. E., and S. S. Stuchly, "A Study into a Microwave Liquid Level Gauging System Incorporating a Surface Waveguide as the Transmission Medium," Singapore ICCS' 94. Conference Proceedings, Vol. 3, 1994, p. 939.

[36] Stuchly, S., et al., "Microwave Level Gauging System," 10th International Microwave Conference MIKON-94, Vol. 2, Poland, 1994, p. 530.

[37] Stolle, R., H. Heuermann, and B. Schiek, "Novel Algorithms for FMCW Range Finding with Microwaves," Microwave Systems Conference IEEE NTC'95, 1995, p. 129.

[38] U. S. Patent 5387918, Int. Cl. G01S 13/32. "Method and an Arrangement for Measuring Distances Using the Reflected Beam Principle," W. Wiesbeck, J. Kehrbeck, and E. Heidrich. No. 956882. Filed April 15, 1992; date of patent February 7, 1995.

[39] U. S. Patent 5406842, Int. Cl. G01F 23/28. "Method and Apparatus for Material Level Measurement Using Stepped Frequency Microwave Signals," J. W. Locke. No. 132981. Filed October 7, 1993; date of patent April 18, 1995.

[40] Vossiek, M., et al., "Novel FMCW Radar System Concept with Adaptive Compensation of Phase Errors," 26th EuMC, Prague, Czech Republic, 1996, p. 135.

[41] Stolle, R., and B. Schiek, "Precision Ranging by Phase Processing of Scalar Homodyne FMCW Raw Data," 26th EuMC, Prague, Czech Republic, 1996, p. 143.

[42] Chengge, Z., et al., "A Method for Target Estimation of Level Radar," International Conference of Radar Proceedings (ICR'96), Beijing, China, 1996, pp. 270-273.

[43] U. S. Patent 5504490, Int. Cl. G01S 13/08. "Radar Method and Device for the Measurement of Distance," J.-C. Brendle, P. Cornic, and P. Crenn. No. 414594. Filed March 31, 1995; date of patent April 2, 1996.

[44] U. S. Patent 5546088, Int. Cl. G01S 13/18. "High-Precision Radar Range Finder," G. Trummer and R. Korber. No. 317680. Filed October 5, 1994; date of patent August 13, 1996.

[45] Weib, M., and R. Knochel, "Novel Methods of Measuring Impurity Levels in Liquid Tanks," IEEE MTT-S International Microwave Symposium Digest, Vol. 3, 1997, pp. 1651-1654.

[46] Weib, M., and R. Knochel, "A Highly Accurate Multi-Target Microwave Ranging System for Measuring Liquid Levels in Tanks," IEEE MTT-S International Microwave Symposium Digest, Vol. 3, 1997, pp. 1103-1112.

[47] Kielb, J. A., and M. O. Pulkrabek, "Application of a 25 GHz FMCW Radar for Industrial Control and Process Level Measurement," IEEE MTT-S International Microwave Symposium Digest, Vol. 1, 1999, pp. 281-284.

[48] Patent 2126145(Russian Federation), INT. CL. G01F 23/284. "Level-Meter," S. A. Liberman, et al., No. 97114261/28. Bull. No. 4. Filed August 20, 1997; published October 2, 1999.

[49] Bruimbi, D., "Low Power FMCW Radar System for Level Gauging," 2000 IEEE MTT-S International Microwave Symposium Digest, Vol. 3, 2000, pp. 1559-1562.

[50] Zhukovskiy, A. P., E. I. Onoprienko, and V. I. Chizhov, Theoretical Fundamentals of Radio Altimetry, Moscow, Russia: Sovetskoe Radio Publ., 1979. [In Russian.]

[51] Finkelstein, M. I., Fundamentals of Radar, 2nd ed., Moscow, Russia: Radio i Sviaz Publ., 1983. [In Russian.]

[52] Sheluhin, O. I., Short-Range Radio Systems, Moscow, Russia: Radio i Sviaz Publ., 1989.

[53] Skolnik, M., Introduction to Radar Systems, 3rd ed., New York: McGraw-Hill, 1981.

[54] Brumbi, D., Fundamentals of Radar Technology for Level Gauging, 3rd rev., Duisburg: Krohne Messtechnik, 1999.

[55] Bakulev, P. A., Radar Systems, Moscow, Russia: Radiotekhnika Publ., 2004. [In Russian.]

[56] Komarov, I. V., and S. M. Smolskiy, Fundamentals of Short-Range FMCW Radar, Norwood, MA: Artech House, 2003.

[57] Atayants, B. A., et al., "Precision Industrial Systems of FMCW Short-Range Radar Technology: Truncation Measurement Error and Its Minimization," Uspekhi sovremennoi radioelektroniki, No. 2, 2008, pp. 3-23. [In Russian.]

[58] Atayants, B. A., et al., "Noise Problem and Non-Linearity of Transmitter Modulation Characteristic in Precision Industrial Short-Range FMCW Radar Systems," Uspekhi sovremennoi radioelektroniki, No. 3, 2008, pp. 3-29. [In Russian.]

第1章
差频估计计数法

1.1 引 言

调频(Frequency Modulation,FM)连续波雷达可以通过多种方法实现测距[1-6],其中一种可行的方法是在满足理论近似的前提下采用测距器(Range-Finder,RF),并获取工作所需的计算结果,这将在本书接下来的内容中加以详细介绍。如图1.1所示,振荡器发射 SHF 信号并激励发射天线,同时产生一个本振信号送入接收分系统的混频器中,在混频器中发射(本振)信号与反射信号相互作用,从而输出一个频率与待测距离相关的有用信号。该差频信号(Difference Frequency Signal,DFS)被放大并送入频率计和距离计数器。调制器被用来产生 FM 发射信号。在调频连续波(FMCW)雷达测量系统中,对连续正弦 DFS 有限样本的频率估计是主要工作任务。

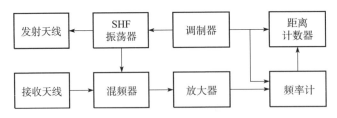

图1.1 一种最简单的调频雷达测距器的结构框图

对有用信号进行处理的所有阶段简单而直接,学者们对频率测量方法也已进行过充分研究,这些都使频率(距离)计数方法具备高可靠性。

本章将详细讨论 FMCW 雷达测距器(RF)信号产生与处理中所采用的那些传统方法,并分析它们的具体特性,目的在于揭示那些对于粗略(传统)测量而言并不重要、但对高精度测量却具有重要意义的影响因素。

1.2 主要计算关系

下面研究 DFS 处理,仅关注在本书后面部分会涉及的那些关键点。

在图 1.1 所示电路中,通常采用周期为 T_{mod} 的单调周期函数 $\omega_{\text{mod}}(t) = 2\pi f_{\text{mod}}(t)$ 作为调制信号,如正弦函数或锯齿波函数。发射信号频率在 $2\pi f_1 \leq \omega \leq 2\pi f_2$ 之间以下面的规律变化,即

$$\omega(t) = 2\pi f(t) = \omega_0 + \omega_{\text{mod}}(t) = 2\pi [f_0 + f_{\text{mod}}(t)] \tag{1.1}$$

式中:$\omega_0 = 2\pi f_0$ 为发射信号的载频(中心频率);$f_{\text{mod}}(t)$ 为反映频率随时间变化的时间函数。故角频率的扫频范围可表示为

$$\Delta\omega = \omega_2 - \omega_1 = 2\pi(f_2 - f_1) = 2\pi\Delta F \tag{1.2}$$

式中:$\Delta F = f_2 - f_1$ 称为扫频带宽。以下这些函数常常被用来作为调制函数[1,3,6-7]。

①单向锯齿波调制波形,即

$$f_{\text{mod}}(t) = \frac{\Delta F(t - iT_{\text{mod}})}{T_{\text{mod}}} \qquad iT_{\text{mod}} \leq t \leq (i+1)T_{\text{mod}} \tag{1.3}$$

②对称三角波调制波形,即

$$f_{\text{mod}}(t) = \begin{cases} \dfrac{2\Delta F(t - iT_{\text{mod}})}{T_{\text{mod}}} & \text{当 } iT_{\text{mod}} \leq t \leq 0.5(2i+1)T_{\text{mod}} \\ \dfrac{2\Delta F[(i+1)T_{\text{mod}} - t]}{T_{\text{mod}}} & \text{当 } 0.5(2i+1)T_{\text{mod}} \leq t \leq (i+1)T_{\text{mod}} \end{cases} \tag{1.4}$$

③正弦波调制波形,即

$$f_{\text{mod}}(t) = 0.5\Delta F \sin\frac{(2\pi(i+1))}{T_{\text{mod}}} \tag{1.5}$$

式中:$i = 0, 1, \cdots$。

电波往返于目标与雷达之间,由此产生一个延迟时间 t_{del},经过该延迟时间后,反射信号与部分发射信号一起进入混频器,混频器输出端的 DFS 可表示为

$$u_{\text{dif}}(t) = A_{\text{dif}}\cos\varphi_{\text{dif}}(t) \tag{1.6}$$

式中:A_{dif} 与 $\varphi_{\text{dif}}(t)$ 分别为 DFS 的幅度与相对瞬时相位。根据式(1.1),DFS 的瞬时相位可表示为

$$\varphi_{\text{dif}}(t) = \int_{t-t_{\text{del}}}^{t} \omega(t)\mathrm{d}t + \varphi_s = \omega_0 t_{\text{del}} + \int_{t-t_{\text{del}}}^{t} \omega_{\text{mod}}(t)\mathrm{d}t + \varphi_s \tag{1.7}$$

式中:$\varphi_s = \varphi_{\text{rf}} + \varphi_{\text{pp}}$,$\varphi_{\text{rf}}$ 为由目标复杂反射系数所决定的相位,φ_{pp} 为由预处理

电路引起的附加相位偏移。

图 1.2(a)展示了对称三角波调制下发射信号频率 $f(t)$(实线)和接收延时信号频率 $f_{rec}(t)$(虚线)随时间变化的关系曲线。差频 $F_{DFS} = |f(t) - f_{rec}(t)|$ 随时间的变化关系如图 1.2(b)所示,DFS 波形则如图 1.2(c)所示。在调制周期的大部分时间内,差频都是恒定值(当目标与雷达均固定时),在图 1.2 所示曲线中接近交叉点很短的时间间隔 $\pm t_{del}/2$ 内,频率快速改变,且每隔半个调制周期重复一次。这些位于两个信号频率极值点之间很窄的时间间隔称为反转区[1]。

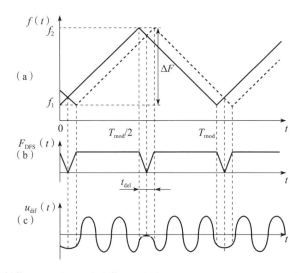

图 1.2　发射信号(实线)和接收信号(虚线)(a)、DFS(b)及混频器输出信号(c)

通常在近程雷达应用中,$t_{del} \ll T_{mod}$ 条件满足。此时,图 1.2 中反转区的持续时间对信号分析的影响可忽略不计。因此,DFS 表现为呈正弦振荡的信号串,持续时间近似等于 $T_{mod}/2$,其载频与待测距离成正比,且在反转区会出现相位跳变[1]。

由于式(1.7)中的函数 $\omega(t)$ 变化较缓慢,根据均值定理[8],积分结果可以近似写为

$$\varphi_{dif}(t) = \omega_0 t_{del} + \omega_{mod}(t - 0.5 t_{del}) t_{del} + \varphi_s \tag{1.8}$$

因此,在上述假设下,除反转区以外,DFS 的相位变化规律近似与发射信号频率变化规律一致,仅在反转区可以观察到差别。

忽略式(1.8)中影响不大的时延项 $0.5 t_{del}$,当满足式(1.4)所示对称线性三角波调制、目标相对雷达距离固定,且为使结果更清晰取 $\varphi_s = 0$ 时,相位函数 $\varphi_{dif}(t)$ 及其对应 DFS 的结果如图 1.3(a)和图 1.3(b)所示。

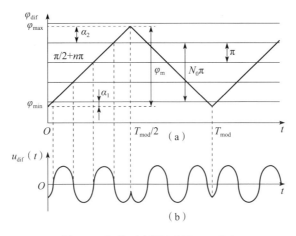

图 1.3 相位示意图(a)及 DFS(b)

图 1.3(a)中的水平线对应的相位值为

$$\varphi_{\mathrm{dif}} = (n+0.5)\pi \quad n = 0, 1, 2, \cdots \quad (1.9)$$

在这些相位值处,瞬时 DFS 取值为 0。因此,图中这些点被称为 DFS 零点[2],它们是一类独特的 DFS 点。当瞬时 DFS 取值达到极值时对应的时间点则是另一类特殊点。此外,还有一种特殊点对应时延等于 DFS 半周期的时刻。

混频器输出的 DFS 送入频率计中,通常频率测量是通过在一定时间间隔内对 DFS 零点进行计数而实现的,由此所得的计数值是 FMCW 雷达测距的基础。

差频的瞬时值可推导为[1,5]

$$F_{\mathrm{DFS}}(t) = \frac{1}{2\pi}\frac{\mathrm{d}\varphi_{\mathrm{dif}}}{\mathrm{d}t} = \frac{t_{\mathrm{del}}}{2\pi}\frac{\mathrm{d}\omega(t)}{\mathrm{d}t} = t_{\mathrm{del}}f'(t) \quad (1.10)$$

式中的上标′符号一如往常,表示一阶时间导数。

频率计确定了差频的均值 F_R,它在某些时间间隔内与距离 R 成正比。由于调制信号的周期性,平均间隔等于半个调制周期。因此,来自调制器并用于指示调制周期边界的同步脉冲会被送到图 1.1 中的频率计与测距器中。

在这种情况下,当采用式(1.4)所示对称三角波调制,并考虑式(1.10)时,可以将差拍频率的均值写成

$$F_R = \frac{2t_{\mathrm{del}}}{T_{\mathrm{mod}}}\int_{t_{\mathrm{min}}}^{t_{\mathrm{min}}+T_{\mathrm{mod}}/2} f'(t)\,\mathrm{d}t = \frac{t_{\mathrm{del}}}{\pi T_{\mathrm{mod}}}(\omega_2 - \omega_1) \quad (1.11)$$

式中:t_{min} 为信号频率等于 ω_1 所对应时刻,该公式对采用其他 FM 调制律也同样成立[1]。因此,对于选定的测量方法,平均 DFS 频率值与 t_{del} 线性相关,且

其一阶近似值并不依赖具体的调制波形。

考虑到 $t_{\text{del}}=2R/c$,其中 R 为待测距离,c 为电磁波在介质中的传播速度,可以求得距离的计算公式为

$$R=\frac{cT_{\text{mod}}F_R}{4\Delta F} \tag{1.12}$$

即待测距离与调制周期、光速、差频成正比,与 4 倍的 FM 扫频带宽成反比。

1.3 距离测量的传统计数法

式(1.12)分子中的乘积项 $T_{\text{mod}}F_R$ 实际上对应单个调制周期内累计的 DFS 周期数。如果采用计数法来测量差拍频率[1,4],可得到式(1.12)分子中 DFS 周期的取整值 N_{DFS},即

$$N_{\text{DFS}}=\text{Int}(T_{\text{mod}}F_R) \tag{1.13}$$

式中:Int(·)是取整运算符。由此,式(1.12)可转换为

$$R=\frac{cN_{\text{DFS}}}{4\Delta F} \tag{1.14}$$

依据式(1.14)可得到离散化的计算结果,且其 QIδ_R 为

$$\delta_R=\frac{c}{4\Delta F} \tag{1.15}$$

落入平均间隔内的实际零点数 N_{DFS} 不仅取决于 F_R,而且还取决于乘积 $\omega_0 t_{\text{del}}$,它包含在式(1.7)中,且直接决定了图 1.3(a)中相位曲线的最低点位置,即

$$\varphi_{\min}=\omega_0 t_{\text{del}}+\varphi$$

不难看出,两个相邻相位极值点之间的 DFS 真实零点数由下式决定[9],即

$$\begin{aligned}N&=\text{Int}\left(\frac{4R}{\lambda_2}+\frac{\varphi_s}{\pi}-0.5\right)-\text{Int}\left(\frac{4R}{\lambda_1}+\frac{\varphi_s}{\pi}-0.5\right)\\&=\text{Int}\left(\frac{4R}{\lambda_1}+\frac{R}{\delta_R}+\frac{\varphi_s}{\pi}-0.5\right)-\text{Int}\left(\frac{4R}{\lambda_1}+\frac{\varphi_s}{\pi}-0.5\right)\end{aligned} \tag{1.16}$$

式中:λ_2 和 λ_1 分别为最大和最小 FM 扫描频率所对应的载波信号波长。图 1.4 展示了当 $f_0=10\text{GHz}$、$\Delta F=1\text{GHz}$ 时,分别根据式(1.13)和式(1.16)绘制出的零点数 N_{DFS}(虚线)与 N(实线)①关于归一化距离 R/δ_R 的函数。

---

① 译者注,原文为粗线与细线,根据上下文应为虚线和实线。

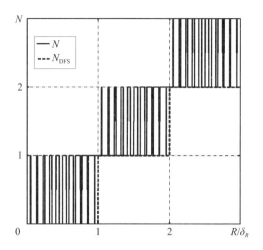

图1.4 DFS零点数关于归一化距离的函数

当距离在不同ED(离散误差)间隔之间连续变化时,零点数则会由N_{DFS}跳变为$N_{DFS}+1$,这种变化的发生周期为1/4载波波长。

根据式(1.12)还可以得到距离测量的另一个等效计算公式,即

$$R=\frac{c\Delta\phi}{2\Delta\omega} \quad (1.17)$$

式中:$\Delta\phi=\pi T_{mod}F_R$为弧度表示的对应扫频范围的DFS相位偏移。有时该公式更利于理解测距误差的产生过程。

1.4 FMCW雷达测距器的测距误差来源

依据式(1.12),假设其所涉及的各项因素之间相互独立,则距离测量总误差的相对方差$\overline{\sigma}_R^2$可表示为[5,10]

$$\overline{\sigma}_R^2=\overline{\sigma}_{SP}^2+\overline{\sigma}_{T_{mod}}^2+\overline{\sigma}_{\Delta F}^2+\overline{\sigma}_{F_R}^2 \quad (1.18)$$

式中:$\overline{\sigma}_{SP}^2$、$\overline{\sigma}_{T_{mod}}^2$、$\overline{\sigma}_{\Delta F}^2$、$\overline{\sigma}_{F_R}^2$分别对应电磁波传播速度、调制周期、FM扫频带宽以及差频估计等因素所引起误差的相对方差。

对于粗略测量来说,一般可假定电磁波在介质中的传播速度为一个与外界环境无关的常量。但当我们讨论高精度测量时,必须考虑压力与温度改变时它的变化量[11-12]。好在这些变化量呈现系统性,可以在计算过程中进行补偿校正。因此,本书仍然假设电磁波在介质中的传播速度是常量,即取$\overline{\sigma}_{SP}^2=0$。

此外,产生所需调制周期T_{mod}的误差可以做到足够小,因此也不考虑它的影响。

第三个分量 $\sigma_{\Delta F}^2$ 与保持发射机扫频带宽不变相关,是一个相当复杂的科学与工程难题。现代 FMCW 雷达的振荡器基于变容二极管实现 FM 扫描[13-14],MC(调制特性)的非线性是的这类振荡器的主要特征。因此,对于模拟调制方式,很难精确设定扫频带宽。通常情况下,也完全不需要这样做,因为通常在应用中会进行设备校准。然而当环境温度(或其他外部影响因素)变化时,MC 的非线性变化会导致扫频带宽的变化。这种 MC 变化无法准确描述,因为它们具有滞后特征,且对每个雷达测量系统都不同。由此,为提高 RF 测量精确度,需要考察扫频带宽不稳定性的影响。

在很多应用情形下,发射机调制周期与扫频带宽的稳定性问题是相关联的。例如,当依据式(1.12)所示等效式进行距离计算时,有

$$R = \frac{cF_R}{2K_f} \tag{1.19}$$

式中:$K_f = 2\Delta F/T_{\text{mod}}$ 为发射机调频斜率,它需要保持不变。

第四项误差分量 $\sigma_{F_R}^2$ 取决于差频测量的精确度,该误差对我们的工作而言最为重要。为获得高精度测量结果,必须采用不同的 MQIS。(QI 平滑法)

频率测量时间(分析时间)可以多种多样,但最小分析时间必须为半个调制周期。因此,在讨论射频脉冲的频率测量问题时忽略反转区的影响。由任何原因导致的分析时间增大,都将使我们必须测量相移键控射频信号的平均频率,由此将导致附加误差增大。

当讨论与 QI 值相当的近程距离测量问题时,一个最重要的特点就是用于频率估计的样本数受限,它将妨碍高精度测量结果的实现。对于近距离,在一个调制周期内仅能形成 4~6 个 DFS 周期。此时,只有当测量频率在分析时间间隔内不发生变化时,才能获取高精度的频率测量结果。对于 FMCW 雷达测距器,这意味着差频测量误差的来源之一是发射机 SHF 频率变化的非线性。MC 的非线性或目标反射回来的 SHF 信号对 FMCW 振荡器的影响[15]①都可以是这个误差分量的来源。

接收机前端噪声、发射机相位噪声与接收信号中干扰的存在也是测量误差增大的原因,位于 FMCW RF 工作区内的伪反射体(SR)是这些干扰的来源。

由于 SHF 振荡器以及 SHF 通道各主要部件的非理想频率响应特性,DFS 的 PAM(寄生幅度调制)会增大,这是另一个误差来源。

即使 DFS 产生与处理理想,每个 MQIS 也都会产生独特的测量误差,该误

---

① 有时这一影响也被算作"自激"效应的一部分,该效应在自振荡混频器中十分常见。

差称为截断误差[6]。后续将讨论如何使测距误差中的这一分量最小化。

1.5 调频参数的自适应控制

FM 发射信号调制规律的周期性导致 DFS 呈现出相移键控振荡的信号形式,其中在半调制周期的边界处会出现相位跳变(图1.2),跳变值取决于测量距离。当测量距离变化时,该跳变值在 0°~180°的范围内周期性地改变,周期为半个载波波长。这样的 DFS 特性使得差频测量时间限制在半个调制周期内,即 $T_{meas}=T_{mod}/2$。此外,这种特性使得我们无法通过窄带 DFS 滤波来改善信噪比(SNR)。因为当相位跳变较大时,窄带滤波导致差频 PAM(寄生幅度调制),反转区内的 DFS 幅度下降到零(当相位跳变 180°时),更重要的是由此导致在这些时间间隔内信号的整体 SNR 降低。

通过对 FMCW RF 信号的产生与处理过程进行优化(自适应)可以消除这一现象。为此,需要控制调频参数,使得周期性调频时 DFS 不出现相位跳变,也即要使得 DFS 表现为连续正弦信号形式。由此,可以将 DFS 计数周期的 QI 值降低到可接受的数值,以增大 DFS 处理时间间隔。

通过调节电压实现最优控制,首先需要制定一个最优准则。所假定的准则为当采用周期性 FM 时不存在 DFS 相位跳变现象。依据式(1.8),接收机输出端 DFS 的相位可写为

$$\varphi_{dif}(t)=\omega_0 t_{del}+\omega_{mod}(t)_{del}+\varphi_s \tag{1.20}$$

为确保不出现 DFS 相位跳变,需要考虑这样一种信号:其波形关于反转区中心是对称的(图1.2)。DFS 相位无跳变对应在反转区左、右两侧附近计算得到的 DFS 时间导数相等,即

$$\left.\frac{du_{dif}(t)}{dt}\right|_{t=n\frac{T_{mod}}{2}-0}=\left.\frac{du_{dif}(t)}{dt}\right|_{t=n\frac{T_{mod}}{2}+0} \quad n=0,1,2,\cdots \tag{1.21}$$

为了使在调制半周期边界处因函数 $\omega_{mod}(t)$ 导数符号发生变化而使相位跳变消失,DFS 的极值点必须位于这些点处。因此,在半调制周期内应该有整数个 DFS 半周期。当距离 R 变化时,这只能通过合理地改变载频 ω_0 和频偏 $\Delta\omega$ 来实现。

特别是,我们可以控制当前调制半周期的结束时刻,使其与 DFS 的一个极值点相吻合[16]。考虑到在调制半周期内会有许多 DFS 极值点,需要设置额外限制条件,如限制发射机的最小 ΔF_{min} 值。为限制扫频带宽,可以控制发射信号频率 $f(t)$ 变化的边界值,较简便的方法是直接规定最低和最高标准频率:$\omega_{st1}=2\pi F_1$ 和 $\omega_{st2}=2\pi F_2$。例如,为实现该目的,可以使用调谐在这些频率上的介质振荡器(DR),故有 $\Delta F_{min}=F_{st2}-F_{st1}$ 成立。当发射信号频率达到某个预

设特定值[17]之后，可以仅在 DFS 极值出现时刻打断调制半周期，该情况下的控制调制电压的逻辑函数 $V_{con}(t)$ 应具有以下形式，即

$$V_{con}(t) = \begin{cases} 0 & t \leqslant 0.5(2j-1)NT_R & \text{且} f(t) \leqslant F_{st2} \text{时} \\ 1 & t \leqslant jNT_R & \text{且} f(t) \geqslant F_{st1} \text{时} \end{cases} \quad (1.22)$$

式中：$j=1, 2, 3\cdots$ 为当前调制周期的序号；$T_R = 1/F_R$。经过上述处理过程，可以消除 DFS 中的相位跳变，DFS 将呈现为连续正弦形式。一般该处理过程称为 DFS 相位连接。

当限制发射机扫频带宽时，DFS 相位变化函数、相位连接模式下的 DFS 和调制电压控制逻辑函数 V_{con} 关于时间的函数如图 1.5 所示。

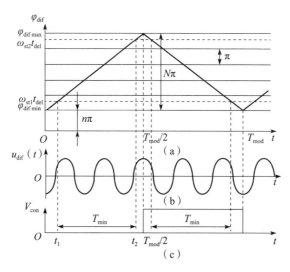

图 1.5　限制扫频带宽时的函数波形
（a）DFS 相位；（b）DFS 自身；（c）控制函数。

在 DFS 相位连接模式下，调制周期 T_{mod} 与 FM 扫频带宽 $\Delta\omega$ 不再是常量，而是取决于待测距离。这些参数之间的函数关系包含在距离计算式(1.9)①中。当距离缓慢减小时，T_{mod} 从最小距离 $2T_{min}$ 平稳增长到最大值 $2T_{min}+T_R$[17-20]，相应地，发射机扫频带宽同步增大。在调制半周期达到最大值所对应的距离上，由于相位连接点转移到位于时间间隔 T_{min} 内的相邻 DSF 极值处，调制周期跳变回最小值，扫频带宽也相应减小一个跳变。当距离平稳增长时相关过程与上述情况正好相反。

当发射机具有非线性 MC 时，需要稳定频率变化的平均斜率[21]。因此，

---

①　译者注，原文为式(1.9)，根据上下文似乎应为式(1.19)。

除了需要用 $\Delta F_{\min}$ 限制 FM 扫频外,还需要稳定工作时间间隔 $T_{\min}$,以保证在此间隔内发射频率位于给定范围之内。

可以通过在 t_1 和 t_2 时刻之间内调整时间间隔 $T_{\min}$,使得 DFS 瞬时相位值对应在 $\omega_{st1}t_{del} \sim \omega_{st2}t_{del}$ 范围内,以保证标准频率间隔内的发射信号频率变化的平均斜率的稳定性,也即进行离散控制。在一个调制周期内对持续时间 $T_{\min}$ 进行测量,与标准平均 T_{st} 进行比较,并且在测量半周期结束时对调制电压做出合适的调整,得到的幅度值在接下来整个周期内保持不变,直到新一次的校正操作开始。相关过程中的调制电压可写为以下的解析形式,即

$$U_{\mathrm{mod}}^{j} = U_{\mathrm{mod}}^{j-1}\left[1+K_{\mathrm{amp}}\left(T_{\min}^{j-1}-T_{st}\right)\right] \tag{1.23}$$

式中:序号 j 对应当前的周期数;K_{amp} 为系数,它定义了当工作时间间隔持续时间偏离指定值时,调制电压幅度的敏感度。通过调整,T_{st} 的值明确地给出了 T_{mod} 的下边界。

此时,可通过下式进行距离计算,即

$$R = \frac{cN_{\mathrm{per}}}{2K_{f,st}T_{\mathrm{meas}}} = \frac{\delta_{R,st}2T_{st}N_{\mathrm{per}}}{T_{\mathrm{meas}}} \tag{1.24}$$

式中:$K_{f,st} = \Delta F_{\min}/T_{st}$;$N_{\mathrm{per}}$ 为在测量时间间隔 T_{meas} 中计算的 DFS 周期数,需满足

$$\delta_{R,st} = \frac{c}{4\Delta F_{\min}}$$

我们可以得到上述自适应处理产生的调制周期关于距离的函数。将时间起点变换到对应于图 1.5(a) 中辐射信号瞬时相位等于 $\omega_{st1}t_{del}$ 的点,根据相似三角形边长的比值,可以得到相对调制周期 $\Theta = T_{\mathrm{mod}}/(2T_{st})$ 关于距离的函数,即

$$\Theta = \frac{\delta_R}{R}\left[1 + \mathrm{Int}\left(\frac{4R}{\lambda_{st2}}\right) - \mathrm{Int}\left(\frac{4R}{\lambda_{st1}}\right)\right] \tag{1.25}$$

该函数比较复杂,但它反映了上述事实[1],即在时间间隔 T_{mod} 中可以积累 N_{DFS} 或 $(N_{\mathrm{DFS}}+1)$ 个 DFS 半周期。因此,调制周期不仅取决于所需的归一化距离,还取决于距离和最低、最高标准频率对应波长的比值。图 1.6 展示了当 $F_{st1} = 10\mathrm{GHz}$、$F_{st2} = 10.5\mathrm{GHz}$ 时,根据式(1.25)得到的归一化调制周期 Θ 与相对距离 R/δ_R 的函数。接下来若不做特殊说明,所有的计算和信号模拟及运算都采用这些频率值。

当距离变化时,调制周期随持续时间连续变化。可以观察到曲线存在快速和慢速变化两种分量。快变分量由相位连接时刻的尖锐变化引起,当某点距离变化 1/4 波长时,对应于 DFS 半周期数从 N_{DFS} 变化到 $(N_{\mathrm{DFS}}+1)$;反之亦然。慢变分量则由差频的平稳变化所引起。

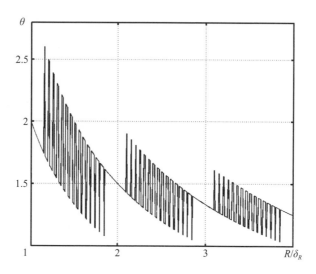

图1.6 归一化调制周期关于相对距离的函数

如果采用发射信号的频率保持线性时变,上述调制周期和扫频带宽的变化就不会对计算结果产生不利影响,它们以系数的形式包含在式(1.9)①中,代表发射机扫频带宽的斜率。

如果对$T_{\min}$的当前值进行简单计数,则无须自动调整$T_{\min}$也能实现距离测量。该情况下可以采用式(1.24),其中必须代入$K_{f,op}$的当前值,而不是固定值$K_{f,st}$,即

$$K_{f,op} = \frac{\Delta F_{\min}}{T_{\min}} \tag{1.26}$$

采用计数法测距时,误差由以下因素构成:
①非理想情况下该方法特有的截断误差;
②$U_{dif}(t)$相位连接的不准确性;
③噪声的存在;
④SHF振荡器的MC非线性;
⑤频率标志位置确定的准确性;
⑥相对时间间隔调整的准确性;
⑦温度变化引起的DR谐振频率的变化。

后3个原因的影响显而易见且并不具备科学研究意义,因此接下来的测量误差分析只包括前4个组成因素。

---

① 译者注,原文为式(1.9),根据上下文应为式(1.19)。

1.6 自适应调频下距离测量的截断误差

为稳定时间间隔持续时间 $T_{\min}$,可根据式(1.22)考虑一个最优调制控制变量,此时截断误差由两个原因引起:DFS 周期数计数的离散性;每个相位连接点上信号 $u_{\mathrm{dif}}(t)$ 周期的拖引效应。它们对于截断误差的影响取决于差频测量方法[21]。该情况下可以使用以下两种方法:

①在某些固定时间间隔内计算 DFS 周期数;

②在多倍的调制周期间隔内计算 DFS 周期数(特殊情况为在一个调制半周期内)。

1.6.1 修正的测量时间间隔

考虑到调制周期的最小值是 $2T_{\mathrm{st}}$,指定 N_{meas} 为下列时间间隔的比值,即

$$N_{\mathrm{meas}} = \frac{T_{\mathrm{meas}}}{2T_{\mathrm{st}}} \tag{1.27}$$

如果相位连接理想,在时间 T_{meas} 内计算的 DFS 周期数等于整数值 $N_{\mathrm{per}} = \mathrm{Int}[F_R T_{\mathrm{meas}} + 0.5]$。

在每个相位连接点处,信号 $u_{\mathrm{dif}}(t)$ 的周期拖引导致误差增大,因为当调制频率从上升变为下降(反之亦然)时,差频经过零点,延迟信号的时延 t_{del} 延长一个周期[17],如图 1.7 所示。

考虑到相位连接点的拖引,可以将距离变化时的调制周期持续时间表示为

$$T_{\mathrm{mod}} = \frac{2T_{\mathrm{st}} \delta_{R\,\mathrm{st}}}{R} \left[1 + \mathrm{Int}\left(\frac{4R}{\lambda_{\mathrm{st2}}}\right) - \mathrm{Int}\left(\frac{4R}{\lambda_{\mathrm{st1}}}\right) \right] + 2t_{\mathrm{del}} \tag{1.28}$$

由于间隔 T_{meas} 内的拖引,计得的周期数 T_R 将会变少。可以从图 1.7 中确定一个调制周期 $N_{T_{\mathrm{mod}}}$ 内的所有计数周期值,即

$$N_{T_{\mathrm{mod}}} = 2F_R(0.5T_{\mathrm{mod}} - t_{\mathrm{del}}) = 1 + \mathrm{Int}\left(\frac{4R}{\lambda_{\mathrm{st2}}}\right) - \mathrm{Int}\left(\frac{4R}{\lambda_{\mathrm{st1}}}\right) \tag{1.29}$$

在 T_{meas} 期间,DFS 周期数 $N_{T_{\mathrm{mod}}}$ 可以通过取整进行计算:

$$N_{\mathrm{per}} = N_{T_{\mathrm{meas}}} = \mathrm{Int}\left(\frac{N_{T_{\mathrm{meas}}} T_{\mathrm{meas}}}{T_{\mathrm{mod}}} + 0.5\right) \tag{1.30}$$

现在可以估计差频 $F_R = N_{\mathrm{per}}/T_{\mathrm{meas}}$,代入式(1.13),将参数归一化到 QI,获得归一化截断误差关于归一化距离的关系,即

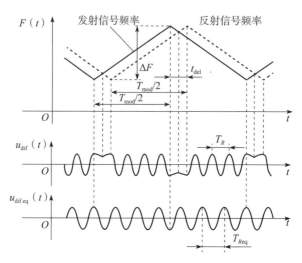

图 1.7　相位连接点处的 DFS 周期拖引

$$\frac{\Delta R}{\delta_{R\,\text{st}}}=\frac{\text{Int}\left\{\dfrac{N_{\text{meas}}}{\dfrac{1}{x}+\dfrac{x}{(2\Delta F_{\min}T_{\text{st}}N_{T\text{mod}})}}+0.5\right\}}{N_{\text{meas}}}-x \tag{1.31}$$

式中：$x=R/\delta_{R\,\text{st}}$ 为归一化距离。

当 $N_{\text{meas}}=50$ 时，该关系大致如图 1.8(a) 所示，图 1.8(a) 中 $2\Delta F_{\min}T_{\text{st}}=2500000$，图 1.8(b) 中 $2\Delta F_{\min}T_{\text{st}}=5000000$。

归一化误差具有复杂的函数形式，其取值取决于处理周期数 N_{meas}、乘积 $2\Delta F_{\min}T_{\text{st}}$ 以及扫频范围，后者影响 $N_{T\text{mod}}$ 和 $\delta_{R\,\text{st}}$ 的取值。图中，计数过程的离散性所导致的快速误差变化占据了全部范围，其中宽度由 N_{meas} 决定。乘积 $2\Delta F_{\min}T_{\text{st}}$ 的增大使得较远距离处最大截断测量误差减小，但是不能将 $2\Delta F_{\min}T_{\text{st}}$ 无限增大，因为受到所用 SHF 振荡器的物理可实现性的限制，系统动态性导致测量间隔的持续时间也会受到限制。因此，权宜之计是将 T_{meas} 固定在一个可接受的水平，且采用能保证所需测量误差的扫频带宽和处理周期数 N_{meas}。

图 1.9 展示了当 $T_{\text{meas}}=1s$、$\Delta F_{\min}=500\text{MHz}$ 时，$N_{\text{meas}}=50$（图 1.9(a)）、$N_{\text{meas}}=200$（图 1.9(b)）两个取值条件下相对截断误差关于归一化距离的函数。

将扫频带宽增大到 $\Delta F_{\min}=1000\text{MHz}$，QI 系数 $\delta_{R\,\text{st}}$ 会减小且相对距离的变化范围会变宽（图 1.10）。因此随着 $\Delta F_{\min}$ 增大，测量误差的系数也会减小。

随着 N_{meas} 的增大，归一化截断误差减小，但是它的变化范围在实际距离上却会增大。

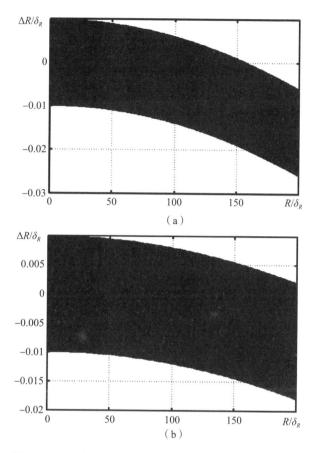

图 1.8 相对截断误差关于归一化距离的关系($N_{\text{meas}} = 50$)

(a) $2\Delta F_{\min} T_{\text{st}} = 2500000$;(b) $2\Delta F_{\min} T_{\text{st}} = 5000000$。

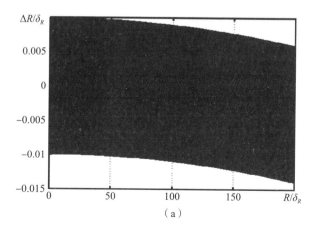

(a)

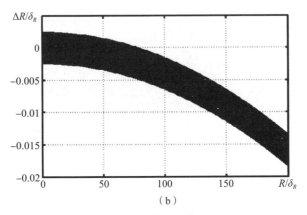

(b)

图1.9 相对截断误差关于归一化距离的函数($\Delta F_{\min} = 500\text{MHz}$，$T_{\text{meas}} = 1\text{s}$)

(a) $N_{\text{meas}} = 50$；(b) $N_{\text{meas}} = 200$。

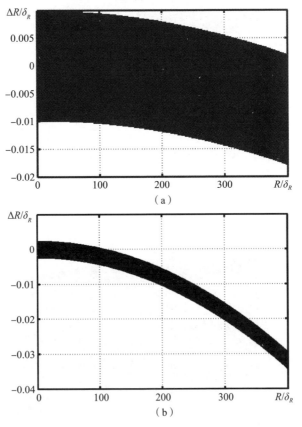

图1.10 相对截断误差关于归一化距离的函数($\Delta F_{\min} = 1000\text{MHz}$，$T_{\text{meas}} = 1\text{s}$)

(a) $N_{\text{meas}} = 50$；(b) $N_{\text{meas}} = 200$。

为降低截断误差,一种有效的方法是增大处理周期数直到最大频偏,并通过减小 N_{meas} 和增大持续时间 T_{st} 来减小处理的调制周期。如果这些都不可行,可以采用接下来要介绍的对距离计算结果进行修正的方法。

1.6.2 测量时间间隔多倍于调制半周期

现在考虑,当相邻连接时刻之间的调制半周期内有整数个差频半周期时,DFS 的相位连接[21]问题。为测量差拍频率,只需要记录测量时间间隔的持续时间,并对该间隔内的 DFS 零点进行计数即可。调制周期数 N_{mod} 是固定值,该情况下的测量时间间隔是变量,即

$$T_{meas} = N_{mod} T_{mod} \tag{1.32}$$

测量间隔时间最小可以等于一个调制半周期。因此在式(1.32)中,$N_{mod}=0.5$。显然,N_{mod} 的变化步长等于 0.5。

对测量间隔时间的测量可以通过对标准稳定频率(或周期 Δt)源进行脉冲计数实现。此时,计数的离散误差主要由标准频率值决定。考虑到计数离散误差 Δt 和 DFS 周期拖引对截断误差的影响,当确定差频时在间隔 $0.5 T_{mod} - t_{del}$ 内有整数个 DFS 半周期时,则距离估计结果可以写为

$$\hat{R} = \frac{c F_R N_{mod}(T_{mod} - 2 t_{del})}{2 K_{fst}(T_{mod} N_{mod} + \Delta t)} \tag{1.33}$$

和前面一样,假设 $2 t_{del} \ll T_{mod}$ 并且选择计数频率使得 $\Delta t \ll T_{mod}$,将式(1.33)中的分子以泰勒级数形式展开,且只考虑前两项,可以忽略二阶无穷小项并写出距离估计的近似表达式为

$$\hat{R} = \frac{c F_R \left[\dfrac{1 - 2t}{T_{mod}} - \dfrac{\Delta t}{(T_{mod} N_{mod})} \right]}{2 K_{fst}} \tag{1.34}$$

计数离散误差属于量化噪声,其方差与测量时间间隔有关[22],即

$$\sigma_T^2 = \frac{(\Delta t)^2}{12} \tag{1.35}$$

由此可得,由计数离散性引起的距离测量截断误差的相对方差为

$$\frac{\sigma_{R\,count}}{\delta_{R\,st}} = \frac{x \Delta t}{N_{mod} T_{mod} 2\sqrt{3}} \tag{1.36}$$

图 1.11 所示为 $N_{count} = T_{st}/\Delta t$ 分别取两个值、$N_{mod} = 0.5$ 时的该函数曲线。

根据式(1.28),由于 T_{mod} 随距离变化的离散特性,图中曲线也具有离散性。但是离散变化值较误差值要小很多倍,因此在图 1.11 中的尺度下无法区分。由图可知的一个显著结论是,N_{count} 的增大会导致距离测量的方差减小。

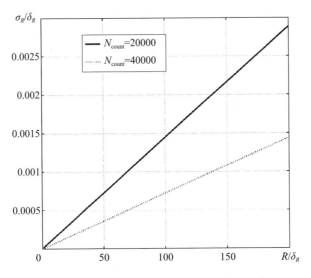

图 1.11 截断误差方差关于相对距离的函数

由 DFS 周期拖引导致的测量截断误差,其数学期望,即其平稳组成成分经变形后可表示为

$$\frac{\Delta R}{\delta_{R\,\text{st}}} = \frac{-x^2}{\Delta F_{\min} T_{\text{mod}}} \qquad (1.37)$$

与图 1.8 和图 1.9 一样,对于同样的两个不同的乘积 $2\Delta F_{\min} T_{\text{st}}$ 值,该函数示于图 1.12 中。

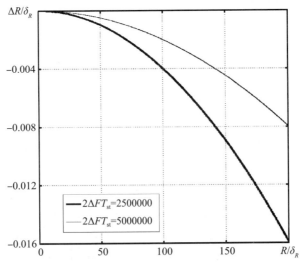

图 1.12 距离测量的截断误差的数学期望

当距离变化时，根据式(1.28)与图1.6，T_{mod}周期性改变，这导致图中函数曲线出现周期性的离散中断，但是这些中断相较于整体误差值并不明显，在图1.12中选定的比例尺下也是不可见的。比较图1.8与图1.10和图1.11与图1.12可以看出，相位连接法中DFS频率测量的第二个变量使得截断误差减小，测量的离散性特征也会减弱，如图1.13所示。

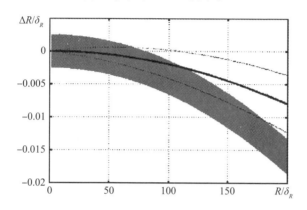

图1.13 两种DFS频率测量方法下的距离测量截断误差比较

现在来看图1.9(b)中的灰度图，其效果最好。在同样的参数值下，根据误差的相对数学期望画出曲线(实线)，并针对一个调制半周期采用DFS频率测量方法绘制出3个MSD(Mean Square deviation，均方差)区域(虚线)，对应参数分别为$2\Delta F_{min}T_{st}=5000000$以及$N_{count}=40000$。通过增加$N_{count}$和$N_{mod}$，可以很容易地压缩3个MSD的区域宽度。

1.6.3 距离计算结果修正

基于DFS周期性拖引引起测量误差的系统性，可对距离计算结果进行修正。对于第一种差频估计方法，修正步骤如下。

步骤1：在测量时间间隔T_{meas}内，对DFS周期数N_{per}和调制周期数$K=\text{Int}(T_{meas}/T_{mod})$进行计数。

步骤2：根据测量间隔内DFS周期数的测量结果，依据式(1.24)进行距离计算。

步骤3：进行时延估计：

$$\hat{t}_{del}=\frac{2\hat{R}}{c} \tag{1.38}$$

步骤4：由该估计值与调制周期数计算得到新的距离值，即

$$\hat{R}' = \frac{cN_{\text{per}}}{2K_{\text{fst}}(T_{\text{meas}} - 2\hat{t}_{\text{del}}K)} \tag{1.39}$$

步骤 5：重复步骤 3 和步骤 4 直至达到所需计算精度。

当新计算结果与之前结果之间的差值减小到小于某个特定值时，可以作为过程结束的标志。针对一个 DFS 测量结果以计算的方式进行修正。

对于第二种差频估计方法，步骤 1 和步骤 3 的内容发生了改变。在步骤 1，对测量间隔的持续时间进行测量，并确定该间隔内的 DFS 半周期数。在步骤 3，将 T_{meas} 的测量值代入式（1.39）并假设 $K = N_{\text{mod}}$。

现在来估计该过程的收敛性。采用式（1.39），对于第一种频率估计方法，得到新的测量误差值 $\Delta R_{\text{corr}}^{(n)}$，在结果修正的第 n 步，考虑到 $T_{\text{st}} \gg \hat{t}_{\text{del}}$，它满足

$$\Delta R_{\text{corr}}^{(n)} = \hat{R}^{(n)} - R = 2R \frac{\hat{t}_{\text{del}}^{(n-1)} - t_{\text{del}}}{T_{\text{meas}} - 2\hat{t}_{\text{del}}^{(n-1)}} \approx 2R \frac{t_{\text{del}}^{(n-1)} - t_{\text{del}}}{T_{\text{meas}}} \tag{1.40}$$

式中：$t_{\text{del}}^{(n-1)}$ 为根据式（1.38）在前一个校正步骤中计算得到的时延估计。由式（1.39），并同时使用式（1.40）来记录前一修正步骤的测量误差，可以获得

$$\frac{\Delta R_{\text{corr}}^{(n)}}{\delta_{R\,\text{st}}} = \frac{\Delta R}{\delta_{R\,\text{st}}} \left(\frac{Kx}{N_{\text{meas}} 2\Delta F_{\text{min}} T_{\text{st}}} \right)^n \tag{1.41}$$

式中：$\Delta R/\delta_{R\,\text{st}}$ 为由式（1.31）决定的初始相对误差值。

对于第二种频率估计方法，所有关系仍然成立，但是在式（1.40）和式（1.41）中应该代入 $K = N_{\text{meas}} = N_{\text{mod}}$ 以及 $T_{\text{meas}} = N_{\text{mod}} T_{\text{mod}}$。此时，修正归一化测量误差的数学期望值与该误差的初始值将通过以下公式联系起来，即

$$\frac{\Delta R_{\text{corr}}^{(n)}}{\delta_{R\,\text{st}}} = \frac{\Delta R}{\delta_{R\,\text{st}}} \left(\frac{x}{\Delta F_{\text{min}} T_{\text{mod}}} \right)^n \tag{1.42}$$

式（1.41）与式（1.42）中圆括号内部的表达式远小于 1。因此，随着 n 的增加，修正误差必将趋近于 0。

现在来考虑该过程的收敛速度。在这种修正过程的第一步，得到了测量误差。根据式（1.42），对于第一种频率测量方法，可以通过由式（1.31）确定的初始相对误差 $\Delta R/\delta_{R\,\text{st}}$ 来表示修正的（在第一步）相对测量误差 $\Delta R_{\text{corr}}^{(1)}/\delta_{R\,\text{st}}$，即

$$\frac{\Delta R_{\text{corr}}^{(1)}}{\delta_{R\,\text{st}}} = \frac{\Delta R}{\delta_{R\,\text{st}}} \frac{Kx}{2\Delta F_{\text{min}} T_{\text{st}}} \tag{1.43}$$

对于第二种方法，需要获取测量误差及其方差的数学期望。考虑到式（1.43）代表了随机量的线性变换，可以得到以下修正的测量误差的相对数学期望公式，即

$$\frac{\Delta R_{\text{corr}}^{(1)}}{\delta_{R\,\text{st}}} = \frac{\Delta R}{\delta_{R\,\text{st}}} \frac{x}{\Delta F_{\text{min}} T_{\text{mod}}} \tag{1.44}$$

式中：$\Delta R/\delta_{R\,\mathrm{st}}$ 由式（1.31）确定。修正的截断误差的相对方差可以通过式（1.35）和式（1.36）来获得

$$\frac{\sigma_{\Delta R}}{\delta_{R\,\mathrm{st}}}=\frac{x^2 T_{\mathrm{count}}}{\Delta F_{\mathrm{min}} N_{\mathrm{mod}} T_{\mathrm{mod}}^2 2\sqrt{3}} \qquad (1.45)$$

取 $F_1 = 10\mathrm{GHz}$，$\Delta F_{\mathrm{min}} = 500\mathrm{MHz}$，式（1.44）和式（1.45）的计算结果如图 1.14 和图 1.15 所示。

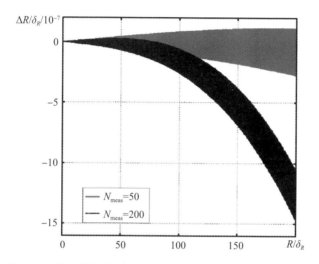

图 1.14 第一种频率测量方法下计算结果修正后的截断误差

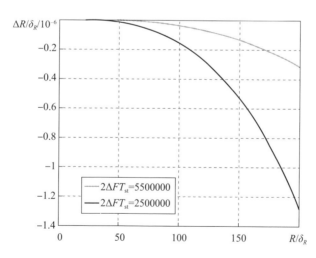

图 1.15 第二种频率测量方法下修正的相对截断误差的数学期望

在对计算结果进行修正后，依据式（1.44）计算得到的曲线，其离散性从

本质上变小了。因此，N_{meas}值越小修正越有效。

式(1.45)使得误差曲线在修正误差的闭合幅度处有一个平稳变化。比较图1.14、图1.11和图1.13可以发现，计算结果修正导致在第一个修正阶段，测量误差减小了3个数量级。因此，不需要进一步地重复修正过程。

对于第二种频率测量方法，根据式(1.45)得到的相对方差的计算结果如图1.16所示，其中$N_{count}=20000$且$N_{mod}=1$。将该图与图1.10比较可以发现，对计算结果的修正从本质上减小了测量误差的随机分量。N_{mod}的增加将导致相对方差正比减小。

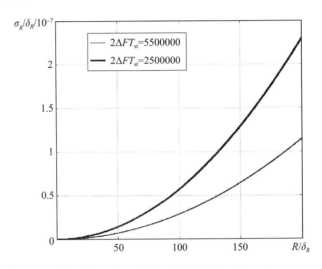

图1.16 第二种频率测量方法的相对MSD

1.7 自适应调制不准确导致的测距误差

如果DFS极值时刻由误差Δt决定，则对一些特定的$\Delta\varphi$取值，相位连接的不准确性将使信号$u_{dif}(t)$增大(图1.17)[17-20]。因此，在连接点处可能出现相位延迟或超前的现象。DFS极值确定设备引起的相位连接误差增大和预处理过程引入的DFS相位偏移，都可能是导致连接不准确的原因。

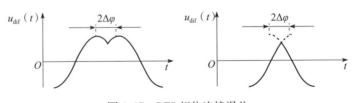

图1.17 DFS相位连接误差

此外，极值判别电路本身也会因为自身误差及噪声的存在而引入上述不准确性。由计算公式 $\Delta t = \Delta\varphi T_R/(2\pi)$，可以通过减小持续时间，或是在时间间隔 $T_{\text{mod}}/2$ 中增大一个 DFS 周期数 T_R 来估计测量误差，即

$$T_{R\text{-eq}} = T_R + \frac{2\Delta t T_R}{0.5 T_{\text{mod}} - 2\Delta t} = \frac{T_R T_{\text{mod}}}{T_{\text{mod}} - 4\Delta t} \tag{1.46}$$

考虑上述影响因素，采用类似式(1.34)的过程进行重复推导，当存在相位连接误差时，采用第一种频率测量方法，得到测距的相对误差为

$$\frac{\Delta R}{\delta_{R\text{ st}}} = \frac{1}{N_{\text{meas}}} \text{Int} \left\{ \frac{N_{\text{meas}}}{\dfrac{1 + 2\Delta\varphi/\pi N_{T_{\text{mod}}}}{x} + \dfrac{x}{2\Delta F_{\min} T_{\text{st}} N_{T_{\text{mod}}}}} + 0.5 \right\} - x \tag{1.47}$$

第二种测量方法的相位连接误差只影响系统误差分量，类似于式(1.37)，可以得到

$$\frac{\Delta R}{\delta_{R\text{ st}}} = \frac{-x^2}{\Delta F_{\min} T_{\text{mod}}} - \frac{\Delta\varphi}{\pi} \tag{1.48}$$

依据上述所得方程可以得出结论：由于连接误差的存在，离散误差中的 DC 分量会增大，其值与频偏成正比，且总体上会超出上述其他误差分量。由此，约等于 1/10 半周期的相位偏移会造成约等于 1/10 个 QI 的测距误差，与此同时，相对截断误差仅占 1% 左右。这样的误差比对于 $u_{\text{dif}}(t)$ 传输路径的相位-频率特性(PFC)和极值判别的精确性提出了严格需求。

DFS 预处理阶段的相位偏移可以关于距离的相移函数 $\Delta\varphi(R)$ 的形式被提前测量，称该函数为相位特性(Phase Characteristic，PC)函数。根据 PFC 的知识，可以采用以下算法来讨论对距离计算结果进行修正的可能性。

距离计算结果修正算法

以下是距离计算结果修正算法的具体步骤。

步骤 1：在测量过程中，首先在不考虑相位偏移的情况下计算估计距离 $\hat{R}$。

步骤 2：根据式(1.38)计算 $\hat{t}_{\text{del}}$。

步骤 3：依据已测量获得的相位关于频率(即距离)的函数，确定相位偏移 $\varphi_s(\hat{R})$ 的当前值。

步骤 4：用所得值计算连接时刻的时间偏移，即

$$\Delta t = \frac{\varphi_s(\hat{R}) T_{\text{st}}}{2\pi \Delta F_{\min} \hat{t}_{\text{del}}} \tag{1.49}$$

步骤 5：实现结果修正，即

$$\hat{R}' = \frac{c N_{\text{per}}}{2 K_{\text{fst}} (T_{\text{meas}} - 2\hat{t}_{\text{del}} K - 2\Delta t K)} \tag{1.50}$$

必要时，步骤 2~5 可以重复执行，直至达到需要的计算精度为止。该迭代修正过程的收敛性与之前讨论的情况一样，不再赘述。

1.8 噪声对于附加计数法测距精度的影响

现在讨论之前提过的混频后 DFS 处理问题。此时，采用正态分布白噪声 $\xi(t)$ 作为混频器输出端的噪声模型，其数学期望为 0，且功率谱满足 $G(\omega)=N_0$。

估计噪声对测量精度的影响，需与信号处理过程吻合，这将对上述 DFS 相位连接调制控制算法的实现提出限制。通常在处理的第一步，需要首先对信号 $u(t)$ 和普通白噪声的加性混合信号进行滤波处理（采用窄带跟踪滤波），即

$$s(t)=u(t)+\xi(t) \tag{1.51}$$

接下来，为判别 DFS 零点，需要对滤波后信号进行有限放大，所得到的近似矩形脉冲的前沿与零电平交叉的时刻被视作 DFS 的零点位置。

为确定 DS 信号极值位置，在窄带跟踪滤波输出端对信号与噪声的混合量进行微分，并进行有限放大，矩形脉冲前沿与零值交叉的时刻被作为 DFS 极值位置。

基于该处理结果，输入噪声特性将会发生改变。进一步地，假设窄带跟踪滤波器关于信号频率 ω_R 的频率响应近似为高斯曲线[23]，即

$$H(\omega)=\exp\left[-\frac{(\omega-\omega_R)^2}{2\beta^2}\right] \tag{1.52}$$

式中：β 与滤波带宽有关：$\beta=\beta_f/\sqrt{\pi}$。窄带滤波后，噪声仍然保持正态[23]分布，且具有以下的自相关函数，即

$$B_\xi(\tau)=\frac{N_0\beta}{2\sqrt{\pi}}\exp(-0.25\beta^2\tau^2)\cos(\omega_R\tau) \tag{1.53}$$

和功率谱，即

$$G(\omega)=\frac{N_0}{2}\left\{\exp\left[-\frac{(\omega-\omega_R)^2}{\beta^2}\right]+\exp\left[-\frac{(\omega+\omega_R)^2}{\beta^2}\right]\right\} \tag{1.54}$$

由式(1.53)，当 $\tau=0$ 时，可以获得窄带跟踪滤波输出端的噪声方差公式为

$$B_\xi(0)=\frac{N_0\beta}{2\sqrt{\pi}} \tag{1.55}$$

对得到的窄带处理结果进行微分，结果仍为正态，数学期望为零，其相关函数为[23]

$$B_{\xi^{(k)}\xi^{(l)}}(\tau) = (-1)^k B_\xi^{(k+l)}(\tau) \tag{1.56}$$

由此可得

$$B_{\xi'}(\tau) = \frac{N_0 \beta}{4\sqrt{\pi}} \sqrt{(\beta^2 + 2\omega_R^2 - 0.5\tau^2\beta^4)^2 + (2\tau\omega_R\beta^2)^2} \times$$

$$\exp(-0.25\tau^2\beta^2) \cos\left[\tau\omega_R + \arctan\left(\frac{4\tau\omega_R\beta^2}{4\omega_R^2 + 2\beta^2 - \tau^2\beta^4}\right)\right] \tag{1.57}$$

将 $\tau=0$ 代入式(1.57)，可以得到微分单元输出端的噪声方差为

$$B_{\xi'}(0) = B_\xi(0)(\omega_R^2 + 0.5\beta^2) \tag{1.58}$$

采用 DFS 相位连接方法时，噪声对测距误差的影响表现为两种形式：一是增大了 DFS 周期计数误差，该影响在相关著作中已进行了详细研究，如文献[24]中，误差增大表现为对信号噪声和计得零点数的变化，与 SNR 以及信号处理时间有关。当考虑 SNR 较大的典型情况(高于 30～40dB)时，该误差成分相较截断误差变得可以忽略。

第二个影响与判定 DFS 极值出现时刻的误差有关，它会导致 DFS 相位连接的误差。相位连接误差对测量误差的影响之前已经考虑过了，因此，足以分析确定连接时刻的误差特性。

DFS 含噪信号的微分与零电平的交叉时刻相对于 DFS 含噪信号与零电平的交叉时刻 t_i 的偏移量 Δt_i 可从以下式中获得(仅一阶 DFS 微分)，即

$$\omega'(t_i) t_{\text{del}} U_m \sin[\omega_0 t_{\text{del}} + \omega(t_i + \Delta t_i) t_{\text{del}}] + \xi' = 0 \tag{1.59}$$

式中：U_m 为 DFS 幅度，且 t_i 可以从方程 $\sin[\omega_0 t_{\text{del}} + \omega(t_i) t_{\text{del}}] = 0$ 中获得。该时刻 t_i 随着 DFS 周期而重复，但只对其分布特征感兴趣，而不是其模值。

假设相较于 U_m 噪声电平很小，可通过每个点 t_i 处的功率泰勒级数来代替函数 $\sin x$，只保留一阶项，且考虑到线性调频调制方式，在简单变换后可以得到

$$\Delta t_i = \frac{\xi' T_{\text{st}}^2}{U_m x^2 \pi^2} \tag{1.60}$$

从式(1.60)中可以清楚地看到，DFS 相位连接的偏移时刻的概率密度是正态分布，具有零数学期望和以下的相关函数，即

$$B_{\Delta t}(\tau) = \frac{B_\xi(0) T_{\text{st}}^4}{2 U_m^2 x^4 \pi^4} \sqrt{(\beta^2 + 2\omega_R^2 - 0.5\tau^2\beta^4)^2 + (2\tau\omega_R\beta^2)^2} \times$$

$$\exp(-0.25\tau^2\beta^2) \cos\left\{\tau\omega_R + \arctan\left[\frac{4\tau\omega_R\beta^2}{4\omega_R^2 + 2\beta^2 - \tau^2\beta^4}\right]\right\} \tag{1.61}$$

当 $\tau=0$ 时，得到 DFS 相位连接偏移的方差为

$$\sigma_{\Delta t}^2 = T_{st}^2 \frac{1+\dfrac{2}{\pi x^2}}{2(q\pi x)^2} \tag{1.62}$$

式中：$q^2 = U_m^2/[2B_\xi(0)]$。相位误差的方差为

$$\sigma_{1,\Delta\varphi}^2 = \frac{\pi x^2 + 2}{2\pi q^2 x^2} \tag{1.63}$$

应该注意到，距离变化对相位偏移 MSD 的影响非常微弱，这就是为什么 SNR 的影响尤为重要。因此，知道 $\Delta\varphi$ 存在的区域是否超过 $\pm\pi/2$ 非常重要。在该情况下，如果观察到 $\Delta\varphi$ 存在的区域超过 $\pm\pi/2$，则在相邻极值上出现 DFS 相位连接时刻跳变(也即调制周期内的零值数改变)。从条件 $3\sigma_{1,\Delta\varphi} \leqslant \pi/2$ 中得到边界值 q 对应的距离，此处在 $\delta_{R_{st}} \sim \infty$ 范围内还未出现这种跳变，即

$$q \geqslant \frac{3\sqrt{2}}{\pi}\sqrt{1+\frac{2}{\pi x^2}} = 1.727\cdots 1.35 \tag{1.64}$$

由此可以确定，若 SNR 超过 5dB，就观察不到 DFS 相位连接时刻跳变。由于我们对更高 q 值的应用场景才感兴趣，因此不考虑 DFS 相位连接跳变到相邻区域这一极端现象。

联系以下的事实：在每个单独周期中附加 DFS 零点并不增加，零值总数的变化只出现在当连接时刻在噪声影响下出现偏移时，上一调制周期的边界关于测量间隔边界出现偏移，因而落入这一间隔的零值数目变化，不能直接使用式(1.47)。现在必须考虑整体相位偏移，它改变了剩余测量间隔内累计的 DFS 周期数目。

故式(1.47)可改写为

$$\frac{\Delta R}{\delta_{R_{st}}} = \frac{1}{N_{meas}}\mathrm{Int}\left\{\frac{N_{meas}}{\dfrac{1}{x} + \dfrac{x}{2\Delta F_{min} T_{st} N_{T_{mod}}}} - \frac{\varphi_\Sigma}{2\pi} + 0.5\right\} - x \tag{1.65}$$

式中：φ_Σ 为由于每个调制半周期的边界的相位误差而导致的测量间隔内的上一调制周期的右边界的整体相移量，即

$$\varphi_\Sigma = \sum_{i=1}^{2K} \Delta\varphi_i \tag{1.66}$$

从文献[24]中可以清楚地看到，φ_Σ 的分布规律仍然保持为零均值的正态分布，且其方差为

$$\sigma_{\varphi_\Sigma}^2 = \sum_{l=1}^{2K}\sum_{k=1}^{2K} \sigma_{\Delta\varphi l}\sigma_{\Delta\varphi k} R_{lk} \tag{1.67}$$

式中：$\sigma_{\Delta\varphi l}$ 与 $\sigma_{\Delta\varphi k}$ 分别为 lT_{st} 和 kT_{st} 时刻 DFS 相位连接误差的 MSD；R_{lk} 为在

这些时间点的相位连接误差值之间的相关系数。

现在有

$$\sigma_{\varphi\Sigma}^2 = \frac{K(\pi x^2 + 2)}{\pi x^2 q^2} \left[1 + \frac{1}{2K} \sum_{k=1}^{2K} \overline{B}_{\xi'}(0.5kT_{\text{mod}}) \right] \quad (1.68)$$

式中：$\overline{B}_{\xi'}(\tau) = B_{\xi'}(\tau)/B_{\xi'}(0)$。

对于第一种频率测量方法，当确定测距误差的方差时，需要考虑根据式（1.65）的正态分布随机变量 φ_Σ 的非线性变换，其方差由式（1.68）确定。非线性性由函数 Int(*) 指定，当 φ_Σ 增长时具备阶梯式曲线特性。在该情况下，只有当式（1.65）中的求和超过 π 的整数倍后，才会出现噪声影响下的连接误差导致测量距离变化。在这些时刻之间的间隔内，不存在测量结果的变化。考虑到整体相位偏差式（1.65）的数学期望等于零，可以基于第一种频率测量方法确定测量结果的相对方差 $\sigma_{1R}^2/\delta_{R\text{ st}}$，通过根据式（1.65）对计算偏差的离散数值求和，权系数等于求和式（1.65）落入合适的相位偏移量间隔的概率为

$$\frac{\sigma_{1R}^2}{\delta_{R_{\text{st}}}^2} = \frac{1}{N_{\text{meas}}^2} \sum_{L_{\text{min}}}^{L_{\text{max}}} L^2 \{ F[(L+1)\pi] - F(L\pi) \} \quad (1.69)$$

式中：$L_{\text{min}} = \text{Int}\{\varphi_0 - 3\sigma_{\Delta\varphi}/\pi\} - \text{Int}\{\varphi_0\}$；$\varphi_0 = \dfrac{N_{\text{meas}}}{\dfrac{1}{x} + \dfrac{x}{2\Delta F_{\text{min}} T_{\text{st}} N_{T\text{mod}}}} + 0.5$；$L_{\text{max}} = \text{Int}\{\varphi_0 + 3\sigma_{\Delta\varphi}/\pi\} - \text{Int}\{\varphi_0\} + 1$；$F(\cdot)$ 为正态分布的积分函数，$\sigma_{\Delta\varphi}^2$ 是由式（1.68）所定义。

正如我们所见，该情况下的测量误差方差取决于 N_{meas} 的复杂特性，即取决于测量间隔时间，因此式（1.69）不适合用于估计处理算法的优劣。基于该原因，采用在某些距离间隔上取平均的误差结果，用于平均的间隔数可以选为 ED，因为此时 DFS 零值数随距离变化而发生变化。为了在 PC 中进行计算，将这个方程重写为离散形式，此处考虑一个复杂形式下的误差关于距离的函数，即

$$\frac{\sigma_{\text{laver}}^2(R_{\text{aver},i})}{\delta R_{R_{\text{st}}}^2} = \frac{1}{N_R \delta_{R_{\text{st}}}^2} \sum_{k=0}^{N_R - 1} \sigma_{1\Delta R}^1(R_{ki}) \quad (1.70)$$

式中：$R_{\text{aver},i} = 0.5(2i+1)\delta_{R\text{ st}}$，$i = 1, 2, \cdots$，$R_{ki} = (i + k/N_R)\delta_{R\text{ st}}$，且 N_R 是长度为 ΔR_{st} 的片段中的距离点数。

在第二种频率估计方法中，执行完式（1.64）后，在噪声的影响下，测量间隔内不存在附加 DFS 零值，测量误差由处理周期的变化而引起，它源于相位连接时刻的随机变化。对应于式（1.34），可以基于第二种频率测量方法将

距离测量误差的相对方差 $\sigma_{2\Delta R}^2/\delta_{R\,\mathrm{st}}^2$ 写为

$$\frac{\sigma_{2R}^2}{\delta_{R_{\mathrm{st}}}} = \frac{T_{\mathrm{st}}^2\left[1+\dfrac{2}{(\pi x^2)}\right]}{N_{\mathrm{mod}}(\pi q T_{\mathrm{mod}})}\left[1+\frac{1}{2N_{\mathrm{mod}}}\sum_{k=1}^{2N_{\mathrm{mod}}}B'_{\xi}(0.5kT_{\mathrm{mod}})\right] \tag{1.71}$$

式中 T_{mod} 由式(1.28)定义。

分析式(1.68)和式(1.71)可知,随着距离的变化,测量误差轻微改变。当 $q=40\mathrm{dB}$ 时,对误差式(1.69)和式(1.71),式(1.70)的计算结果以测量误差相对 MSD 的对数值关于测量距离的关系展示在图 1.18 中。其中,对于第二种方法,绘制了 $N_{\mathrm{mod}}=0.5$(一个周期估计)和 $N_{\mathrm{mod}}=50$ 两种结果。对于第一种频率估计方法,相关曲线对应 $N_{\mathrm{mod}}=50$。

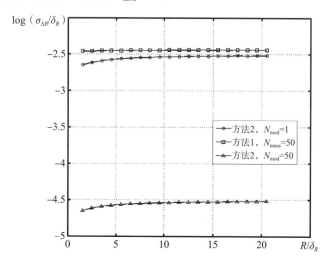

图 1.18　测量误差的相对 MSD 的对数值关于归一化距离的函数

可以看到对于该方法,当距离变化时误差并没有显著改变;对第二种方法,当距离改变时误差改变,但并不明显且可以忽略。我们对测量误差关于噪声电平的函数更感兴趣,因此需要比较两种频率测量方法。

图 1.19 展示了依据式(1.70)绘制的距离测量(误差)相对 MSD 的对数值关于 SNR 的函数,对于上述处理参数,采用式(1.69)和式(1.71)进行计算,取 $2\Delta F_{\mathrm{min}}T_{\mathrm{st}}=5000000$。

可以看到,对于一个调制半周期,在某些 SNR 处第一种差频测量方法的曲线与第二种方法曲线出现了交叉,因此,采用 DFS 相位连接模式的第二种频率测量方法会更有效。延长测量时间间隔可使测量误差减少,但其代价为需要增加参与处理的调制半周期数。

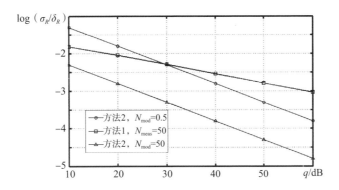

图1.19 测量误差相对MSD的对数值关于SNR的函数

1.9 小 结

我们研究了已知的差频估计计数方法的调制参数的自适应控制，它消除DFS相位跳变，并能增大差频估计的平均间隔。确定了保证相位连接模式的条件，提出了一种调制参数的控制算法，它能保证增大FM平均斜率的稳定性。

基于在一个固定的调制周期数内对DFS周期数进行计数，以及对获得的测量时间间隔的持续时间进行估计，提供了一种只在相位连接模式下可行的差频估计方法。分析了距离测量的截断误差，且可以看出，提出的方法相较于已知算法误差几乎少了1/2。

提供了计算结果的修正过程，允许在第一个修正步骤测量误差减少至1/1000。

结果表明，由预DFS模拟处理阶段的相位偏移引起的相位连接误差导致出现固定读数偏差，并为上述测量误差分量提供了一个修正过程。

即使相位连接模式下由于长时间积累导致必要的噪声电平，差频估计方法也能获得可接受的测量误差值。

参考文献

[1] Vinitskiy, A. S., Essay on Radar Fundamentals for Continuous-Wave Radiation, Moscow, Russia: Sovetskoe Radio Publ., 1961. [In Russian.]

[2] Kogan, I. M., Short-Range Radar Technology (Theoretical Bases), Moscow, Russia: Sovetskoe radio Publ., 1973. [In Russian.]

[3] Brumbi, D., Fundamentals of Radar Technology for Level Gauging, 3rd rev., Duisburg: Krohne

Messtechnik, 1999.

[4] Bakulev, P. A., Radar Systems, Moscow, Russia: Radiotekhnika Publ., 2004. [In Russian.]

[5] Komarov, I. V., and S. M. Smolskiy, Fundamentals of Short-Range FMCW Radar, Norwood, MA: Artech House, 2003.

[6] Atayants, B. A., et al., "Precision Industrial Systems of FMCW Short-Range Radar Technology: Truncation Measurement Error and Its Minimization," Uspekhi sovremennoi radioelektroniki, No. 2, 2008, pp. 3-23. [In Russian.]

[7] Skolnik, M., Introduction to Radar Systems, 3rd ed., New York: McGraw-Hill, 1981.

[8] Korn, G., and T. Korn, Mathematical Handbook for Scientists and Engineers, New York: McGraw-Hill, 1961.

[9] Zhukovskiy, A. P., E. I. Onoprienko, and V. I. Chizhov, Theoretical Fundamentals of Radio Altimetry, Moscow, Russia: Sovetskoe Radio Publ., 1979. [In Russian.]

[10] Sokolinskiy, V. S., and V. G. Sheinkman, Frequency and Phase Modulators and Manipulators, Moscow, Russia: Radio i Sviaz Publ., 1983. [In Russian.]

[11] Imada, H., and Y. Kawata, "New Measuring Method for a Microwave Range Meter," Kobe Steel Eng. Repts., Vol. 30, No. 4, 1980, pp. 79-82.

[12] U. S. Patent 5070730, Int. Cl. G01F 23/28. "Device for Level Gauging with Microwave," K. O. Edvardsson. No. 613574. Filed March 27, 1990; date of patent December 10, 1991.

[13] Weib, M., and R. Knochel, "A Highly Accurate Multi-Target Microwave Ranging System for Measuring Liquid Levels in Tanks," IEEE MTT-S International Microwave Symposium Digest, Vol. 3, 1997, pp. 1103-1112.

[14] Patent 2126145 (Russian Federation), INT. CL. G01F 23/284. "Level-Meter," S. A. Liberman, et al., No. 97114261/28. Bull. No. 4. Filed August 20, 1997; published October 2, 1999.

[15] Atayants, B. A., et al., "Noise Problem and Non-Linearity of Transmitter Modulation Characteristic in Precision Industrial Short-Range FMCW Radar Systems," Uspekhi sovremennoi radioelektroniki, No. 3, 2008, p. 3-29. [In Russian.]

[16] Patent No. 2159923 (Russian Federation). INT. CL. G01F 23/284. "Radar Level-Meter," B. A. Atayants, V. V. Ezerskiy, and A. I. Smutov. No. 99104759/28. Bull. No. 33. Filed March 4, 1999; published November 27, 2000.

[17] Atayants, B. A., et al., "Adaptive Frequency-Modulated Level-Meter," Radar Technology, Navigation and Communication: Proceedings of VI Intern. Conf., Voronezh, Vol. 3. 2000, pp. 1686-1696. [In Russian.]

[18] Atayants, B. A., et al., "Non-Contact Radio Wave Distance Sensor of Higher Accuracy and Stability," Sensors and Information Transducers for Systems of Measurement, Checking and Control: Proceeding of XIII Conf., Gurzuf, 2001, pp. 246-247. [In Russian.]

[19] Ezerskiy, V. V., B. V. Kagalenko, and V. A. Bolonin, "Adaptive Frequency-Modulated Level Meter: An Analysis of Measurement Error Components," Sensors and Systems, No. 7, 2002,

p. 44. [In Russian.]

[20] Patent No. 2151408 (Russian Federation). INT. CL. G01S 13/34. "Radar Range Finder," B. F. Atayants, et al. Bull. No. 17. Published June 20, 2000.

[21] Ezerskiy, V. V., "An Analysis of a Truncation Error of a Range Finder with Adaptive Frequency Modulation for Short-Range Radar," Vestnik RGRTA, Ryazan. No. 15, 2004, pp. 40-45. [In Russian.]

[22] Brillinger, D. R., Time Series: Data Analysis and Theory, New York: Holt, Rinehart and Winston, 1975.

[23] Levin, B. R., Theoretical Fundamentals of Statistical Radio Engineering, in three volumes. 2nd ed., Moscow, Russia: Sovetskoe Radio Publ., 1974. [In Russian.]

[24] Tikhonov, V. I., and V. N. Kharisov, Statistical Analysis and Synthesis of Radio Engineering Devices and Systems, Moscow, Russia: Radio i Sviaz Publ., 1991. [In Russian.]

第2章
差拍频率的加权平均估计

2.1 引 言

为了实现 FMCW RF 的 QI 平均处理,文献[1-3]首次提出对差拍频率进行加权平均估计。通常,依据文献[3]对 DFS 进行加权估计,即

$$S = \int_0^{T_{an}} \alpha(t) F_{DFS}(t) dt \tag{2.1}$$

式中:T_{an} 为频率分析间隔;$\alpha(t) \geq 0$ 为满足以下归一化条件的加权函数(WF),即

$$\int_0^{T_{an}} \frac{\alpha(t)}{T_{an}} dt = 1 \tag{2.2}$$

考虑到式(1.10),可以将式(2.1)重写为

$$S = t_{del} \int_0^{T_{an}} \alpha(t) f'(t) dt \tag{2.3}$$

对于常用的调制周期为 T_{mod} 的对称三角波调制函数式(1.4),可以选取 $T_{an} = T_{mod}/2$ 且 WF 周期设定为 $T_{mod}/2$。将这些参数代入式(2.3)并进行归一化,可以得到

$$S = t_{del} \int_0^{\frac{T_{mod}}{2}} \alpha(t) f'(t) dt = 2 t_{del} \Delta F K_{WF} \tag{2.4}$$

式中:$K_{WF} = (1/2\Delta F T_{mod}) \int_0^{\frac{T_{mod}}{2}} \alpha(t) f'(t) dt$ 为取决于 WF 形状和 FM 函数的一个固定系数。在线性 FM 中,$K_{WF} = 1$ 对应于归一化条件式(2.2)。因此,所测距离由下式决定,即

$$R = \frac{\delta_R S}{K_{WF}} \tag{2.5}$$

在加权法的实际实现中，可根据矩形公式[4]对积分式(2.1)进行数值计算，近似得到式(2.5)中关于$\hat{S}$的估计，即

$$\hat{S} = \sum_{i=1}^{N} \alpha(t_i) F_{\mathrm{DFS}}(t_i) \Delta_i \tag{2.6}$$

式中：t_i为插值点；N为插值点数；Δ_i为它的步长。

假设式(2.6)中插值步长等于DFS周期瞬时值$\Delta_i = 0.5 T_{\mathrm{DFS}i}(t_i) = 1/[2F_{\mathrm{DFS}}(t_i)]$的一半，也即选择实际存在的DFS零值作为插值点，可以获得计算公式，即

$$\hat{S} = \sum_{i=1}^{N} \alpha(t_i) \tag{2.7}$$

式中：t_i为第i个DFS零值的位置；N为调制半周期内的DFS零值数。

如果采用这种方法，在最终计数时不同的权系数对应于不同的DFS零值。为消除离散误差，接近于0的权系数对应于零值，它们在分析间隔内并紧邻边界。只要零值离开分析间隔边界，权系数值就会增加。在该情况下，随着距离的变化，零值再次出现在分析间隔内(或从分析间隔消失)，但不会导致积累结果多出一个数值。在分析间隔边界上平滑地消除零点将使测量结果平滑地变化。

图2.1解释了上述处理过程，图中给出了DFS相位变化曲线(图2.1(a))、DFS信号本身(图2.1(b))以及WF$\alpha(t)$的函数波形(图2.1(c))。

由式(1.9)，零值的特殊位置以及它们的数目可由下式给出(图2.1(a))，即

$$\omega_0 t_{\mathrm{del}} + \omega(t_i) t_{\mathrm{del}} + \varphi_{\mathrm{s}} = 0.5\pi + \pi(i+I_1) \qquad i = 1, 2, \cdots, N \tag{2.8}$$

式中：$\omega_0 = 2\pi f_0$；$\omega(t) = 2\pi(f)$；$I_1 = \mathrm{Int}(2f_0 t_{\mathrm{del}} - 0.5)$；$f_0$为信号载频。

式(2.7)实现的加权平均方法是相当简单的，还有以下因素有必要详加考虑。

(1) 当且仅当SHF振荡器的FM扫频带宽准确已知时，才能根据式(2.5)进行距离计算。

(2) 为确定式(2.7)中所用的DFS零点的准确位置，必须较好地实现预滤波，这只有当不存在相位跳变时才可能。

基于这些影响因素，必须进行附加处理，也就是之前曾经提过的对分析间隔的边界频率进行监控以及保证DFS的相位连续性(相位连接)。

滑动加权法的测量误差来源(除了对所有方法都存在的FM扫频带宽的不稳定性外)如下。

(1) 由类似式(2.7)进行$\hat{S}$的估计，也即存在截断误差。

(2) 由于MC的非线性导致真实的调频律与设定调制律之间存在差别。

(3) 由于存在噪声，差频信号经过零点时刻t_i的估计误差。

(4) WF样本$\alpha_i(t_i)$的确定误差。

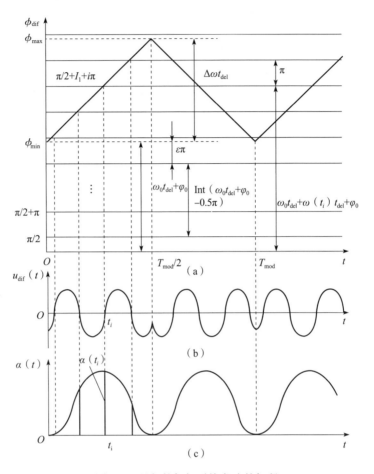

图 2.1 差频的加权平均方法的解释

2.2 差频加权平均法的截断误差

首先考虑第一个误差分量,它本质上是积分式(2.1)的数值计算误差。

为了分析截断误差,我们提供了足够多的 WF 类型。之前从探索的角度出发时,曾提到 WF 应该关于分析时间间隔的中心对称,且其终点基本减小到零。由此可将 WF 以三角 Fourier 级数的形式展开,即

$$\alpha(t) = K_W \sum_{m=0}^{K} A_m \cos\left(\frac{4\pi m t}{T_{\text{mod}}}\right) \tag{2.9}$$

式中:$A_m = 2\int_0^{T_{\text{mod}}/2} \alpha(t)\cos(4\pi mt/T_{\text{mod}})\mathrm{d}t/T_{\text{mod}}(m=0,1,2,\cdots,K)$;$K_W$ 为归

一化乘数,其中根据式(2.2)$K_W=1/A_0$。

应用式(2.9)归一化后,WF 的系数值在分析间隔边界上需满足

$$\sum_{m=0}^{K} A_m = 0 \tag{2.10}$$

现在将式(2.10)代入式(2.7)中,得到

$$\hat{S} = K_W \sum_{m=0}^{K} A_m \sum_{i=1}^{N} \cos\left(\frac{4\pi m t_i}{T_{\text{mod}}}\right) \tag{2.11}$$

如果内部级数能基于以下方程来表示[5],则该方程可简化为更简单的形式,即

$$\sum_{m=1}^{N} \cos[x+2(m-1)y] = \cos[x+(n-1)y]\frac{\sin(Ny)}{\sin y} \tag{2.12}$$

采用归一化时间[3] $t_{\text{norm},i}=2t_i/T_{\text{mod}}$,根据式(2.12)对式(2.11)中的余弦函数的系数进行变换。假定 FM 满足线性规律式(1.4),则可将频率增加段的式(2.8)变换为

$$\frac{4f_0 R}{c} + 8\Delta F R \frac{t_i}{T_{\text{mod}} c} + \frac{\varphi_s}{\pi} = 0.5 + i + I_1 \tag{2.13}$$

由此得到归一化 DFS 零点公式,即

$$t_{\text{norm},i} = \left(\frac{i-\varepsilon-\varphi_s}{\pi}\right)\eta \tag{2.14}$$

式中:$\varepsilon=\rho-\text{Int}(\rho)$;$\rho=(4f_0 R/c-0.5)$为待测距离内累计的 1/4 波长(载频为 f_0)数减去 0.5,$1/\eta=R/\delta_R=x_R=M+\chi$ 为以 QI 值归一化的待测距离,$M=\text{Int}(R/\delta_R)$ 与 $\chi=R/\delta_R-M$ 分别对应待测距离内累计的离散误差的整数和小数部分。

现在分离出对应于 $m=0$ 的部分,写为

$$\hat{S} = N + K_W \sum_{m=1}^{K} A_m \cos\left\{\pi m \eta \left[2\left(1-\varepsilon-\frac{\varphi_s}{\pi}\right)+N-1\right]\right\}\frac{\sin(N\pi m\eta)}{\sin(\pi m\eta)} \tag{2.15}$$

不失一般性,假设 $\varphi_s=0$。对进一步计算而言,变量 ε 与 χ 的关系式尤为重要,因为它确定了半调制周期内 DFS 零点数 N,从而确定了式(2.7)、式(2.9)和式(2.15)中的求和上限。已知[6]半调制周期内的 DFS 零值数是 $N=M$ 或 $N=M+1$。根据式(2.14)内归一化时间的定义,接下来在时间间隔$[0, T_{\text{mod}}/2]$内满足条件 $t_{\text{norm},i}<1$。因此,对于具有最大值 $i=N$ 的零值,满足以下条件,即

$$\frac{N-1+\varepsilon}{M+\chi} \leq 1 \leq \frac{N+\varepsilon}{M+\chi} \tag{2.16}$$

若不等式 $1-\varepsilon \geq \chi$ 成立,则对不等式(2.16)的右边部分而言,只需满足 $N=M$ 就足够了;而当满足 $1-\varepsilon<\chi$ 时,得到 $N=M+1$。随着距离的改变,也即 N 改变时,变量 $1-\varepsilon$ 与 χ 之间的关系变化如图 2.2 所示。

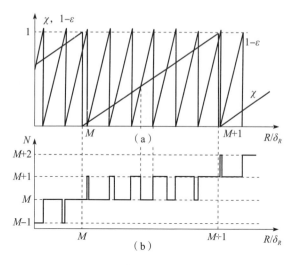

图 2.2 DFS 零值数与归一化距离的关系

考虑到上述内容并化简公式,由式(2.15)得到两种情况下变量 $1-\varepsilon$ 与 χ 的关系式,即

$$\hat{S} = \begin{cases} M - K_W \sum_{m=1}^{K} A_m G_1[m\eta] & \text{当 } 1-\varepsilon \geq \chi \text{ 时} \\ 1 + M + K_W \sum_{m=1}^{K} A_m G_2[m\eta] & \text{当 } 1-\varepsilon \leq \chi \text{ 时} \end{cases} \quad (2.17)$$

式中

$$G_1[z] = G_1[z, \chi, \varepsilon] = \cos[\pi z(1-2\varepsilon-\chi)]\frac{\sin[\pi z(1-\chi)]}{\sin(\pi z)}$$

$$G_2[z] = G_2[z, \chi, \varepsilon] = \cos[\pi z(2-2\varepsilon-\chi)]\frac{\sin[\pi z(1-\chi)]}{\sin(\pi z)}$$

在式(2.17)中,函数 $G_1[*]$ 和 $G_2[*]$ 为 3 个变量的函数,但是在许多情况下第一个参数起主导作用。因此,为了简化计算,只在特定情况下才考虑其余两个因素。由式(2.5)和式(2.14),$\hat{S} = x_R = R/\delta_R = M + \chi$,在式(2.17)的每行中加上和减去 χ,可以得到误差 Δ_S 的表达式为

$$\Delta_S = \begin{cases} -\chi - K_W \sum_{m=1}^{K} A_m G_1[m\eta] & \text{当 } 1-\varepsilon \geq \chi \text{ 时} \\ 1 + \chi + K_W \sum_{m=1}^{K} A_m G_2[m\eta] & \text{当 } 1-\varepsilon \leq \chi \text{ 时} \end{cases} \quad (2.18)$$

所得公式可采用任意形式的式(2.9)WF计算测距的截断误差。

现有已知的许多函数均满足式(2.2)和式(2.10)，如在谱分析[7-10]中采用的用来降低旁瓣电平的很多函数。仔细分析函数族，即

$$\alpha(t) = K_W \left[1 - \cos\left(\frac{4\pi t}{T_{\text{mod}}}\right) \right]^n \tag{2.19}$$

式中：K_W 为归一化乘数；$n = 1, 2, \cdots$。

不同 n 值下的上述函数如图2.3所示。文献[3]研究了当 $n = 1$ 时的这类WF，及其测量误差相对测量距离的准确关系。对于任意 n 取值，也可得到类似的测量误差估计关系式。

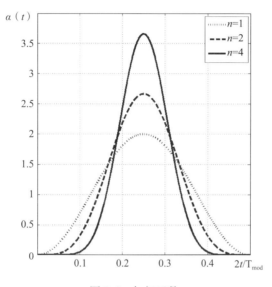

图 2.3 加权函数

现在我们来确定归一化系数 K_W 的取值。由已知的三角关系和偶数幂正弦函数级数展开式[5]，可将WF式(2.19)描述为

$$\alpha(\nu) = K_W 2^{-n} \left\{ (-1)^n 2 \sum_{j=0}^{n-1} (-1)^j C_{2n}^j \cos[(n-j)\nu] + C_{2n}^n \right\} \tag{2.20}$$

式中：$\nu = 4\pi t/T_{\text{mod}}$；$C_p^q$ 为二项式系数[5]。

现在可以从式(2.2)中得到

$$K_W = \frac{2^n}{C_{2n}^n} \tag{2.21}$$

考虑式(2.21)和式(2.15)，可以将式(2.18)写为

$$\Delta_{Sn} = \begin{cases} -\chi - \dfrac{2(-1)^n \sum\limits_{j=0}^{n-1}(-1)^j C_{2n}^j G_1[(n-1)\eta]}{C_{2n}^n} & \text{当 } 1-\varepsilon \geqslant \chi \text{ 时} \\ 1-\chi + \dfrac{2(-1)^n \sum\limits_{j=0}^{n-1}(-1)^j C_{2n}^j G_2[(n-j)\eta]}{C_{2n}^n} & \text{当 } 1-\varepsilon < \chi \text{ 时} \end{cases}$$

(2.22)

式中，误差 Δ_{Sn} 中的下标 n 对应于式(2.19)中的一个指数。

在多个距离上对上述误差进行定量分析，其变化特性基本上异于极近距离情况(小于 $4\delta_R$)和其他所有情况。

测量误差 Δ_{S_1}、Δ_{S_2} 和 Δ_{S_4} 的曲线如图 2.4 所示。

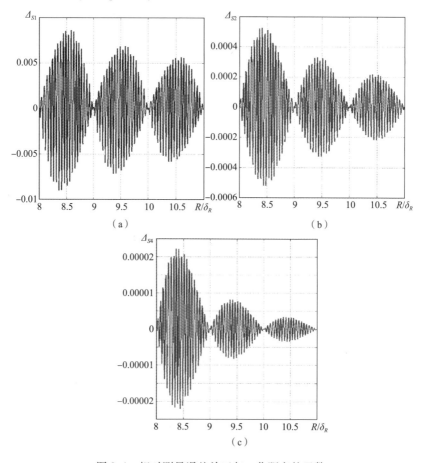

图 2.4　相对测量误差关于归一化距离的函数

由图 2.4 可知，对于所考察的 WF，误差是一个关于距离的周期性阻尼衰减函数。同时在近距离处可以观察到，随着距离的增加，整体误差水平单调递减。当作为插值点的 DFS 零值关于分析时间间隔中心对称分布时，在这些距离上可以观察到确切的零误差点。在这些位置上，积分式(2.1)在左边 WF 斜率上与在右边斜率上产生的误差数值相等、符号相反，由此相互抵消。

在包络等于零的相关点处，插值点位置关于分析时间间隔中心对称，且结束点与间隔边界相吻合，称这些点为包络节点(EN)。每当经过这种距离点时，DFS 零值数增加一个，也即在式(2.1)的积分数值计算中插值点数相应增加，由此计算误差得到减小。误差值及其随距离增加的阻尼衰减速度和开始出现的第二个周期性距离点均取决于指数 n。

图 2.4 和图 2.5 中展现的不同 WF 下测量误差关于距离的函数曲线形式不太方便，需采用一些变量来与总体误差水平相比较，例如可以是这些图形的包络，但很难确定。

为此，早期引入积分特征式(1.70)，它等于距离间隔内计算的 MSD。基于给定条件，式(1.70)可以写为

$$\sigma_\Delta^2 = \overline{\Delta_S^2(M)} = \frac{\sum_{k=1}^{L} \Delta_S^2(R_{M,k})}{L} \qquad (2.23)$$

式中：$L = \delta_R/\Delta$；Δ 为一个距离步长，限制在一个离散平均距离单元 $[M\delta_R, (M+1)\delta_R]$ 内，$R_{M,k} = M\delta_R + (k-1)\Delta$ 为第 k 个距离读数，限制在指定的第 M 个平均单元内。

图 2.5 给出了根据式(2.23)使用式(2.22)计算得到的误差曲线。

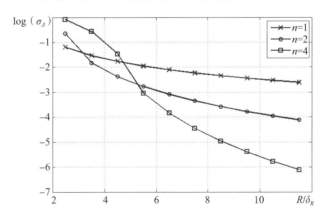

图 2.5 归一化 MSD 关于相对距离的函数

对不同的 WF，图形的总体趋势和截断误差之间的定量关系主要取决于函数类型和距离。当距离 R 增大时，可以观察到整体误差水平平滑地减小。当距离较近时，具有大 n 值的 WF 得到的误差大于具有小 n 值的误差，但是误差值减小更快。

当距离增大时图形随之改变。在远距离处，较大的 n 值对应于较小的误差和较高的阻尼衰减速度，而截断误差水平基本上随着距离增大而减小。

还有一个有趣的 WF：它只有一个形状参数，使得 WF 形状可以在很大程度上改变，这就是 Kaiser-Bessel(KB)WF，它具有以下闭合形式的解析表达式，即

$$\alpha(t) = \frac{I_0\left[\pi a \sqrt{1-\left(\frac{2t}{T_{\text{mod}}}\right)^2}\right]}{I_0[\pi a]}, \quad t \in \left[\frac{-T_{\text{mod}}}{4}, \frac{T_{\text{mod}}}{4}\right] \quad (2.24)$$

式中：$I_0[*]$ 为第一类修正 Bessel 函数；a 为一个指定函数类型的参数。这样看来，在谱分析时使用该函数，且将它归一化到 1。这里需要使 WF 满足归一化条件式(2.2)。使用方程 $I_0(x) = J_0(jx)$，其中 $J_0[*]$ 是第一类 Bessel 函数，它已知为积分[11]，即

$$\int_0^y J_0(\sqrt{y^2 - x^2})\,\mathrm{d}x = \sin y \quad (2.25)$$

又因为

$$\sin y = \frac{\mathrm{e}^{-\mathrm{j}y} - \mathrm{e}^{\mathrm{j}y}}{2} \quad (2.26)$$

则通过必要的归一化可获得 WF KB 的公式为

$$\alpha(t) = \frac{2\pi a}{\mathrm{e}^{\pi a} - \mathrm{e}^{-\pi a}} I_0\left[\pi a \sqrt{1-\left(\frac{2t}{T_{\text{mod}}}\right)^2}\right] \quad (2.27)$$

考虑到真实值 $a>1$，可以准确地写成

$$\alpha(t) = 2\pi a \mathrm{e}^{-\pi a} I_0\left[\pi a \sqrt{1-\left(\frac{2t}{T_{\text{mod}}}\right)^2}\right] \quad t \in \left[\frac{-T_{\text{mod}}}{4}, \frac{T_{\text{mod}}}{4}\right] \quad (2.28)$$

这样的 WF 很合适，因为只需一个参数 a 就能在很宽的范围内改变它的形状。但它不具备第二个 WF 属性：在间隔 T_{mod} 边界上减小到零，尽管它很接近零且值随着 a 的增加而减小。

WF 形状(式(2.28))随着参数 a 的变化而改变，如图 2.6 所示。

将式(2.28)代入到式(2.7)中，可以得到

$$\hat{S} = 2\pi a \mathrm{e}^{-\pi a} \sum_{i=1}^{N} I_0\left[\pi a \sqrt{1-\left(\frac{2t_i}{T_{\text{mod}}}\right)^2}\right] \quad (2.29)$$

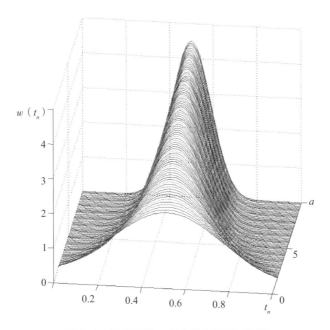

图 2.6 随着参数 a 变化的 WF KB 轮廓

在式(2.29)中使用归一化时间式(2.14),可以得到

$$\hat{S} = 2\pi a e^{-\pi a} \sum_{i=1}^{N} I_0 \left[\pi a \sqrt{1 - (i-1+\varepsilon)^2 \eta^2} \right] \quad (2.30)$$

考虑到 $N=M$(当 $\varepsilon \geqslant \chi$)或 $N=M+1$(当 $\varepsilon < \chi$),可以写为

$$\hat{S} = 2\pi a e^{-\pi a} \begin{cases} \sum_{i=1}^{M} I_0 \left[\pi a \sqrt{1 - (i-1+\varepsilon)^2 \eta^2} \right] & \text{当 } \varepsilon \geqslant \chi \text{ 时} \\ \sum_{i=1}^{M+1} I_0 \left[\pi a \sqrt{1 - (i-1+\varepsilon)^2 \eta^2} \right] & \text{当 } \varepsilon < \chi \text{ 时} \end{cases} \quad (2.31)$$

类似式(2.18)中,考虑准确值 $\hat{S}=M+\chi$,得到误差 Δ_S 的公式为

$$\Delta_S = -M - \chi + 2\pi a e^{-\pi a} \begin{cases} \sum_{i=1}^{M} I_0 \left[\pi a \sqrt{1 - (i-1+\varepsilon)^2 \eta^2} \right] & \text{当 } \varepsilon \geqslant \chi \text{ 时} \\ \sum_{i=1}^{M+1} I_0 \left[\pi a \sqrt{1 - (i-1+\varepsilon)^2 \eta^2} \right] & \text{当 } \varepsilon < \chi \text{ 时} \end{cases}$$

(2.32)

根据式(2.32),取 3 个参数值 $a=2$、4、6 下的误差计算结果如图 2.7 所示。正如所见,类似于图 2.4,误差是关于距离的周期性阻尼衰减的函数。可

以观察到两种类型的周期性，第一种周期等于半载波波长，第二种具有时变周期。随着参数 a 的增加，第二种周期的变化更强。除了满足 $M(R)<3\cdots 4$ 的近距离外，随着距离增长，误差减小非常迅速，基本上难以接受。量化误差值与其随距离增加的阻尼衰减速度取决于 WF 参数 a 值。根据这些图形，很难比较不同参数 a 值下的 WF。

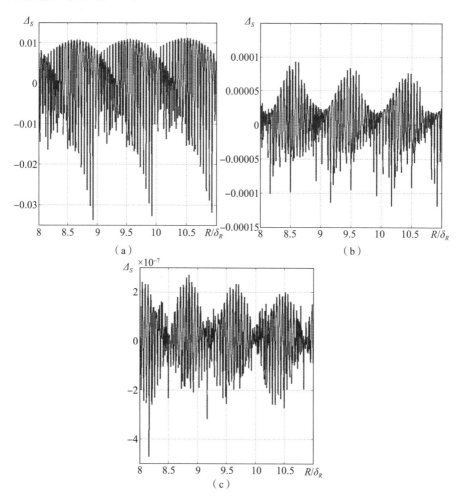

图 2.7　瞬时归一化误差关于归一化距离的函数

图 2.8 展示了根据式 (2.23)，参数 a 取值为 2、4、6 和 8 时，归一化平均误差关于归一化距离的函数。

从图 2.8 中可以看到，在所有图形中可以区分出两个区域：一个初始区域，其中误差剧烈地改变；另一区域，其中平均误差基本上不随距离变化而改

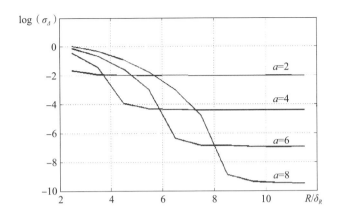

图 2.8 归一化平均误差关于归一化距离的函数

变。可以清楚地看出,当距离改变时,可以找出这样一个参数 a 值,使得对于给定距离平均误差最小,可以通过在图 2.8 中的转折点处画出这些曲线的切线来确定误差的最小值。

2.3 通过加权函数参数优化实现差频加权平均法的截断误差最小化

式(2.23)可以对式(2.9)中 WF $\alpha(t)$ 参数最优化问题进行公式化,包括选择系数 A_m 使得截断测量误差最小。测量误差的 MSD 函数是一个关于距离的复杂函数,它随着距离的增加而快速减小。因此,权宜之计是实现局部系数最优化,使得在某些距离平均单元内使误差最小化。

早期距离取一个 QI 值来计算 MSD,也即限制

$$M(R)\delta_R < R < [M(R)+1]\delta_R \tag{2.33}$$

对每一部分都可以确定对应于最小均方根误差系数的集合。为了使系数 A_m 最优化,可以得到线性方程系统,即

$$\overline{\frac{\mathrm{d}\Delta_S^2(m)}{\mathrm{d}A_m}} = 0 \quad m = 1, 2, \cdots, K \tag{2.34}$$

将式(2.18)代入式(2.34),将这个关于未知系数 A_m 值的方程系统简化为标准形式,即

$$\sum_{m=1}^{K} \overline{A}_m d_{i,m}(m) = D_i(M) \quad i = 1, 2, \cdots, K \tag{2.35}$$

式中:$\overline{A}_m = K_W A_m$ 为 WF 的 Fourier 级数系数的归一化值,有

$$d_{i,m}(M) = \frac{1}{\delta_R}\sum_{k=1}^{L} F_1(i, m, R_M, k); \quad D_i(M) = \frac{1}{\delta_R}\sum_{k=1}^{L} F_2(i, R_M, k)$$

$$F_1(i, m, R) = \begin{cases} G_1[i\eta(R)]G_1[m\eta(R)] & \text{当 } 1-\varepsilon(R) \geq \chi(R) \text{ 时} \\ G_2[i\eta(R)]G_2[m\eta(R)] & \text{当 } 1-\varepsilon(R) < \chi(R) \text{ 时} \end{cases}$$

$$F_2(i, R) = \begin{cases} \chi(R)G_1[i\eta(R)] & \text{当 } 1-\varepsilon(R) \geq \chi(R) \text{ 时} \\ [1-\chi(R)]G_2[i\eta(R)] & \text{当 } 1-\varepsilon(R) < \chi(R) \text{ 时} \end{cases}$$

这里注意到主要参数关于距离的一个明确函数形式$[\chi(R), \varepsilon(R), \eta(r)]$。得到的方程系统使得可以对给定 K 值在第 M 部分上计算 WF 最优参数集，也即实现特定视角下的局部 WF 优化。

根据式（2.35），多个 K 值下的最优系数的计算结果如表 2.1 所列。

表 2.1 最优 WF 系数

K	A	R/δ_R						
		2.5	4.5	6.5	8.5	10.5	12.5	14.5
1	A_1	-0.88	-0.966	-0.984	-0.991	-0.994	-0.996	-0.997
2	A_1	-0.957	-1.257	-1.298	-1.313	-1.32	-1.324	-1.326
	A_2	0.0365	0.0259	0.298	0.313	0.32	0.324	0.326
4	A_1	-0.94	-1.366	-1.514	-1.55	-1.568	-1.577	-1.583
	A_2	0.0298	0.402	0.636	0.7	0.736	0.755	0.767
	A_3	-0.009	-0.036	-0.132	-0.169	-0.189	-0.2	-0.207
	A_4	-0.007	0.00008	0.0096	0.0163	0.0201	0.0225	0.024

应该注意到，在近距离处，最优系数值明显异于已使用的 WF 的初始系数值；随着距离的增大，最优系数值趋向于这些初始值，这可以从图 2.9 所示的曲线中看出，也即已知的 WF 仅仅在远距离测量时得到最好结果。

最优 WF 式（2.9）的形状随着测量距离变化而变化的情况如图 2.9（a）（$K=1$）和图 2.9（b）（$K=4$）所示。

注意到在近距离处 WF 具有更平滑的形式，这是因为，由于较大极值零点的存在，在分析时间间隔内形成的零值点数更少。因此，为了使误差最小化，WF 不应该剧烈改变；但与此同时，离散误差平滑效果也会变差，且近距离的测量误差会增加。

距离增大将引起分析时间间隔边界零极值点最大导数的减小，由此可以假设，采用变化更剧烈的 WF 能够更好地抑制离散误差。波形更为复杂的 WF 有更大的形状变化范围，因此能实现更小的测量误差。

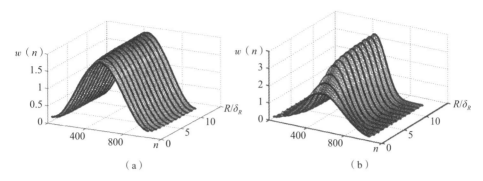

图 2.9 最优 WF 轮廓

(a) $K=1$; (b) $K=4$。

图 2.10 给出了在最优 WF 参数下得到的归一化 MSD 关于相对距离的函数。对比图 2.5,参数优化可使测量误差在本质上得到减小。此外,当使用更多级数项进行 WF 表示时,也即采用更复杂的 WF 形状时,影响效果更为明显,且随着距离的增大,误差总体上呈减小趋势。

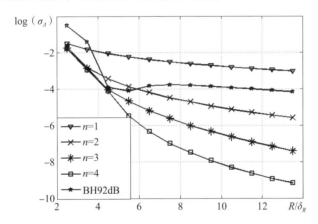

图 2.10 最优参数下归一化 MSD 关于相对距离的函数

为了比较,图 2.10 展示了 Blackman-Harris(BH 92dB)WF 的对应曲线。可以注意到,它与 $n=3$ 的图中一个点相交,也即对于某个固定单元,该 WF 是最优的。在其他距离上,在 Blackman-Harris WF 的帮助下,可实现的误差值均超过参数最优化结果。同样,在较近距离处,误差显著增大,而当距离较远时,误差一开始平滑增长,接下来会基本保持不变。

下面来考察 WF KB(2.28)参数 a 的优化问题,前提是根据式(2.23)并用式(2.32)来计算最小平均误差。对于系数 a 的优化,可以获得一个类似于

式(2.34)的方程，即

$$\overline{\frac{\partial \Delta_s^2(M)}{\partial a}} = 0 \tag{2.36}$$

将式(2.32)代入式(2.23)中，由式(2.36)可以得到

$$\sum_{k=1}^{L} \left\{ -M_k - \chi_k + 2\pi a e^{-\pi a} \sum_{i=1}^{N} I_0 \left[\pi a \sqrt{1-(i-1+\varepsilon_k)^2 \eta_k^2} \right] \right\} \times$$
$$\left\{ (1-\pi a) \sum_{i=1}^{N} I_0 \left[\pi a \sqrt{1-(i-1+\varepsilon_k)^2 \eta_k^2} \right] + \right. \tag{2.37}$$
$$\left. \pi a \sum_{i=1}^{N} \sqrt{1-(i-1+\varepsilon_k)^2 \eta_k^2} I_1 \left[\pi a \sqrt{1-(i-1+\varepsilon_k)^2 \eta_k^2} \right] \right\} = 0$$

式中：$N=M_k$(当 $\varepsilon_k \geqslant \chi_k$)且 $N=M_k+1$(当 $\varepsilon_k < \chi_k$)。

方程式(2.37)是非线性方程且无解析解。因此，在 Matlab 里，对几个距离间隔在多维 "fminsearch" 函数的帮助下进行优化处理，从而得到 WF KB 形状参数 a 的最优值关于对应于平均周期中心的平均距离的函数。结果发现，该函数可以通过一条直线来拟合，它关于 WF 形状参数最优值具有以下的经验表达式，即

$$a_{opt} = 1067(M+0.5) - 0.6061 \tag{2.38}$$

最优 WF KB 轮廓如图 2.11 所示。

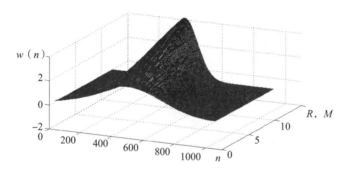

图 2.11 最优 WF KB 轮廓

根据式(2.23)、使用式(2.38)中最优参数值 a_{opt}，WF KB 归一化平均截断误差相对于归一化距离的函数如图 2.12 中实线所示。

可以看到，对应于特定参数 a 值($a=2,4,6,8$)，它实际上与早期绘制的图形(通过虚线表示)相切。测量距离增长导致了误差增长。如果归一化距离大于 12，由计算机计算有限准确度引起的量化噪声自身开始积累。

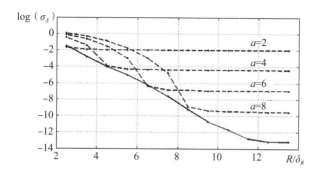

图 2.12 WF KB 归一化平均截断误差关于归一化距离的函数

比较图 2.10 与图 2.12 可以看到，在同样距离下，具有最优参数的 WF KB 比式 (2.9) 中 WF 获得更少的测量误差，因为当改变形状参数 a 时，WF KB 形状变化的范围比式 (2.9) 中的小项数 WF 更大。2.2 节的结果给出假设：随着式 (2.9) 中 WF 项数的增加，平均误差接近采用 WF KB 得到的误差，但是 WF KB 应用更方便，因为它只需要优化唯一 WF 形状参数，对于式 (2.9) 中的 WF，参数的数目则随着项数增加陡然增大。

实际应用中，对每部分距离，应将提前计算的最优系数集保存在 FMCW RF 计算存储装置中，只要测量距离一改变就将相应系数集提取出来使用。

在 RF 开关接通启动第一次测量工作时，使用对应于最近距离的系数集是十分便利的，且可保证误差不会超过某个既定限值。与此同时，其他距离处的测量误差足以用来确定当前平滑过程中其他离散级数项的数值。根据该结果确定归一化距离值和平滑级数项的数目 $M = \text{Int}(R/\delta_R)$。之后，基于表 2.1，由式 (2.9) 或者基于式 (2.34)，对于 WF KB 确定参数最优值并进行新的测量。

对于式 (2.9) 中的 WF，多数情况下它们都会受到近距离（直到 $M \leqslant 7$）最优系数集的限制。对该集合，在其他典型距离上需要使用对应于最远距离的系数。同样，对于该最优系数集合，远距离的截断测量误差基本保持不变。

2.4 通过 FM 参数优化实现差频加权平均法的截断误差最小化

如图 2.3 和图 2.4 所示，对于式 (2.9) 中的 WF，通过对瞬时测量误差关于归一化距离函数的分析，可以提出 FM 参数最优化算法来减小截断误差。这些算法考虑了截断误差随距离变化的周期性以及调制参数对 EN 误差在归一化距离坐标上位置的影响。

该瞬时截断误差函数具有近似周期性的特征，它使得我们可以假定：通过类似文献[15-16]中提到并详细研究的方法控制载频并对测量结果做平均，就可以将测量误差减小到几乎为零。

在瞬时误差关于归一化距离的图形中，EN 的出现使得通过控制扫频带宽能够在最近的 EN 上得到对应特定归一化距离的点。明显地，将这两种方法结合起来可以整合它们的优势。

2.4.1　附加慢调频的应用

图 2.4 中的瞬时截断误差表明，截断误差具有快速振荡周期，该周期换算为距离等于半个载波波长，根据确定 DFS 零值方程的式(2.8)也可以得出同样的结论。由该方程可以看到误差在相位上的变化周期是 π。对一个固定距离，在 $[0, \pi]$ 范围内限制相位 φ 的变化并对所得结果做平均，可使距离测量误差平均值最小。通过对载频 ω_0 附加一个值为 $\Delta\omega_{\text{slow}}$ 的慢 FM 以改变 DFS 相位，可以得到，在固定距离处改变载频频率来获得一个误差变化周期，相关条件为

$$\Delta\omega_{\text{slow}} t_{\text{del}} = \pi \tag{2.39}$$

或者满足以下的等价条件，即

$$\Delta F_{\text{slow}} = \Delta F \eta \tag{2.40}$$

现在分析当使用附加慢调制时截断误差数值上可能得到的极限优势。使用数值法进行估计，为此，首先假设已知确切的测量距离，计算使用 WF 公式时获得的截断误差。虽然这在实际上是不可能的，但可以用来估计该方法的极限可能性。使用式(2.22)计算误差，在每个固定距离上使用式(2.40)，得到附加慢扫频带宽的值。然后，在距离上从 f_0 到 $f_0 + \Delta F_{\text{slow}}$ 改变载频，固定步长为 $\Delta F_{\text{slow}} / N_{\text{aver}}$（其中 N_{aver} 是平均测量数），并在每个频率上计算测量截断误差。接着，在特定频率范围内对所有频率进行选择之后，对结果进行平均。在每个固定距离点，得到的测量结果都是关于待测距离的振荡函数，这些振荡特征使我们回忆起图 2.4 中截断误差的振荡特性。由此，基于上述方法，在一个 QI 限制内，根据式(2.23)，当在前述频率范围内使用 100 个点对载频进行慢速调谐时，以归一化平均(对于距离)的对数形式给出的计算结果示于图 2.13 中。

由图 2.13 可知，该最优化方法较 WF 形状最优化产生的本征误差更小，且误差值随测量距离的增大而不断减小。若参与求平均运算的点数增加，误差也会减小，采用更复杂波形的 WF 函数导致误差会进一步降低。但从图中 $n=4$ 对应结果可以看出，计算机数字处理能力决定了误差减小存在的一个极限。图中从归一化距离 $R/\delta_R = 5.5$ 开始，误差就基本保持不变，印证了上述结论。因此，平均点数的增加也存在一个极限，它取决于用于实现该方法的微处理器的

数字计算能力。

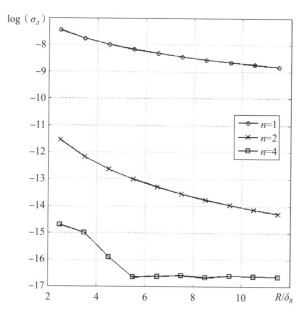

图2.13 极限平均归一化误差关于归一化距离的函数的对数函数

实际应用中，测量距离在测量之前是未知的。因此，权宜之计是重复该优化算法，即对测量结果进行频繁的重复，每次重复都根据式(2.40)指定 ΔF_{slow}。

第一步：由式(2.40)确定零阶近似 $\hat{\eta}^{(0)}$ 和计算 $\Delta F_{\text{slow}}^{(0)}$，得到第一次距离测量结果时没有附加FM。

第二步：随着载频在每次测量之间离散地变化，得到 N 次不同距离测量结果，载频的变化范围从 f_0 变化到 $f_0 + \Delta F_{\text{slow}}^{(n)}$，变化步长是 $\Delta F_{\text{slow}}^{(t)}/N$，近似结果为：

$$\frac{1}{\hat{\eta}^{(n)}} = \frac{1}{N} \sum_{i=1}^{N} \frac{1}{\hat{\eta}_i^{(n)}} \tag{2.41}$$

式中：$\hat{\eta}_i^{(n)}$ 为第 i 次测量时对 η 的估计。

第三步：通过式(2.40)实现慢速扫频带宽 $\Delta F_{\text{slow}}^{(n+1)}$ 更新值的计算。

第四步：重复步骤2和步骤3，直到新得到 $\hat{\eta}^{(n)}$ 和前一个 $\hat{\eta}^{(n-1)}$ 之差的模小于预设特定值 Δ_η，即

$$|\hat{\eta}^{(n-1)} - \hat{\eta}^{(n)}| \leq \Delta_\eta \tag{2.42}$$

最终得到的误差结果由预设值 Δ_η 和平均点数 N 决定。计算表明，通过降低 Δ_η 和增大 N，可以实现极限测量误差，如图2.13所示。

为了实现式(2.42)条件达成需要进行多次重复测量,重复次数主要取决于测量距离、WF 形状、给定的 Δ_η 值和平均点数 N 等参数,由此重复 4~5 到 50~60 次之多。换言之,测量的总数将从 $4N$ 变化到 $60N$。

当附加慢速 FM 以快速 FM 的扫频带宽值进行归一化后,扫频带宽值关于归一化测量距离的关系如图 2.14 所示。由图可知,相关结果与 WF 形状无关,对于近距离测量,附加慢 FM 的扫频带宽值可达到快速调制的扫频带宽的 50%。

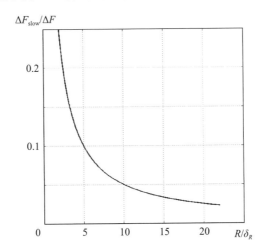

图 2.14 慢速 FM 的归一化扫频带宽与归一化距离的关系

这种减小误差的方法需要大量的附加扫频带宽资源和测量时间。

2.4.2 扫频带宽优化

该优化方法考虑当 WF 参数不变时,具有零测量误差的 EN 在归一化距离轴上的位置也保持不变,且测距点的位置取决于 δ_R 的值,也即取决于扫频带宽值 ΔF 时的情况。此时,通过改变 ΔF,可将归一化距离轴上的每一点沿轴移动到最近的一个 EN(图 2.4 和图 2.5)。因此,应该首先考虑归一化距离轴上的第一个 EN 的位置,它由下式决定,即

$$\frac{R_{\text{nodes}}}{\delta_R} = n+1 \tag{2.43}$$

扫频带宽优化过程为,根据测量距离修正扫频带宽 ΔF,基于式(2.43)进行多次重复测量,具体包括以下步骤。

第一步:在某个初始值 $\Delta F^{(0)}$ 上实现距离 $R_{\text{meas}}^{(0)}$ 的测量,用来获得零近似 $\hat{\eta}_R^{(0)} = \delta_R^{(0)}/R_{\text{meas}}^{(0)}$,并确定最近的 EN 在归一化距离轴上的准确位置,它位于当前归一化点的左边,即

$$\frac{1}{\hat{\eta}_{R_{\text{exact}}}} = \max\left\{n+1;\ \text{Int}\left[\frac{R_{\text{meas}}^{(0)}}{\delta_R^{(0)}}\right]\right\} \tag{2.44}$$

第二步：对扫频带宽的值进行修正，即

$$\Delta F^{(n)} = \frac{\Delta F^{(n-1)} \hat{\eta}_R^{(n-1)}}{\hat{\eta}_{R_{\text{exact}}}} \tag{2.45}$$

第三步：使用得到的值 $\Delta F^{(n)}$，进行一次新的测距，计算下一个近似 $\hat{\eta}_R^{(n)}$。

第四步：重复步骤 2 和步骤 3 直到满足条件式(2.42)。

从式(2.43)和式(2.45)可以看出，如果测量归一化距离小于 $n+1$，归一化距离轴上最近的 EN 将会在当前点的右侧。因此，为将当前点移动到 EN，相比初始值需要增大扫频带宽，反之则减小扫频带宽。扫频带宽增加的最大极限对应最小可测距离。若假设最小待测距离的设定满足使得差拍信号在该距离内仅有一个零值点且其对应归一化距离为 2，则对于该最小距离扫频带宽将最大可增加到 $(n+1)/\sqrt{2}$。若归一化距离从最小值增加到 $n+1$，则需要的扫频带宽平滑地减小到归一化距离 $n+1$ 所对应的初始值。随着归一化距离的继续增加，这种关联性将会变得更加复杂，这由式(2.44)中的第二个参数决定。

根据式(2.22)得到的测距误差计算结果如图 2.15 所示，它在上述算法中得到了使用，这些结果是在初始扫频带宽为 500MHz 时获得的。曲线主要由 WF 类型和式(2.38)中特定限制条件所决定。

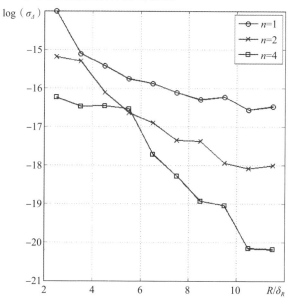

图 2.15 扫频带宽优化下归一化对数误差关于归一化距离的函数

当误差值减小到 10^{-15} 时,所有图形从某一距离处开始相连。只在归一化距离小于 $n+1$ 时,图形才呈现一定的差异性。此时,较小的误差对应较大的 n,但需通过合理增大必要的扫频带宽来实现。对比图 2.15 和图 2.16 可以看到不同 WF 下实现最小化测量误差所需的扫频带宽与归一化距离之间的关系。

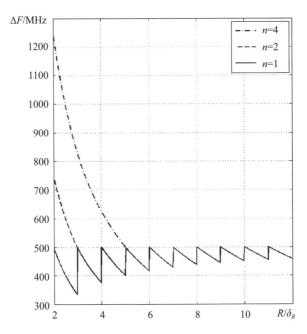

图 2.16　不同 WF 下最小化测量误差所需的扫频带宽与归一化距离的函数

实现给定误差水平所需的重复次数取决于 Δ_η 的取值、测量距离和 WF 形状,随着这些参数的变化,重复次数可以从 2 变到 3 再到 100 再到 150。可以清楚地看到,对 n 值较大的 WF,由于 SHF 模块频率资源的限制,最小可测距离也将受限。这种 FM 扫描优化方法不需要采用复杂 WF 波形,为实现给定条件所需的测量次数等于重复测量的次数。

2.4.3　组合优化

现在来考虑怎样才能组合上述最小化方法,使得既能保留它们各自的优势,又能减小需要的重复测量次数。与扫频带宽优化相比,差频平均法附加慢调制可以得到较小的误差,且它对噪声不那么敏感,但是该方法需要大量的测量次数才能实现较好的性能。

2.4.4 误差最小化的组合过程

以下为使误差最小化的算法组合步骤。

第一步：进行快速 FM 的扫频带宽优化，保证将当前工作点移动至最近节点处。

第二步：使用计算所得扫频带宽值，完成初步测距。

第三步：使用式(2.40)，依据测量距离确定慢速 FM 所需扫频带宽值。

第四步：使用得到的快速和慢速 FM 的扫频带宽值，对载频进行一个周期的慢速调谐，结合对测量结果的平均，满足第一步中更准确测距的要求。

在组合算法的帮助下，根据式(2.22)得到的截断误差计算结果如图 2.17 所示。可以看到，理论上这样的结合算法使得测量截断误差得到一定程度的减小。另外，组合方法还保留了测量误差对于 WF 形状的依赖性。

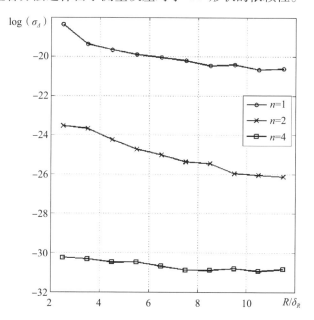

图 2.17　使用组合优化后对数归一化误差关于归一化距离的关系

2.5　噪声对差频加权平均法误差的影响

现在来看依据式(2.5)和式(2.7)，在 QI 平滑加权法的帮助下，附加噪声对测距结果的影响。由于噪声效应，瞬时 t_i 由 Δt_i 的取值替代。于是，假设噪

声电平较信号足够小，$\hat{S}$ 的估计可写为

$$\hat{S} = \sum_{i=1}^{N} \alpha(t_i + \Delta t_i) \approx \sum_{i=1}^{N} [\alpha(t_i) + \alpha'(t_i)\Delta t_i] \tag{2.46}$$

第二项可视为噪声引起的测量误差 $\Delta_{S,\text{noise}}$，即

$$\hat{S} = \sum_{i=1}^{N} \alpha(t_i) + \sum_{i=1}^{N} \alpha'(t_i \Delta t_i) = S + \Delta_{S,\text{noise}} \tag{2.47}$$

由第 1 章可知，DFS 的微分信号与噪声 Δ_U 的叠加和信号与零电平的交点时刻偏移量 Δt_i 如式(1.60)所示。对 DFS 和噪声之和进行类似的变形可以得到

$$\Delta t_i = \frac{\Delta_U T_{\text{mod}}}{(2\pi U_m x_R)} \tag{2.48}$$

现在测量误差的噪声成分可表示为

$$\Delta_{S,\text{noise}} = \frac{T_{\text{mod}} \sum_{i=1}^{N} \alpha'(t_i)\Delta_{Ui}}{(2\pi U_m x_R)} \tag{2.49}$$

假设滤波器输出端噪声服从正态分布，均值为 0，方差为 σ_{noise}^2。根据式(2.48)和式(2.49)，测量误差的噪声分量依然为正态分布。寻找测量误差噪声分量的数学期望 $m_{S,\text{noise}}$ 和方差 $D_{S,\text{noise}} = \sigma_{S,\text{noise}}^2$，可以清晰地看到

$$m_{S,\text{noise}} = E[\Delta_{S,\text{noise}}] = 0 \tag{2.50}$$

式中：$E[*]$ 表示取数学期望。由此可得

$$\begin{aligned} D_{S,\text{noise}} &= E[\Delta_{S,\text{noise}}^2] = \frac{T_{\text{mod}}^2 \eta^2}{4\pi^2 U_m^2} \left\{ E\left[\sum_{i=1}^{N} \alpha'(t_i)\right] \right\} \\ &= \frac{T_{\text{mod}}^2 \eta^2}{(2\pi U_m)^2} \left\{ E\left[\sum_{i=1}^{N}\sum_{j=1}^{N} \alpha'(t_i)\Delta_{Ui}\alpha'(t_j)\Delta_{Uj}\right] \right\} \\ &= \frac{T_{\text{mod}}^2 \eta^2}{(2\pi U_m)^2} \left\{ E\left[\sum_{i=1}^{N}\sum_{j=1}^{N} \alpha'(t_i)\alpha'(t_j)B(t_i - t_j)\right] \right\} \end{aligned} \tag{2.51}$$

式中：$B(t_i - t_j)$ 为噪声协方差函数的样本[17]。

噪声误差分量的协方差由 WF 类型和协方差噪声函数所共同决定。接下来看它对 WF 式(2.9)和式(2.28)的影响。

2.5.1　三角级数形式加权函数的测量误差

加权函数式(2.9)的微分为

$$\alpha'(t) = -K_W \frac{4\pi}{T_{\text{mod}}} \sum_{m=1}^{K} mA_m \sin\left(\frac{4\pi m t}{T_{\text{mod}}}\right) \tag{2.52}$$

那么，由式(2.51)，并考虑式(2.14)和式(2.52)，可以得到

$$D_{S,\text{noise}} = \left(\frac{2\eta K_W}{U_m}\right) \left\{ \sum_{i=1}^{N}\sum_{j=1}^{N} B\left[\frac{\eta T_{\text{mod}}(i-j)}{2}\right] \times \right.$$

$$\left. \sum_{m=1}^{K}\sum_{k=1}^{K} mn A_m A_k \sin[2\pi m\eta(i-j+\varepsilon)]\sin[2\pi k\eta(j-1+\varepsilon)] \right\} \quad (2.53)$$

以典型滤波器频率响应为例来考虑噪声的影响。文献[18]给出了当信号振荡电路、理想滤波器和多段谐振放大器的输入端受到白正态分布噪声的影响时，输出随机过程的协方差函数。使用上述指定条件，在这里仅写出多阶段放大器输出信号的协方差函数，即

$$B[2\eta T_{\text{mod}}(i-j)] = (-1)^{i-j}\sigma_n^2 e^{-16\pi\eta^2(i-j)^2} \quad (2.54)$$

式中：$\sigma_n^2 = N_0\Delta f$ 为滤波器输出端噪声方差；$\Delta f = 2/T_{\text{mod}}$ 为与处理信号时长匹配的滤波器通带宽度；i 和 j 为合适的 DFS 零值数。

因此，方差 $D_{S,\text{noise}}$ 可以表示为

$$D_{S,\text{noise}} = \frac{\eta^2}{q_{s/n}} \sum_{i=1}^{K}\sum_{k=1}^{K} e^{-2\eta|i-j|}(-1)^{i-j} \times$$

$$\sum_{m=1}^{K}\sum_{k=1}^{K} mk A_m A_k \sin[2\pi m\eta(i-1+\varepsilon)]\sin[2\pi k\eta(j-1+\varepsilon)] \quad (2.55)$$

式中：$q_{s/n} = E/N$ 为信噪比 SNR。

现在分析噪声的影响。对照式(2.20)确定不同 n 取值下式(2.55)中的系数 A_m 和 A_k，可以画出噪声误差分量的 MSD 关于相对距离的函数曲线。

计算结果表明，MSD $D_{S,\text{noise}}$ 在近距离处呈现复杂的振荡特性，且其总体水平随着距离的增大而减小。这种振荡特性源于 WF 函数波形中那些导数为 0 的点，两个点在时间间隔边界上，一个点在间隔中心。式(2.47)中某些项在这些点处消失。在近距离处，式(2.47)中的某些项对整体求和的贡献很大。因此，在距离等于 1 个 QI 时只有 1 项，随着距离增大到等于 2 倍 QI 值，项数会周期性地在 1~2 之间变化；反之亦然(通常情况为从 M 到 $M+1$)。对应地，当距离在调制周期内变化时，当仅有一个 DFS 零值点落入 WF 导数为 0 点处时，误差方差变为 0。在等于一个离散误差的距离间隔内，这样的情况会多次发生。

出现这种情况的次数等于离散误差值和载频波长之比的整数部分。在这些点之间导数达到最大，方差也会最大。只要距离增大，这些项对式(2.47)总和的贡献就会减小，噪声误差的 MSD 振荡幅度也减小。因此，在较远的距离上 MSD 关于距离的曲线遂退变为连续直线，不同 WF 下每条直线随着距离增大而缓慢下降。

整体 MSD 水平随距离增大而减小，这是由于随着零信号数增大，越来越

多的非相关噪声数据积累的结果。式(2.19)所示功率值越大,不同距离处MSD振荡减小的发生频率就越大,总体误差水平也就更高。

最强烈的误差起伏波动发生在采用更复杂WF波形的时候。此时噪声电平的波动并不影响曲线的基本特征及信噪比,只会影响误差的模值大小。

在近距离处($R/\delta_R<2\cdots6$),噪声与MSD值的关系和对距离的依赖性并不明显。随着测量距离的增大,调制周期中的零值点数目增加,且零值点之间的时间间隔减小。此外,由于误差中噪声分量的减小,噪声变得愈加相关,至于具体哪些距离上噪声相关特性变强,这取决于所用WF函数的具体形状。WF形状越复杂,这种效应就会越频繁地出现。

为了便于对不同WF下的误差分量进行量化比较,由式(2.23),采用平均MSD,将式(2.23)变换为

$$\overline{D}_{S,\text{noise}}(M) = \sigma_{S,\text{noise}}^2(M) = \frac{1}{L}\sum_{k=1}^{L} D_{S,\text{noise}}(R_{M,K}) \tag{2.56}$$

图2.18给出了当噪声电平为-40dB(非相关噪声,实线)且滤波器为多级形式($n=1,2,4$,虚线)时,对于初始WF参数值,$\overline{\sigma}_{S,\text{noise}}(M) = \sqrt{\overline{D}_{S,\text{noise}}(M)}$与归一化距离的关系。

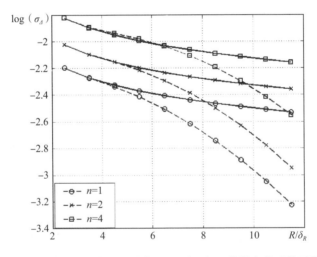

图2.18 测量误差噪声分量的平均MSD对于归一化距离的对数函数表示
(虚线代表多级滤波;实线代表非相关噪声)

由图2.18可以得出结论:随着n的增大,即加权函数越复杂,由非相干噪声引起的误差噪声分量就会增加。滤波的应用实现了减小误差噪声分量的预期目的。测量距离越大,误差噪声分量减小得越多,原因在于随着距离的增大

积累数目会增加。WF 波形越复杂，噪声的影响就越大，此时滤波器的益处就不大了。

仅考虑多级滤波时，测量误差噪声分量的平均对数 MSD 关于归一化距离的关系曲线如图 2.19 所示。可以看到，对于越复杂的 WF(更大的 n)波形，滤波越有效。

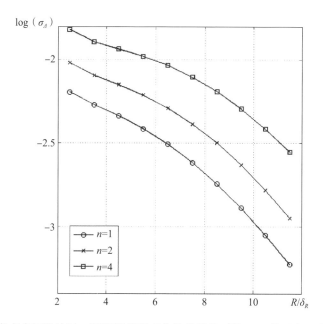

图 2.19　仅考虑多级滤波时，测量误差噪声分量的平均对数 MSD 关于归一化距离的函数

对比图 2.19 和图 2.5 可以看出，在近距离处测量误差的噪声分量与截断误差基本相当，但在较远距离处，它会明显超过截断误差。

总体误差 $\Delta(M)$ 可以确定为

$$\Delta^2(M) = \Delta_S^2(M) + D_{S,\text{noise}}(M) \tag{2.57}$$

这些量随距离而变化的特性主要依赖于噪声电平，这是由于由其引起的测量误差分量更为重要的缘故。

图 2.20 展示了平均总体误差的 MSD $\sigma_\Delta = \sqrt{\Delta^2(M)}$ 关于多级滤波的函数，其中 $\Delta^2(M)$ 是在噪声电平为 -40dB 和 -80dB 时分别依据式(2.57)而计算得到的。

这些图清晰地表明，当距离较近($R/\delta_R < 4$)时，对总体测量误差的主要贡献来自于截断误差；当距离较远时，则主要来自于噪声分量。WF 形状越复杂，噪声分量的影响就越严重。

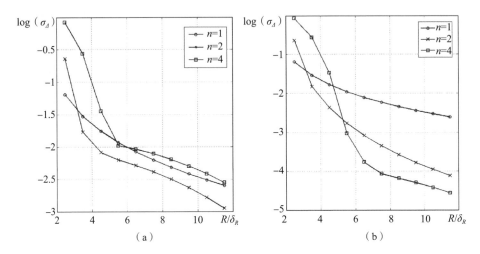

图2.20 多级滤波下，归一化总体误差对数 MSD 关于归一化距离的函数
(a) 噪声-40dB；(b) 噪声-80dB。

2.5.2　Kaiser-Bessel 加权函数的测量误差

由文献[12]，Kaiser-Bessel WF 的导数形式为

$$\alpha'(t) = \frac{-8\pi^2 a^2 \mathrm{e}^{-\pi a} t}{T^2 \sqrt{1-\left(\frac{2t}{T}\right)^2}} I_1 \left[\pi a \sqrt{1-\left(\frac{2t}{T}\right)^2} \right], \qquad t \in \left[\frac{-T}{2}, \frac{T}{2}\right] \quad (2.58)$$

使用之前的定义，可以得到

$$D_{S,\mathrm{noise}} = \frac{\eta^2 4\pi^2 a^4 \mathrm{e}^{-2\pi a}}{U_m^2} \sum_{i=1}^{N} \sum_{j=1}^{N} \left\{ \frac{(2t_{\mathrm{norm},i}-1)(2t_{\mathrm{norm},j}-1)}{\sqrt{(t_{\mathrm{norm},i}-t_{\mathrm{norm},i}^2)(t_{\mathrm{norm},j}-t_{\mathrm{norm},j}^2)}} \times \right.$$

$$\left. I_1 \left[2\pi a \sqrt{t_{\mathrm{norm},i}-t_{\mathrm{norm},i}^2} \right] I_1 \left[2\pi a \sqrt{t_{\mathrm{norm},j}-t_{\mathrm{norm},j}^2} \right] B(t_{\mathrm{norm},i}-t_{\mathrm{norm},j}) \right\}$$

$$(2.59)$$

现在对于上述阶段放大器形式的滤波器，将对应的相关函数式(2.54)代入到式(2.59)中，获得对于上述3种滤波器噪声误差的方差值，即

$$D_{S,\mathrm{noise}} = \frac{\pi^2 \eta^2 a^4 \mathrm{e}^{-2\pi a}}{q_{S/N}} \sum_{i=1}^{N} \sum_{j=1}^{N} \left\{ \frac{(2t_{\mathrm{norm},i}-1)(2t_{\mathrm{norm},j}-1)}{\sqrt{(t_{\mathrm{norm},i}-t_{\mathrm{norm},i}^2)(t_{\mathrm{norm},j}-t_{\mathrm{norm},j}^2)}} \times \right.$$

$$\left. I_1 \left[2\pi a \sqrt{t_{\mathrm{norm},i}-t_{\mathrm{norm},i}^2} \right] I_1 \left[2\pi a \sqrt{t_{\mathrm{norm},j}-t_{\mathrm{norm},j}^2} \right] \mathrm{e}^{-16\pi \eta (i-j)^2} \right\} \quad (2.60)$$

根据式(2.60)，对于3个参数值 $a=2$、4、6，针对 KB WF，计算结果表

明:当距离变化且 WF 形式保持不变时,误差特性保持不变,也即,随着距离的增加误差振荡减小,且对于更加复杂的 WF 呈现出振幅延迟的过程。

基于式(2.56),根据 MSD 值曲线,在等于一个离散误差的距离间隔内对上述误差分量进行量化对比,计算结果示于图 2.21 中,实线表示由白噪声引起的误差分量,虚线则表示滤波器输出端的噪声分量。

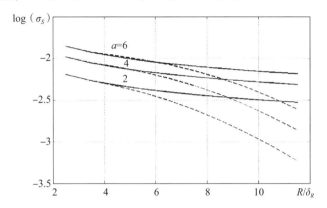

图 2.21 测量误差噪声分量的平均对数 MSD 关于归一化距离的函数
虚线代表多阶段放大器,实线代表非相关噪声。

对于所考察的 KB WF 以及 WF(2.19),可以观察到随着距离的增大,源于 DFS 零值点数增加而产生的积累,使噪声误差分量显著减小,这样的减小对更复杂的 WF 而言没有什么价值。

图 2.22 给出了根据式(2.57)两种不同 SNR 取值($q_{S/N}$ = 40dB 以及 $q_{S/N}$ = 80dB)和 3 种不同 WF 形状参数值(a = 2、4、6)下总体误差的归一化 MSD 关于归一化距离的函数。可以看到,对于更复杂的 WF,噪声电平的减小使得整体误差有一个急剧的下降,但是这种下降受到某些值的限制,且对每种 WF 该限值都不相同。

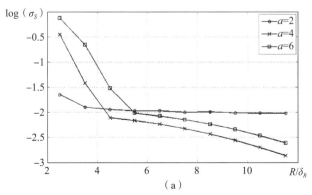

(a)

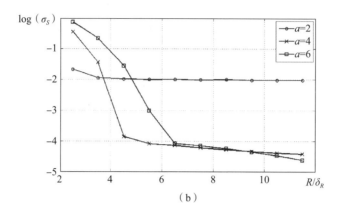

图 2.22　多级滤波时，归一化总体误差对数 MSD 关于归一化距离的函数
(a) 噪声 -40dB；(b) 噪声 -80dB。

2.6　小　结

加权平均法的有效性在很大程度上取决于所采用的 WF 类型。但是对任意 WF 可以观察到随着测量距离的增加，测量误差会减小。因此，可以通过规划和求解加权函数优化问题来实现最小化截断误差。

通过 WF 波形优化实现的误差减小随着测量距离增大而减弱，且在非常近的距离上很难实现较低误差。

截断误差随距离变化的振荡特性存在两种不同的周期特性，这使得能通过改变 FM 参数（单独或组合）来优化误差性能。

相较于 WF 波形优化，这种方法的截断误差缩减效果更加明显，且可获得的误差水平对测量距离的依赖性较弱。尽管如此，这种本质程度上的性能改善是以增加 FM 频率资源和增加系统处理时间为代价获得的。

采用加权 MEDS 分析噪声对测距误差的影响，结果表明 MSD 关于距离的依赖特性也具有两种周期性，但是当距离增加时，振荡幅度急剧减小。

相关计算结果总体上都显示，误差缩减的效果取决于 WF 形状和在初期模拟 DFS 信号处理阶段使用的滤波器类型。总体来说，可以认为测量噪声误差成分的水平没有超出工业应用的实际需求，即与 DFS 相比，噪声电平不会超过 -40dB 或 -45dB。

参考文献

[1] Edvardson, K. O., Satt och anerdning for avstandsmatning med frekvens-modulerade kontinuerliga mikrovagor, Patent No. 381745, Sweden, INT. CL. G01S 9/24, No. 7315649-9, filed November 20, 1973, published December 15, 1975.

[2] Edvardson, K. O., Measurement of Contents of Tanks etc. with Microwave Radiations, U. S. Patent 4044355, Int. CI, G01S 9/24, filed February 13, 1976, issued August 23, 1977.

[3] Approach to Distance Measurement with the Aid of Frequency-Modulated Signal and the Radar Station with Frequency Modulation, Authors Application 30-1591, Japan, Int. CI., G01S 13/34, Izobretenia stran mira, No. 15, p. 291985.

[4] Ezerskiy, V. V., "Measurement Procedure of a Distance Gauge Based on a Frequency-Modulated Range Finder with Weighted Smoothing of the Digitization Error," Measurement Techniques, Vol. 46, No. 2003, pp. 841-846.

[5] Korn, G., and T. Korn, Mathematical Handbook for Scientists and Engineers, New York: McGraw Hill Book Company, 1961.

[6] Vinitskiy, A. S., Essay on Radar Fundamentals for Continuous-Wave Radiation (in Russian), Moscow, Sovetskoe Radio Publ., 1961, p. 495.

[7] Marple, S. L., Jr., Digital Spectral Analysis with Applications, Englewood Cliffs, NJ: Prentice-Hall, 1987.

[8] Harris, F. J., "On the Use of Windows for Harmonic Analysis with the Discrete Fourier Transform," IEEE Trans. Audio Electroacoust., Vol. AU-25, 1978, pp. 51-83.

[9] Dvorkovich, A. V., "New Calculation Method of Effective Window Functions Used at Harmonic Analysis with the Help of DFT" (in Russian), Digital Signal Processing, No. 2, 2001, pp. 49-54.

[10] Dvorkovich, A. V., "Once More about One Method for Effective Window Function Calculation at Harmonic Analysis with the Help of DFT" (in Russian), Digital Signal Processing, No. 3, 2001, pp. 13-18.

[11] Gradstein, I. S., and I. M. Ryzhik, Tables of Integrals, Sums, Series and Products, A. Jeffrey and D. Zwillinger (eds.), New York: Academic Press, 1965.

[12] Ezerskiy, V. V., and I. V. Baranov, "Analysis of the Truncation Error of the Distance Sensor on the Basis of FMCW Range Finder with Weighting Smoothing of the Discrete Error" (in Russian), Vestnik RGRTA, Ryazan, RGRTA, No. 11, 2003, p. 61.

[13] Ezerskiy, V. V., and I. V. Baranov, "Optimization of Weighting Methods of Smoothing the Discreteness Error of Distance Sensors Based on a Frequency Rangefinder" (in Russian), Measurement Techniques, Vol. 47, No. 12, 2004, pp. 1160-1167.

[14] Baranov, I. V., and V. V. Ezerskiy, "Optimization of Modulation Parameters in Short-Range

Radar Technology at Weighting Averaging of Difference Frequency" (in Russian), Vestnik RGRTU, Ryazan, No. 2(28), 2009, pp. 30-37.

[15] Kagalenko, B. V., and V. P. Meshcheriakov, Frequency-Modulated Radio Range Finder, Authors Certificate 1141354 (USSR), Int. Ci., G01S 13/08, Bull. No. 7, filed May 3, 1983, published February 23, 1985.

[16] Marfin, V. P., A. I. Kiyashev, F. Z. Rosenfeld, et al., "Radio Wave Non-Contact Level-Meter of Higher Accuracy" (in Russian), Izmeritelnaya Technika, No. 6, 1986, pp. 46-48.

[17] Levin, B. R., Theoretical Fundamentals of Statistical Radio Engineering, 2nd Edition (in Russian), Moscow: Sovetskoe Radio Publ., 1974, p. 552.

第3章
基于谱峰位置估计差拍频率

3.1 引 言

在频域进行差拍频率估计,首先假设在对差频信号进行初步模拟处理之后必须应用数字信号处理(DSP)方法和设备。实际上对近程雷达技术而言,这是一个如何基于较短的采样[1]对纯正弦信号进行频率估计并通过式(1.12)作进一步距离计算的问题。由此,在本章主要进行频率估计精度分析并(在必要时)转化为距离,以免使读者分心。

连续正弦频率是 DFS 采样频率的真值,样本数据通过采用某些 WF 从连续正弦信号中截取而来。频域的 DFS 处理基于 Fourier 变换进行,经典的变换方法是[2-12]基于离散 Fourier 变换(DFT)计算信号的复频谱(CS)$\dot{S}$,即

$$\dot{S}(n) = \sum_{k=0}^{K-1} u_{\text{dif}}(k) w(k) \exp\left(\frac{-\mathrm{j}2\pi nk}{K}\right), \qquad n=0, 1, \cdots, K-1 \quad (3.1)$$

式中:$w(k)$ 为能减小频谱旁瓣(SL)的 WF。

为提高计算速度,通常使用快速 Fourier 变换(FFT)算法[2,4,7,9-10],它对处理的样本数目提出了限制,此时,计算所得频谱是离散谱。由于采用式(3.1)计算需假定信号的周期拓展性,因此基于频谱的频率估计和时域处理一样会存在 QI[11]问题,它和以前一样须依据式(1.15)确定。因此,一如往常,测距误差的缩减问题是相互关联的,存在多种频谱处理方法可实现该目的。如何确定理想情况下的极限测量误差,同样特别重要,这种极限误差指的是条件理想、仅由测量方法所引起的那些误差(如截断误差)。

根据采样定理确定的步长 T_{dis},在每个 FM 重复周期内,选取上升或下降部分,在时间轴相同点获得加权 DS 样本,并根据式(3.1)进行处理。实现该方法,不需要发射信号频率连续平滑地进行变化,而是只需发射信号固定在几

个预设频点上,但对频率保持线性变化特性的要求仍是必须要有的。由此,连续调频实际上可转变为步进频率调频法(FSCW)[12-19],有

$$\omega_{\text{mod}}(t) = \delta_\omega \sum_{k=1}^{K} 1(t - kT_{\text{dis}}) \qquad (3.2)$$

式中:$1(t)$为一个单位阶梯函数[20];δ_ω为FM扫描的最小步长。

该情况下的扫频带宽为

$$\Delta\omega = K\delta_\omega \qquad (3.3)$$

该FMCW RF工作模式与数字频率合成器[21-22]的特性吻合很好,可以得到固定步长为δ_ω的步进频率变化,因此可以研究FM参数优化以实现最小测量误差。可以清楚地看到,测量过程中,在保持FM线性扫描的情况下,不断改变载频F_0和频率变化间隔ΔF,而这些都可采用已有方法实现[15,23-24]。

围绕谱计算中WF的应用问题进行研究,可以得到如何最优化参数的解决方案。文献[2-3,25]指出,在寻找最优FM参数的问题上,以下因素是决定性的:最低旁瓣水平、最小主瓣宽度以及功率谱密度估计误差最小值。具体到我们所讨论的应用场景,主要考虑的因素是在对WF特性施加某些限制条件下距离测量误差的大小问题。

对DFS信号的接收是在各种不稳定因素影响下,在噪声和不同类型干扰背景下进行的。本章仅考虑噪声的影响,其他因素的影响分析将在后续章节中讨论。

为了考虑频域中噪声对频率(距离)估计误差的影响,需要平稳噪声背景下接收到的DFS信号频谱相关核心统计特性信息。首先要考虑的就是谱分量(SC)分布规律及其相关性。对随机过程频谱统计特性的确定,使得我们可以在某些情况下在频域建立DFS频率估计误差噪声分量的解析方程。平稳随机过程估计结果的统计特征已经在文献[26-27]中进行过非常透彻的研究,但是对DFS和正态白噪声混合信号功率谱密度(PSD)估计的统计特征的研究明显还不充分。

3.2 差频估计算法

使用某些低误差频域频率估计平滑方法进行QI平滑处理是可行的。

最常用的方法是将振幅谱密度(SAD)最大值对应频率作为频率估计结果,即

$$|\dot{S}(\omega_R)| = \max_{\omega}\{|\dot{S}(\omega)|\} \qquad (3.4)$$

文献[28]已证明,算法式(3.4)是对初相未知信号频率的极大似然估计,实际上可以通过不同的具体执行过程来实现它。

该算法在实际执行过程中存在以下几种不同变换形式。

(1) 对待处理序列进行补零,以增加谱细节[2,6]。对 K 个 DFS 样本的初始阵列进行 K_0 补零(与文献[9]的术语一致,补零值位于序列外部),由此可得任意所需离散的信号频谱。此时对 DFS 信号的变换可描述为

$$\dot{S}(n) = \sum_{k=0}^{K-1} u_{\text{dif}}(k)w(k)\exp\left[\frac{-\text{j}2\pi nk}{(K+K_0)}\right], \quad n = 0, 1, \cdots, (K+K_0) - 1$$
(3.5)

依据该计算公式,无须对数据阵列进行实际的补零处理(即不需要增加计算设备的存储能力),而是仅需对指数项的分母和一些变量 n 值进行变换。实际上,当采用快速 Fourier 变换(FFT)算法时,这种补零处理是严格必需的。

通常情况下,上述运算会分两阶段进行。在第一阶段,计算 K 个初始 DFS 样本的 FFT,并得到 SAD 最大值 $n_{\max}$ 的位置。然后,在第二阶段,位置所得谱峰值附近依据式(3.5)再次计算 SAD。通过选择合适的 K_0 值和搜索最大值来确定计算所需的谱函数离散度。最后,依据式(1.14)计算距离,不同的是,计算时代入的是获得值 $\hat{n}_{\max}$,而不是时域法估计时的 N_{DFS}。

(2) 借助一维优化方法[29],实现离散时间 Fourier 变换的应用[2-3]和频谱连续周期最大值的搜索。

极限情况下,可以引入连续变量 $x\in[0,1]$ 而不是比值 $n/(K+K_0)$,并且变换到离散时间[2]或者到积分离散 Fourier 变换(IDFT),即

$$\dot{S}(x) = \sum_{k=0}^{K-1} u_{\text{dif}}(k)w(k)\exp[-\text{j}2\pi xk], \quad 0 \leqslant x \leqslant 1 \quad (3.6)$$

平滑地改变 x,可采用一些极值搜索数学方法[29]来确定函数最大值,即

$$\max_{x\in X} S(x) = S(x_{\max}) = |\dot{S}(x_{\max})| \quad (3.7)$$

之后得到了 $\hat{n}_{\max} = xK$ 的值,将它而不是 N_{DFS} 代入式(1.14)中进行距离计算。

(3) 实现基于 DFS 频谱样条插值的谱峰搜索。将基于信号频谱样条插值的算法用于 DFS 谱计算,通过对小数目补零样本(足够增大周期长度 2~4 倍)采用 FFT 运算来实现。为确定具有特定截断误差的频率,SAD(或 PSD)的样条插值仅用于主瓣内。插值处理后,在间隔 $\delta\omega'$ 处获得额外的谱分量,并用相应算法来估计信号频率。

(4) 进行系数校正[30-31]。在校正类算法中,采用下式所述量用于 DFS 频率估计,即

$$\hat{\omega}_R = (n_{\max} - 1 + p)\frac{\Delta\omega}{K+K_0} \quad (3.8)$$

式中:$n_{\max}$ 为最强谱分量(SC)的 SAD 或 PSD 数;p 为考虑到相邻频域 SC 估计强度差异的一个校正系数。

如果 DFS 频率与 DFT 滤波器中心频率不吻合，则由于栅栏效应的存在，SC 强度会发生改变，这也是进行频率校正的理论基础。文献[30-31]提供了一些不同的校正方式，最合适的校正方式通过下式来计算校正量[30]，即

$$p = \frac{z_{a,m}(n_{\max}-1) - z_{a,m}(n_{\max}+1)}{z_{a,m}(n_{\max}-1) + z_{a,m}(n_{\max}+1)} \Psi_{a,m} \tag{3.9}$$

式中：$z_{a,m}(n_{\max}-1)$ 和 $z_{a,m}(n_{\max}+1)$ 分别为最大值左侧和右侧 SC 的 SADA(ω) 和 PSD $G(\omega)$；Ψ 为一个取决于补零样本量的乘系数，初始值为 $\Psi_a = (K+K_0)/K$ 和 $\Psi_m = (K+K_0)/(2K)$。计算中 Ψ_a 和 Ψ_m 的校正值由后续近似方法决定，它取决于所需测距误差最小值的标准规定。对该算法而言补零样本不用很多，只需将初始样本数增大 2~4 倍即可。算法的突出优点是计算复杂度较低。

除了上述基于点估计的频率估计算法外，有时也采用基于频谱对称性特征的估计方法。最有趣的是两种算法，即载频加权平均估计法[32-34]和谱中值估计法[35]。这些算法都假设首先通过对 DFS 进行补零的方法，实现 2~4 倍 DFS 周期拓展，然后基于 FFT 算法进行预先的谱估计计算。

加权平均频率估计公式可以写为

$$\hat{n}_R = \frac{\sum\limits_{i=n_{\text{low}}}^{n_{\text{upp}}} i \left| \sum\limits_{l=1}^{K} u_{\text{dif}}(k) \exp\left(\frac{-\text{j}2\pi li}{K}\right) \right|^2}{\sum\limits_{i=n_{\text{low}}}^{n_{\text{upp}}} \left| \sum\limits_{l=1}^{K} u_{\text{dif}}(k) \exp\left(\frac{-\text{j}2\pi li}{K}\right) \right|^2} \tag{3.10}$$

式中：n_{low} 和 n_{upp} 分别为所处理 SC 序号的下限和上限，因此，$n_{\text{low}} \leq n_{\max} \leq n_{\text{upp}}$。随后，依据式(1.14)进行距离计算。在利用式(3.10)估计信号频率之前应该首先寻找到最大 SC 对应的 $n_{\max}$，然后选择决定了求和限制且关于 SC $n_{\max}$ 对称分布的 n_{low} 和 n_{upp}。参与求和运算的 SC 数目（由数目 $n_{\text{upp}} \sim n_{\text{low}}$ 指定的距离）应着眼使得频率估计误差最小化，该数目不应小于频谱主瓣宽度，一般要求超出主瓣宽度 2~4 倍。

还有一种利用滑动半波门估计谱中心 n_x 的方法，其算法可以写为[35]

$$\sum_{n=n_{\text{low}}}^{n_x} |\dot{S}(n)|^2 = \sum_{n=n_x}^{n_{\text{upp}}} |\dot{S}(n)|^2 \tag{3.11}$$

式中：n_{low} 和 n_{upp} 分别为当前所处理 SC 序号的下限和上限。

算法式(3.11)的频率估计过程假定两个紧邻的半波门沿着频率轴滑动，满足式(3.11)要求的 SC 数目 n_x 就是信号频率。为了减小由计算频谱的离散特性和算法实现引起的误差，假定在主瓣内对信号频谱采用了样条插值处理。此外，算法运行过程中，应选取同样的半波门宽度，也即 $n_x - n_{\text{low}} = n_{\text{upp}} - n_x$。

下面来考虑这些算法的一些细节问题,讨论的深度主要取决于已有公开文献对该算法的关注度、领域内作者的关注度、算法效果及其可实现的测量误差值等因素。

3.3 基于差频信号谱密度峰值的差频估计

3.3.1 测距截断误差的分析估计

选择 DFS 的 SAD 最大值由式(3.4)处估计差频 $\hat{\omega}_R = 2\pi\hat{F}_R$ 是最为自然的。区域 $\omega<0$ 内存在的虚假 SC、干扰和噪声引起的 SC 以及初期模拟 DFS 预处理器件中的频率无关电路都会影响频率估计。这一问题充分反映了不同信号与干扰参数下、基于幅度和相位关系进行频率估计所存在的误差,对于该问题,不存在所谓的解析解。在 PC 上进行数值模拟得到的估计表明,SAD 模数最大值位置通常与差拍信号的频率不完全一致[1,36]。如果除去噪声、干扰和失真的影响,误差就是由区域 $\omega<0$ 范围内 SC 所引起的。

与定义式(3.4)一致,需求解以下方程以进行频率估计,即

$$\frac{\mathrm{d}}{\mathrm{d}x}|\dot{S}(x)|^2 = \frac{\mathrm{d}}{\mathrm{d}x}\left|\sum_{i=1}^{N}\dot{S}_i(x)\right|^2 = 0 \quad (3.12)$$

式中: $\dot{S}_i(x) = \int_{-0.5T}^{0.5T} w(t)u_i(t)\exp(-\mathrm{j}2\pi xt/T)\mathrm{d}t$ 为时间间隔 $[-0.5T\ 0.5T]$ 内得到的 DFS $u_i(t)$ 的加权样本的第 i 个分量的复频谱密度(CSD),$w(t)$ 为关于信号样本中心对称的 WF(根据移位定理[10],对称时间间隔获得的结果相对于非对称时间间隔将存在一个相位变化);$x_i = 0.5\omega_iT/\pi$ 和 $x = 0.5\omega T/\pi$ 分别为第 i 个 DFS 分量的归一化频率和当前归一化频率。

假设 $S_i(x_i)$ 对应于信号,其频率 x_i 待定。代入式(3.12),可以得到

$$\frac{\mathrm{d}}{\mathrm{d}x}\left|\sum_{i=1}^{N}\mathrm{e}^{\mathrm{j}(\phi_i-\phi_1)}S_i(x-x_i) + \sum_{i=1}^{N}\mathrm{e}^{-\mathrm{j}(\phi_i+\phi_1)}S_i(x+x_i)\right|^2 = 0 \quad (3.13)$$

式中: $\mathrm{e}^{\mathrm{j}(\phi_i-\phi_1)}S_i(x-x_i)$ 和 $\mathrm{e}^{-\mathrm{j}(\phi_i+\phi_1)}S_i(x+x_i)$ 分别为区域 $\omega<0$ 和区域 $\omega>0$ 内的 $(x+x_i)$ 和 $(x-x_i)$ 的谱分量;$\phi_i = \omega_0 t_{\mathrm{del},i} + \varphi_s$。

仅在某些特定情况下可以得到式(3.13)的准确解。为得到近似解,采用卓越方程求解方法,在分析点 x_l 附近用 Taylor 公式对它们作近似。应用 n 次幂展开,可以通过第 $n-l$ 次幂的代数方程去近似表示式(3.13)。

函数 $S(x)$ 在点 x_l 附近的二次方和三次方近似分别给出第一个 $x_{\max1}$ 和第二个 $x_{\max2}$ 近似解,使得能够估计误差 $\Delta_1(x_1)$ 和 $\Delta_2(x_1)$ 为

$$\Delta_1(x_1) = x_{\max 1} - x_1 \approx -\frac{\{|\dot{S}(x_1)|^2\}'}{\{|\dot{S}(x_1)|^2\}''} \tag{3.14}$$

$$\Delta_2(x_1) = x_{\max 2} - x_1 \approx -\frac{\{|\dot{S}(x_1)|^2\}''}{\{|\dot{S}(x_1)|^2\}'''}\left\{1 - \sqrt{1 - \frac{2\{|\dot{S}(x_1)|^2\}'\{|\dot{S}(x_1)|^2\}'''}{\{|\dot{S}(x_1)|''\}^2}}\right\} \tag{3.15}$$

式中：$\{|\dot{S}(x_1)|^2\}^{(n)}$ 为在频率 $x=x_1$ 处谱值模平方的 n 阶导数，在文献中可以发现式(3.14)的简化解在高信干比的情况下成立。

图 3.1 展示了依据近似方程式(3.15)得到的式(1.6)所述信号频率估计误差曲线(虚线)，该误差是由信号位于 $\omega<0$ 部分区域的周期延拓谱 SL 分量所造成，且采用了归一化加权函数。在该图中也用实线展示了从式(3.12)数值解中求出的频率估计误差 $\Delta(x_1) = x_{\max} - x_1$。

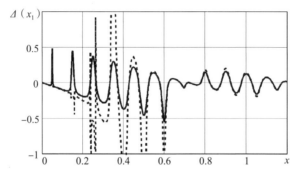

图 3.1 由近似方程式(3.15)定义的(虚线)和通过对式(2.12)进行数值计算的(实线)频率估计误差

对比图 3.1 所得结果可知，仅当主瓣区域内伪 SC 分量明显低于有用项时(在讨论的例子中是指主瓣频率区域，它与区域 $\omega<0$：$x_1 \geq 0.7$ 的 SC 的 SL 相互影响)，由式(3.15)所确定伪 SC 分量引起的差频估计误差才会在部分实际应用场合下可接受。依据式(3.14)所得结果，该误差估计结果存在较大偏差(图中未显示)，但是这种简易表达方式在伪 SC 分量较弱时能得到较满意的结果。

现在来修正所得到的结果，使得对于方程在任意有用和伪 SC 的幅度关系下都能获得满意结果，且运算过程使用函数不高于二次幂。对不同场景下的大量求解结果进行比较分析，可将式(3.13)解的近似估计转换为

$$\Delta_1(x_1) \approx -\frac{\{\text{Re}[\dot{S}(x_1)]\} \cdot \{\text{Re}[\dot{S}(x_1)]\}' + \{\text{Im}[\dot{S}(x_1)]\} \cdot \{\text{Im}[\dot{S}(x_1)]\}'}{\{\text{Re}[\dot{S}(x_1)]\} \cdot \{\text{Re}[\dot{S}(x_1)]\}'' + \{\text{Im}[\dot{S}(x_1)]\} \cdot \{\text{Im}[\dot{S}(x_1)]\}''} \tag{3.16}$$

$$\Delta_2(x_1) \approx \Delta_1(x_1) K_\Delta \tag{3.17}$$

式中

$$K_\Delta \approx \frac{pS(x_1)}{(\Delta x_1)^2}\left\{1-\sqrt{1-\frac{2(\Delta x_1)^2}{pS(x_1)}}\right\}$$

$$pS(x_1) = \frac{\{\mathrm{Re}[\dot{S}(x_1)]\}\cdot\{\mathrm{Re}[\dot{S}(x_1)]\}'+\{\mathrm{Im}[\dot{S}(x_1)]\}\cdot\{\mathrm{Im}[\dot{S}(x_1)]\}'}{\{\mathrm{Re}[\dot{S}(x_1)]\}\cdot\{\mathrm{Re}[\dot{S}(x_1)]\}^{(3)}+\{\mathrm{Im}[\dot{S}(x_1)]\}\cdot\{\mathrm{Im}[\dot{S}(x_1)]\}^{(3)}}$$

当相同幅度的谱旁瓣相叠加时，依据式(3.16)，在差频 x_1 和 x_2 上估计误差的错误率将高达 10%，这是无法容忍的。由式(3.16)、式(3.17)、式(3.14)和式(3.15)可知，当待估计谱主瓣区域内的虚假 SC 分量幅度减小时，估计误差将会减小。若有用 SC 与伪 SC 之比高于10，则误差值不会超过 0.4%。在这种情况下，忽略高阶无穷小项，可将式(3.14)简化为

$$\frac{\Delta R}{\delta_R} = x_{\max} - x_R \approx \frac{-2\cos(2\phi)S'_{\mathrm{WF}}(x_R)}{[S''_{\mathrm{WF}}(0)+\cos(2\phi)S''_{\mathrm{WF}}(x_R)]} \tag{3.18}$$

式中：$x_{\max}$ 为 DFS 谱最大值 SD 所在位置；$S_{\mathrm{WF}}(x)$ 为 WF 谱。

对于任意 WF 和任意待测距离，无估计误差频率点序列可由式(3.14)至式(3.17)准确得到，这些在图 3.1 中是误差曲线与 x 轴的交叉点。

3.3.2 加权函数为 Dolph-Chebyshev 和 Kaiser-Bessel 下的差频估计截断误差

现在考虑 Dolph-Chebyshev(DC) 和 Kaiser-Bessel(KB) 两种 WF[3]，由于谱特性良好，它们具有不容置疑的实用和理论意义。在我们所讨论的问题中，对 WF 的关注点在于：其时域波形及其 SAD 形状（由主瓣形状和 SL 电平决定）可通过某个参数进行调整，这使得能够将 SAD 形状变化与测距截断误差的基本规律联系起来。在确定 SAD WF 形状对频率估计误差的影响时，不考虑频率离散化的影响，因此，使用连续时间信号处理时采用 WF 和其 CSD 方程，尽管它们具有更加复杂的表达形式。

基于文献[37]所得结果，以 DC WF 加权分段正弦级数的形式给出 DC 窗加权下回波信号 CSD 归一化表达式，即

$$\dot{S}_{\mathrm{DC}}(x) = \frac{\exp(\mathrm{j}\phi)}{Q}\{\mathrm{ch}\sqrt{\ln^2(Q+\sqrt{Q^2-1})-(x_\Delta\pi)^2} + \exp(-\mathrm{j}2\phi)\mathrm{ch}\sqrt{\ln^2(Q+\sqrt{Q^2-1})-(x_\Sigma\pi)^2}\} \tag{3.19}$$

式中：Q^{-1} 为 SAD 项的 SL 电平；$x_\Delta = x - x_1$；$x_\Sigma = x + x_1$。对于 DC WF，由式(3.18)可得

$$\frac{\Delta R}{\delta_R} \approx \frac{1}{\pi} \frac{-2bLZ^2 \cos(2\phi) \mathrm{sh}Z}{Z^3 \mathrm{sh}L + L\cos(2\phi)\left[(b^2+Z^2)\mathrm{sh}Z - b^2 Z \mathrm{ch}Z\right]} \quad (3.20)$$

式中：$L = \ln(Q + \sqrt{Q^2 - 1})$；$Q$ 是 SD 的 SL；$Z = \sqrt{L^2 - b^2}$；$b = \pi x_R$。

现在将快速振荡误差式(3.20)的包络写为

$$\left(\frac{\Delta R}{\delta_R}\right)_{\max} \approx \frac{1}{\pi} \frac{(-1)^{n+1} 2bLZ^2 \mathrm{sh}Z}{Z^3 \mathrm{sh}L + (-1)^n L\left[(b^2+Z^2)\mathrm{sh}Z - b^2 Z \mathrm{ch}Z\right]} \quad (3.21)$$

由此，慢速振荡包络的近似关系也可以得出为

$$\left(\frac{\Delta R}{\delta_R}\right)_{\max,\max} \approx \frac{\pm 2bL}{\left[\pi \mathrm{sh}L\sqrt{b^2 - L^2}\right]} \quad (3.22)$$

函数式(3.20)到式(3.22)的数值计算结果如图 3.2 所示。

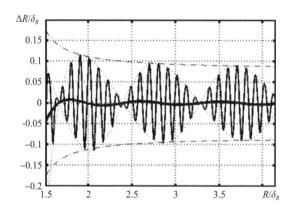

图 3.2　DC WF 下 $Q=30\mathrm{dB}$ 时归一化测量误差关于归一化距离的函数

可观察到函数具有双周期特性：快速振荡周期等于载波波长的 1/4，慢速包络具有节点，节点处测距误差等于 0；慢速振荡与 SAD 的 SL 存在相关性。随着距离的变化，当区域 $\omega>0$ 内 SAD 旁瓣与区域 $\omega>0$ 内主 SAD 瓣的极值点位置相吻合时，包络节点 EN 就会出现。由式(3.16)得到对应 EN 的距离方程为

$$x_{R,\mathrm{ex}} = \frac{R_{\mathrm{ex}}}{\delta_R} = \sqrt{\frac{N^2 + L^2}{\pi^2}} \quad (3.23)$$

式中：$N=1, 2, 3, \cdots$ 为 EN；下标 ex 指准确值。从式(3.23)可以看出，EN 在归一化距离轴上的位置取决于旁瓣数 N 和 WF 参数 Q，且随着它们的增加，EN 的出现位置会发生改变。

图 3.3 展示了前 6 个 EN 在归一化距离轴上的位置 x_{RT} 关于 Q 的关系曲线，

曲线上数字对应于相应的 EN 序号。

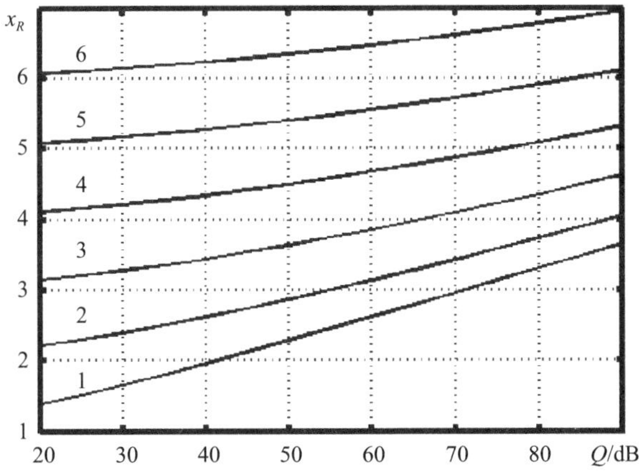

图 3.3 DC WF 下具有零测量误差的距离点位置关于根数和 Q 的关系

同理,采用 KB WF,DFS 的 CSD 也可写为以下的分段正弦信号的形式,即

$$\dot{S}_{\text{KB}}(x) = \frac{\pi a \times \exp(\text{j}\phi)}{\text{sh}(\pi a)} \left(\frac{\text{sh}\pi\sqrt{\alpha^2 - x_\Delta^2}}{\pi\sqrt{\alpha^2 - x_\Delta^2}} + \exp(-\text{j}2\phi) \frac{\text{sh}\pi\sqrt{\alpha^2 - x_\Sigma^2}}{\pi\sqrt{\alpha^2 - x_\Sigma^2}} \right) \quad (3.24)$$

式中:α 为一个决定主瓣宽度和 SL 电平的参数。

需要注意的是,当 $\alpha=0$ 时的 KB WF 极限情况,此时对应于均匀加权,它在理论分析和实际应用中都有着广泛的应用。由此,KB WF 可产生从最大值(-13.6dB)至任意低值变化范围内谱旁瓣电平(SLL)的具体影响。

针对式(3.24),引入式(3.18)并进行变换后,可以得到采用 KB WF 的测距瞬时归一化截断误差方程,即

$$\frac{\Delta R}{\delta_R} \approx \frac{1}{\pi} \frac{-2b\cos(2\phi)US^3}{\text{sh}L - S\text{ch}S + S^3\cos(2\phi)[U + b^2V]} \quad (3.25)$$

式中:$S = \pi\alpha$,α 为一个定义主瓣宽度和 SLL 的参数;$U = (\text{sh}Y - Y\text{ch}Y)/Y^3$,$Y = \sqrt{S^2 - b^2}$;$V = [(Y^2 + 3)\text{sh}Y - 3Y\text{ch}Y]/Y^5$。

由式(3.25)可以得到快速振荡误差包络为

$$\left(\frac{\Delta R}{\delta_R}\right)_{\max} \approx \frac{1}{\pi} \frac{(-1)^{n+1} 2bUS^3}{\text{sh}S - S\text{ch}S + (-1)^n S^3(U + b^2V)} \quad n = 1;\ 2 \quad (3.26)$$

慢速振荡包络的近似方程则可推导为

$$\left(\frac{\Delta R}{\delta_R}\right)_{\max,\max} \approx \frac{\pm 4bS^3 \exp(-S)}{[\pi(S-1)(b^2 - S^2)]} \quad (3.27)$$

取 $\alpha=1$，式（3.25）至式（3.27）的数值结果如图 3.4 所示。由图 3.2 和图 3.4 可以看出，对于不同的 WF，相关曲线的特性保持不变。此时，EN 在距离轴上的位置由以下方程所决定，即

$$\sqrt{b_{ex}^2 - S^2} = \tan(\sqrt{b_{ex}^2 - S^2}) \tag{3.28}$$

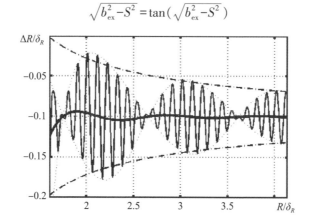

图 3.4　对 KB WF，当 $\alpha=1$ 时归一化测量误差关于归一化距离的函数

定义 $k = \sqrt{b_{ex}^2 - S^2}/\pi$，由此得到方程（3.28）的第一个根为

$$\begin{cases} k_1 = 1.43029666; & k_2 = 2.45902403; & k_3 = 3.47088972 \\ k_4 = 4.47740858; & k_5 = 5.48153665; & k_6 = 6.48438713 \end{cases} \tag{3.29}$$

对于 KB WF，EN 在归一化距离轴上的位置也取决于方程式（3.28）的根数和 WF 参数 α。随着根数和参数 α 的增加，EN 向更大距离偏移，因为此时谱的主瓣会增大。

图 3.5 展示了归一化距离轴上前 6 个 EN 位置 x_{Rm} 关于 α 的函数关系。每

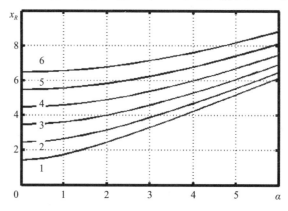

图 3.5　对 KB WF，具有零误差的距离点位置关于点数和 α 的关系

条曲线上的数字对应于相应的 EN 序号。比较图 3.3 和图 3.5 可以得出结论：两个 KB WF 具有类似的函数特征。

3.3.3 基于 FM 参数优化的测量误差最小化

1. 附加慢速 FM 的应用

该方法基于瞬时测量误差式(3.20)和式(3.25)对于 DFS 相位的依赖性。在特定距离处，使相位 ϕ_1 在 $[0, \pi]$ 之间变化，并对结果做平均，就可以使远处测量误差的平均值最小。进行这种 DFS 相位调整的代价是必须对载频 ω_0 附加慢速 FM 调制[24]。为提供所需的值为 π 的相位偏移，附加 FM 扫描的范围应该由测量范围决定，即

$$\Delta F_{\text{slow}} = \frac{\Delta F}{x_R} \tag{3.30}$$

在进行测量之前，待测距离都是未知的。因此，这种优化在本质上是一种重复试探方法，需要进行多次重复测量才可实现，且每次测量中均依据式(3.30)确定一次 ΔF_{slow}。第一次测量是在没有附加 FM 的情况下进行的，可获得零阶近似值 $x_R^{(0)}$ 并根据式(3.30)计算 $\Delta F_{\text{slow}}^{(0)}$。此后，对平滑过程进行周期性重复，在不同载频下进行多次距离测量，载频在 $\omega_0 \sim \omega_0 + 2\pi\Delta F_{\text{slow}}$ 范围内改变，变化步长为 $\Delta F_{\text{slow}}/N_{\text{aver}}$（其中 N_{aver} 是平均的测量数），并进行结果平均。该过程一直重复，直到新获得值 $\hat{x}_R^{(n)}$ 和以前值 $\hat{x}_R^{(n-1)}$ 之差的模减小到低于下面的预设值 Δ_x，即

$$|\hat{x}_R^{(n)} - \hat{x}_R^{(n-1)}| \leq \Delta_x \tag{3.31}$$

上述误差缩减方法需要大量额外的 FM 扫描资源和测量时间。

依据式(3.20)和式(3.25)实现的平滑结果分别如图 3.2($\alpha=1$)和图 3.4($Q=30$)所示，图中粗实线表示归一化测距误差 $\Delta R/\delta_R$ 关于相对距离的函数。可以看到，快速振荡的非对称性使得无法将测量误差减小到 0。对于 DC 和 KB 两种 WF，在近距离处误差会增大 8~10 倍。随着距离增加，新方法的优势更加明显。

2. FM 扫描优化

该方法考虑到，当 WF 参数不变时，EN 在归一化距离轴上的位置 $X_{R,\text{ex}}$ 也保持不变。与此同时，对应测量距离的点位置 x_R 取决于 δ_R，也即 ΔF。因此，在每个距离上变化 ΔF，就可以无误差地将 x_R 移向最近的一个 EN $X_{R,\text{ex}}$。

接下来是自适应优化过程。

第一步：在最大可能值 $\Delta F^{(0)}$ 处进行测距，得到零阶近似值 x_R^0，并为 DC WF

确定最近 EN 的序号，即

$$\hat{N} = \text{Int} \sqrt{(x_R^{(0)})^2 - \frac{L^2}{\pi^2}} \quad (3.32)$$

依据 KB WF 下式(3.28)根 k_i 的序号，寻找以下的最近值，即

$$k = \sqrt{(\hat{x}_R^{(0)})^2 - \alpha^2} \quad (3.33)$$

第二步：在 DC WF 下根据式(3.23)以及在 KB WF 下根据式 $x_{R,ex} = \sqrt{\hat{k}_i^2 + \alpha^2}$，确定 EN x_{RT} 的归一化距离值。

第三步：FM 扫描校正量设定为

$$\Delta F^{(n)} = \frac{\Delta F^{(n-1)} x_{R,ex}}{\hat{x}_R^{(n-1)}} \quad (3.34)$$

第四步：使用前面得到的 $\Delta F^{(n)}$ 值，进行归一化距离 $\hat{x}_R^{(n)}$ 的下一次近似测量。

第五步：重复第三步和第四步直到满足式(3.31)所述条件为止。

由于近距离 s_R 处存在相当大测量误差，为了使迭代过程能够收敛，需要使用不小于 2 的 EN 序号。

优化结果如图 3.6(DC WF)和图 3.7(KB WF)中的细实线所示。可实现的误差平均水平由 Δ_x 值确定。在图 3.6 和图 3.7 中可以看到 $\Delta_x = 10^{-14}$。

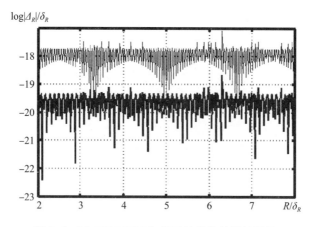

图 3.6　DC WF 下 FM 扫描最优值处的测量误差

对于 KB WF，当 $\alpha = 1$ 时，误差水平等于 10^{-9}；对于 DC WF，当 $Q = 30\text{dB}$ 时，误差水平等于 $10^{-17.5}$。通过 FM 扫描优化实现的平均测量误差水平与待测距离无关，这一事实尤为重要。

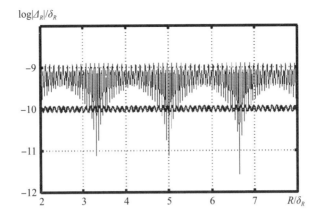

图 3.7 KB WF 下 FM 扫描最优值处的测量误差

3. FM 参数优化组合方法

可以考虑结合使用上述方法。首先，需要进行 FM 扫描优化获得 ΔF_{opt}。接下来，为了实现式（3.30）定义的附加 ω_0 平滑慢速变化，采用所得到的 ΔF_{opt} 和 $\hat{x}_R^{(n)}$ 值，对这个最优值进行多次测量结果的平均运算。根据该方法计算得到的结果如图 3.6 和图 3.7 所示，用粗实线表示。

可以看到，使用附加慢速 FM，平均总体测量误差较使用 KB WF 额外减小近一个数量级，对 DC WF 额外减小近两个数量级。

3.3.4 基于加权函数参数优化的误差最小化

该优化方法基于 SAD WF 极限位置对相关参数的依赖性。

可能的优化方法和一些限制条件如下。

（1）加权函数参数变化会导致 SD 旁瓣极值的偏移。图 3.8 以对数形式给出了 SAD DC WF 波形的变化曲线。图中归一化频率 SAD 项具有 3 个采样单元和两个 Q 值。用细实线画出了正频率区域内信噪比 $Q = 20\mathrm{dB}$ 时的 SAD 项，用虚线画出了负频率区域内的对应 SAD[①] 项。理论上可能会观察到与极值点相吻合的情况，如区域 $\omega<0$ 内该谱信号的第五个旁瓣和区域 $\omega>0$ 内的谱主瓣最大值。为此，$Q = 20\mathrm{dB}$（粗实线和虚线）这样的高信噪比是必须要求的。

当 EN 随着 WF 参数变化而沿归一化距离轴移动时，本优化算法通常都具有可行性。对于所考虑的 DC 和 KB 两种 WF，测距所用的最优 WF 方程关联参数由式（3.23）和式（3.28）给出，此时，需要反复迭代进行优化运算。通过调整

---

① 译者注，原文为 SA，根据上下文应为 SAD。

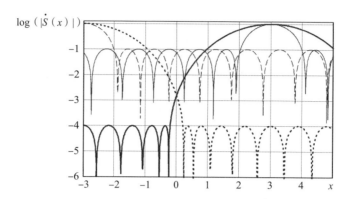

图 3.8 Q 值变化时 SD DC WF 的 SLL 形状变化

FMCW RF,测量时 WF 相关参数应满足以下条件,即在最小测量距离上 SAD 主瓣 $S_{WF}(x_\Delta)$ 和 $S_{WF}(x_\Sigma)$ 不会出现重叠。这些值可以根据下述公式获得,即

$$Q_{\min} = \frac{(B_{\min}^2+1)}{(2B_{\min})}, \qquad \alpha_{\min} = \sqrt{(2x_{R\min})^2 - k_1^2}$$

式中:$B_{\min} = \exp[\pi\sqrt{(2x_{R\min})^2-1}]$;$\alpha_{\min} = \sqrt{(2x_{R\min})^2-k_1^2}$;$k_1$ 为式(3.20)第一个根的值。

使用 WF 参数优化的测距过程具体步骤如下。

第一步:将测量的 DFS 样本记录在计算器存储器中,并基于给定 $Q_{\min}$ 或 $\alpha_{\min}$ 计算它们的 SAD,寻得谱模最大值位置,计算测量距离和零阶近似 $x_R^{(0)}$。

第二步:接下来,根据式(3.23)和式(3.28),对 DC WF 确定 $S_{WF}(x_\Sigma)$ 与 $S_{WF}(x_\Delta)$ 主瓣重叠的 SL 序号 $\hat{N}$,对 KB WF 而言则是求解根值 $\hat{k}_i$。

第三步:指定 DC WF 参数为

$$\hat{Q}^{(n)} = \frac{[(\hat{B}^{(n)})^2+1]}{[2\hat{B}^{(n)}]} \qquad n=1,2,\cdots$$

式中:$\hat{B}^{(n)} = \exp[\pi\sqrt{(2\hat{x}_R^{(n-1)})^2-\hat{N}^2}]$。

或者对于 KB WF,有

$$\hat{\alpha}^{(n)} = \sqrt{(2\hat{x}_R^{(n-1)})^2 - \hat{k}_i^2} \qquad n=1,2,\cdots$$

第四步:根据记录样本数据(存储器中),在给定 WF 参数下计算第 n 阶近似 $x_R^{(n)}$。

第五步:重复第二步和第四步直到满足式(3.31)规定条件为止。

在每个重复测量周期中,需要对所有用于 SAD 计算的 WF 样本进行计数,因此计算设备的性能必须足够高。

基于该方法的计算结果如图 3.9 和图 3.10 中细实线所示。可以看到，在这种情况下，DC WF 得到的结果优于 KB WF 的结果。且随着距离增大，误差急剧减小，差异近似达到 6~7 个数量级。

显然，这里所提 WF 参数优化方法可以叠加附加慢速 FM 一起使用，其结果如图 3.9 和图 3.10 中的粗实线所示，组合方法可获得接近两个数量级的误差缩减优势。

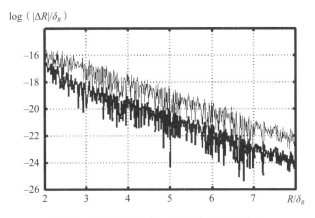

图 3.9　对 DC WF 在 α 最优值的测量误差

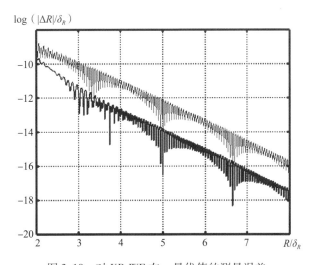

图 3.10　对 KB WF 在 α 最优值的测量误差

（2）在每个测量距离处，测量误差的 WF 参数优化的实际应用会受到一定的限制。由图 3.8 可以看出，区域 $\omega<0$ 内 SAD 谱分量的第五个 SL 极值点与区域 $\omega>0$ 内信号主瓣极值点吻合，由此导致 SLL 和主瓣宽度起伏变化。经过 DC

WF 和 KB WF 处理的信号 SAD 特性则表现为，最近邻 SL 宽度急剧减小，较远处的旁瓣位置和宽度基本保持不变。在离散信号处理中，该特性将会更加显著。由此可知，信号样本数越多，处理结果对最近邻 SL 电平变化越敏感。考虑到对于 DC WF 和 KB WF，上述结论基本成立，这里仅给出使用 DC WF 时离散信号 CSD 的数学表达式，即

$$\dot{S}_{DC}(x, Q, M_0) = \frac{\exp(j\phi)}{Q} \left\{ \text{ch} \left[(M_0-1) \cdot \text{ach} \left(\text{ch} \frac{\text{ach}Q}{M_0-1} \cdot \cos \frac{x_\Delta \pi}{M_0} \right) \right] + \exp(-j2\phi) \text{ch} \left[(M_0-1) \cdot \text{ach} \left(\text{ch} \frac{\text{ach}Q}{M_0-1} \cdot \cos \frac{x_\Sigma \pi}{M_0} \right) \right] \right\} \quad (3.35)$$

极值点位置为

$$x_{\max}(N, Q, M_0) = \frac{M_0}{\pi} \arccos \left[\frac{\left(\cos \frac{N \cdot \pi}{M_0-1} \right)}{\left(\text{ch} \frac{\text{ach}Q}{M_0-1} \right)} \right] \quad (3.36)$$

由此，最小化误差需要的 $\hat{Q}$ 值为

$$\hat{Q}_{(n)} = \text{ch} \left\{ (M_0-1) \cdot \text{ach} \left[\frac{\left(\cos \frac{N \cdot \pi}{M_0-1} \right)}{\cos \left(2\hat{x}_R \frac{\pi}{M_0} \right)} \right] \right\} \quad (3.37)$$

图 3.11 用虚线和实线分别展示了区域 $\omega<0$ 内 SAD 谱分量 SL 的第 13 个和第 14 个极值点位置，对于给定的 Q 取值，这些 SL 与谱信号主瓣相重合。图中粗线对应高离散采样频率，信号持续时间内的样本数为 1024 个；此时信号频

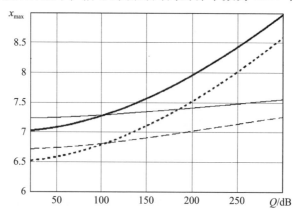

图 3.11　两种不同离散采样频率下负频率区 SAD 谱分量 SL
第 13 个和第 14 个极值点位置随着 Q 值的变化关系

率远低于 Nyquist 采样频率，冗余的离散采样频率在处理中得到使用。细线对应低离散采样频率，信号持续时间内只有 32 个采样样本，此时，信号频率与 Nyquist 采样频率大致相当。

由上述对 DC WF 和 KB WF 下信号 SAD 特征的分析可知，在任何高离散采样频率下，由于信号相对频率的增加，前述最小化误差表述方式已无法使用。

需要注意的是，在现有广泛使用的各种 WF 中，没有一种 WF，其特性可以很容易被改变。由此，为实现基于 WF 参数调整的误差最小化，只能创造出新的对上述缺点免疫的特定 WF。

(3) 可以尝试通过简化 WF 参数优化算法来克服上述限制，当然其代价就是牺牲最小测量误差，以及不在每个当前距离点进行 WF 参数校正。考虑使用第 2 章给出的方法，即通过 WF 参数优化，使得在距离元等于 QI 时测量均方误差最小。标准优化函数可写为[38-41]

$$\sigma_R^2(R_{\text{aver},L}, p) = \frac{\sum_{i=1}^{K_R}\left[\Delta R(R_{Li}, p)\right]^2}{K_R} \underset{p}{\Rightarrow \min} \tag{3.38}$$

式中：$K_R = \delta_R/\Delta$ 为距离单元内的计算点数，Δ 为距离步长（此时 $\Delta \leqslant \lambda_0/4$）；$R_{Li} = (L-1)\delta_R + (i-1)\Delta$ 为第 L 个单元中第 i 个当前待测距离；p 为 WF 参数，根据它提供最小化运算（$p = Q$ 为 DC WF 且 $p = \alpha$ 为 KB WF）；$R_{\text{aver},L}$ 为第 L 个单元中心的距离值。

对归一化 WF、DC WF 和 KB WF，当不进行参数优化时，在 $Q = 30\text{dB}$ 且 $\alpha = 1$ 时，根据式(3.38)计算所得结果如图 3.12 所示。

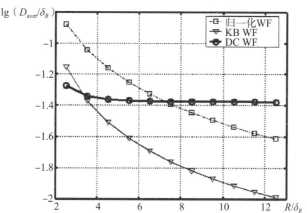

图 3.12　DC WF($Q = 30\text{dB}$)、KB WF($\alpha = 1$)及测量误差归一化均方根关于归一化距离的对数函数

关于距离的误差函数特性完全取决于 WF 谱密度的 SLL。可以看到，对于具有固定谱密度 SLL 的 DC 窗函数，从某个特定距离开始测量误差变得近似保持不变。对于归一化 WF 和 KB WF，随着距离增大，测量误差出现单调递减现象。

借助 Matlab 6.5 软件包"fminbnd"程序，可以针对每个 WF 提供依据式(3.14)的最优参数值搜索结果。

在线性回归法的帮助下[43-44]计算获得最优参数值后，可以得出这些参数与平均相关距离的经验公式关系。对于 DC WF 和 KB WF，这些经验函数关系分别为

$$Q = 27.392 x_{R-aver} - 22.31719 \text{dB} \tag{3.39}$$

$$\alpha = \frac{(1.0073 x_{R-aver} - 0.8257)}{\pi} \tag{3.40}$$

因此，在制造雷达测距仪设备时，对每种 WF，在计算期间只需将上述两个系数保存于存储器中即可。对每次 FMCW RF 激活之后的首次测量，选用对应最小距离的 WF 参数，然后再通过运算进行所有的优化过程。此时，首先将信号样本记录到在线存储器中，并基于上述公式得到初始距离估计。然后，由这些存在测量误差的距离估计值，在保持 WF 参数不变的条件下，确定回波信号对应的距离采样单元序号，并据此选择所需优化参数值。最后，基于记录到在线存储器中的 DFS 样本，使用新的参数值进行新的距离计算。

根据式(3.38)，结合使用式(3.20)和式(3.25)，在选定距离区间保持最优参数值式(3.39)和式(3.40)不变，得到的平均测量误差计算结果如图 3.13 所示。其中，KB WF 的测量误差通过细实线来表示，DC WF 的测量误差用粗实线来表示。为了便于比较，未优化的归一化 WF 计算结果用点画线也表示在图中。

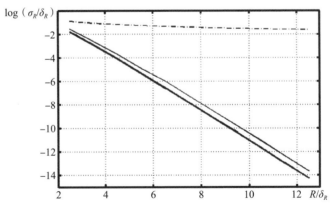

图 3.13　最优参数下的 DC WF 和 KB WF 的测量误差
归一化均方根关于归一化距离的对数函数

该优化过程也需要对 WF 样本进行重复计数,但这种重复一般很少进行,只有当从一个距离单元转换到另一个距离单元时才需要。因此,不需要大量的重复测量过程,该方法在参数优化时间上开销最小,并且能够提供很好的误差缩减效果。

3.3.5 采用自适应加权函数的截断误差最小化

在附录中表明,假如存在一种 WF,其形状可以由可调参数确定,且在信号对应频率值处,其虚假 SAD 谱分量的特定阶次导数恒等于 0,则使用该 WF 就能够解决测距误差消除问题。能够满足这些条件的 WF 即为自适应 WF(AWF)。AWF 的重要特性是它们存在一种可能性,使得设计者可在归一化频率 b_1,b_2,…,b_N 处指定 N 个 SAD 谱零值点。

为了对式(A.13)和式(A.14)中提到的 AWF 进行有效分析,将在 $\omega<0$ 频率区域存在虚假 SC 的背景下考虑之前讨论过的 DFS 频率估计误差最小化问题。

如前所述,仍然假定测量前待测距离未知。因此,确定合理的 WF 参数需要反复迭代计算,由此需要进行多次重复计算以及在每次迭代过程中都需要对 AWF 的所有给定零值点频率值 b 进行确定。不断重复这一迭代过程,直到式(3.31)所述条件满足为止。每次迭代周期中,都需要对 SD 估计中所必需的 AWF 样本进行重复计算。

作为初始估计,可以使用各种已证明为有效的 WF 并采用它们的最优参数结果,具体可查阅本书附录所示资料。然后再使用谱特性随着距离自适应变化调整的 AWF 集。

3.3.6 采用自适应加权的频率估计算法

算法 1 最简单,与前文中分析的一样,AWF 的 SAD 零点数 N 取值固定,但是确定频率的分析过程中并未考虑截断误差。

算法 2 能够实现 WF 参数的独立控制,可用来优化最小化频率估计截断误差和其他误差。从图 A.9 中可以看到,随着 N 的增加和估计频率 $b_2^{(n)}=b_3^{(n)}=\cdots=b_N^{(n)}=2\hat{x}_1^{(n)}$ 的增加,该算法都存在增加对等效噪声带宽(ENB)施加限制的机会,若基于 ENB 取最小值约束条件定义 SD 可调整零值点中的一个。例如,零值点 1,则可以得到 $b_1=b_{n,\min}$。

第一步:将提取的 DFS 样本记录在运算存储器中,以采用附录中的最优 WF 为例,对选定的 N_1 和 b_1,b_2,…,b_{N_1},可以计算得出频率估计值和零点

估计值 $\hat{x}_1^{(0)}$。

第二步：AWF SD 可调零值点的总数为 $N+1$，比零点数 N 大 1，在这些零值点处，使得伪 SD 谱分量及其导数最小化。令 $b_2^{(0)} = b_3^{(0)} = \cdots = b_{N+1}^{(0)} = 2\hat{x}_1^{(0)}$，分别使用由式（A.25）或式（A.26）给出的 AWF 解析公式 $w_s(m_0, b_1, b_2, \cdots, b_N)$ 或 $w_c(m_0, b_1, b_2, \cdots, b_N)$，使得第一个 SD 可调零值点 $b_1 = b_{n,\min}$ 取值与上述公式一致。然后，再根据记录的信号样本数据，计算给定 WF 参数的下一个和第 n 个近似值。

第三步：不断重复第二步直到满足式（3.31）所规定的条件。

当不存在噪声时，采用上述 AWF 进行频率估计的理论误差等于 0。因此，为了讨论实际的估计误差缩减问题，接下讨论均匀分布白噪声背景下的 DFS 频率估计处理模拟仿真结果。

在 Matlab 中进行数值计算。考虑到对低归一化 DFS 频率（低于 10）估计问题最感兴趣，在接下来的示例中采用的频率离散间隔满足 DFS 仅包含 32 个样本的假设条件。

依据上述方法，采用式（A.12）给出的 AWF，共有 $N+1=3$，即 3 个可调零值点，所得计算结果如图 3.14 中的实线所示，即

$$w_s(m) = 1 + \sum_{n=1}^{3} (-1)^n C_{sn}(b, b_1) \cos[(2n(m+0.5)M)] \quad (3.41)$$

其中 $M = \pi/M_0$

$$C_{s1}(b, b_1) = \frac{2\sin 3M}{\sin 4M} \frac{\cos(2M) - \cos(2b_1 M)}{2\sin^2(b_1 M)} \left[\frac{\cos(2M) - \cos(2bM)}{2\sin^2(bM)} \right]^2$$

$$C_{s2}(b, b_1) = \frac{1}{\cos 2M} \frac{\sin 3M}{\sin 5M} \frac{\cos(4M) - \cos(2b_1 M)}{2\sin^2(b_1 M)} \left[\frac{\cos(4M) - \cos(2bM)}{2\sin^2(bM)} \right]^2$$

$$C_{s3}(b, b_1) = \frac{1}{2\cos 2M \cos 3M} \frac{\sin M}{\sin 5M} \frac{\cos(6M) - \cos(2b_1 M)}{2\sin^2(b_1 M)} \left[\frac{\cos(6M) - \cos(2bM)}{2\sin^2(bM)} \right]^2$$

该例中，其中一个零值 $b_1 = b_{n,\min}$ 的频率值由 ENB 最小化条件定义，即

$$b_{n,\min}^2 = \frac{25(b_2^2 - 1^2)^4 + 64(b_2^2 - 2^2)^4 + 9(b_2^2 - 3^2)^4}{25(b_2^2 - 1^2)^4 + 16(b_2^2 - 2^2)^4 + 1(b_2^2 - 3^2)^4} \quad (3.42)$$

在信号频率 $x_1 = 0.5b$ 处的其他两个零值点 $b_2 = b_3 = b$，它们的作用是使得区域 $\omega < 0$ 内伪 SC 谱分量及其导数取值最小。

为了便于比较，使用最优形状参数值的 DC WF 的频率估计结果也在图 3.14 中给出，以虚线形式表示。

由零频处零值点保证的 ENB（3.42）最小值，它与信号频率之间的依赖关

系则示于图 3.15 中。

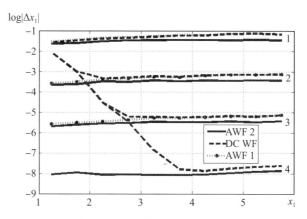

图 3.14 对数归一化 MSD 频率估计截断误差，信号通过 DC WF 和 AWF $w_s(m_0, b, 3, 32)$ 或 $w_c(m_0, b, 4, 32)$ 加权

（1 代表 $q=20\text{dB}$；2 代表 $q=60\text{dB}$；3 代表 $q=100\text{dB}$；4 代表没有噪声）

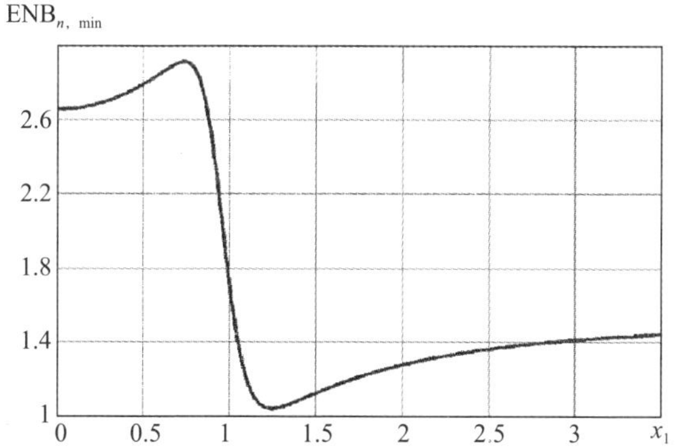

图 3.15 保证 ENB 最小化的 AWF 零频关于信号频率的函数

后一种算法可实现噪声背景下的估计误差最小化，由此保证对多种 AWF 均能获得关于 ENB 的可比较理论分析结果（见附录）。

已有数值实验结果表明，在所有传统 WF 中，具备最优形状参数的 DC WF 能获得最小的截断误差，且对于该 WF 而言，对短信号样本（包含 1~2 个信号周期）进行频率估计，主要的测距误差由截断误差所引入。较上述最优形状参数 DC WF，采用 AWF 时，截断误差分量则基本上不会再存在，误差中噪声引起分量至少是采用 DC WF 时的 1/2~1/1.15。

3.4 差频的平均加权估计

3.4.1 平均加权估计的截断误差

联系到估计式(3.10)是基于 SD 形状的分析而得到的,在近距离处尤其应该考虑区域 $\omega>0$ 和 $\omega<0$ 内可能引起 SD 形状失真的各种因素。

改变式(3.10)中的分子项,得到频率测量的截断误差为[40]

$$\Delta \omega_R = \frac{\sum_{n=n_{\text{low}}}^{n_{\text{upp}}} (\omega_n - \omega_R) |\dot{S}(j\omega_n)|^2}{\sum_{n=n_{\text{low}}}^{n_{\text{upp}}} |\dot{S}(j\omega_n)|^2} \quad (3.43)$$

式中:$\dot{S}(j\omega_n)$ 为复 DFS 谱在离散频率 ω_n 处的取值;n_{low} 和 n_{upp} 为处理时离散频率的下限和上限。

为了便于进行后续的测量误差分析,有必要对式(3.43)的结构详加考察。假设相关分析基于式(3.12)所列各项条件,则式(3.43)的分子可以表示为以下3个子项式,即

$$\begin{cases} A_1 = \sum_{n=n_1}^{n_2} \left(\pi \frac{2n-x_R}{K} \right) \left| \dot{S}_{\text{WF}} \left[\pi \frac{2n-x_R}{K} \right] \right|^2 \\ A_2 = \sum_{n=n_1}^{n_2} \left(\pi \frac{2n-x_R}{K} \right) \left| \dot{S}_{\text{WF}} \left[\pi \frac{2n+x_R}{K} \right] \right|^2 \\ A_3 = 2\sum_{n=n_1}^{n_2} \left(\pi \frac{2n-x_R}{K} \right) \text{Re}\left\{ \dot{S}_{\text{WF}} \left(\pi \frac{2n+x_R}{K} \right) \dot{S}_{\text{WF}} \left(\pi \frac{2n-x_R}{K} \right) \exp(-j2\phi) \right\} \end{cases}$$
(3.44)

式中:$\text{Re}\{*\}$ 表示取复数的实部。

式(3.43)的分母项 D_{en} 为

$$\text{Den} = \sum_{n=n_1}^{n_2} \left[\left| \dot{S}_{\text{WF}} \left(\pi \frac{2n-x_R}{K} \right) \right|^2 + \left| \dot{S}_{\text{WF}} \left(\pi \frac{2n+x_R}{K} \right) \right|^2 + 2\text{Re}\left\{ \dot{S}_{\text{WF}} \left(\pi \frac{2n+x_R}{K} \right) \dot{S}_{\text{WF}} \left(\pi \frac{2n-x_R}{K} \right) \exp(-j2\phi) \right\} \right] \quad (3.45)$$

对上述公式进行分析可以得出一些关于频率估计误差函数的有益结论,那就是谱重心比上 Ω_R 即为待测距离。式(3.43)的分母代表了集中在处理频率范

围 $[\omega_{\text{low}}, \omega_{\text{upp}}]$ 内的信号能量。我们将考察不存在谱密度主瓣重叠问题的那些距离区域。在上述条件均满足的前提下,若处理频率范围边界选取正确,则分母项 Den 基本上与 ω_R 和 WF 形状无关。式(3.43)分子中的第一项 A_1,由于 WF 谱的对称性,根据离散谱计算公式,在计算时等于 0 或者非常小。第三项 A_3,在被积函数中包含相位乘子 $\exp(-j2\phi)$,因此,它随距离变化而快速振荡,振荡周期等于载频振荡的 1/4,其初相位则由电波反射系数的相位值所决定。此外,它包含了位于半频率轴 $\omega>0$ 内的 WF 谱主瓣与半频率轴 $\omega<0$ 内谱旁瓣的乘积,随着距离的变化,这些谱之间的相对位置不断变动。因此,乘积的结果就会使得快速振荡幅度随着 WF 谱 SL 而周期性变化,且随着 SL 的起伏而缓慢变化。第二项 A_2 是相同频率区间内位于负半轴 $\omega<0$ 上 SL 谱值平方的处理结果,在多数情况下它将远小于第三项。因此,测量误差主要由第三项 A_3 所决定且强烈依赖所使用的 WF,正如它依赖对误差振荡幅度具有影响的 SL 电平那样。

所得公式对于任意一种 WF 都是成立的。正如文献[5]中指出的那样,所有的 WF 都可以使用 M 个周期为数倍 $T_{\text{mod}}/2$ 间隔的正交基函数表示。在此情况下,需要在式(3.44)和式(3.45)中使用 WF 离散谱的另一种形式[3,5,8],即

$$\dot{S}_{\text{WF}}(n) = a_0 D\left[2\pi \frac{n}{K}\right] + \frac{1}{2} \sum_{m=1}^{M} (-1)^m a_m \left\{ D\left[2\pi \frac{n-m}{K}\right] + D\left[2\pi \frac{n+m}{K}\right] \right\}$$

(3.46)

式中:$D(z) = \exp[j(K-1)z/2]\{[\sin(Kz/2)]/[\sin(z/2)]\}$ 是归一化 Dirichlet 核[2,5];系数 a_m 满足 $\sum_{m=0}^{M} a_m = 1$。

图 3.16 给出了使用平均加权 WF 时,由式(3.44)和式(3.45)得到的项 A_2 和 A_3 关于相对距离 R/δ_R 的关系曲线,计算中取 $G=10\text{GHz}$,$\Delta F_0 = 1000\text{MHz}$。上述关于测量误差各组成项的特性分析在图中得到了证实。可以看到 $A_3 \gg A_2$,且这种不等关系随着距离增大变得更加明显。项 A_1 在该图中没有显示,原因在于在应用中它基本可以忽略。因此,借助平均加权估计式(3.10)进行测距,其误差主要由式(3.43)分子中的第三项所决定。

由图 3.16 可以清晰地看到,A_3 的曲线围绕零误差值而振荡,且振荡信号呈现两种典型周期特性。关于 SAD 的最大值,存在两类零截断误差点。第一类零截断误差点序列的周期接近 $\lambda_0/4$,第二类的周期则是瞬时误差包络的周期,它与窗函数 SAD 的 SL 周期性有关。整体上,测量误差随着距离增加而平滑地减小。

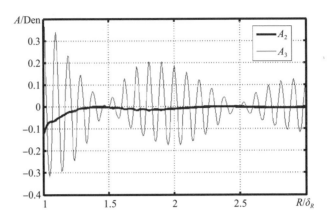

图 3.16 式(3.46)中的截断误差分量关于归一化距离的函数

在对应 A_3 包络节点的那些距离点上,准确的误差值由两项之和(A_2+A_3)所决定。因此,在这两个点上,A_2 值对最小可能误差的取值起着决定性的影响。计算表明,这些分析结果对其他 WF 依然有效;只不过 A_2 和 A_3 之间的对比关系变得更加突出,因为其他 WF 谱的 SL 远低于平均加权 WF。

对瞬时测量误差关于相对距离的全部结果进行观察,让我们想起了之前基于谱最大值进行频率估计的结果,两者具有一些相同特点。因此,可以预期所有优化方法对加权平均估计也都适用,但是在 A_3 项包络零值点处,两者却存在本质的差异,尽管当前方法在这些点处误差值也非常小,即使是在理论上当前方法的测距误差也不等于 0。此外,还应注意到,在本节方法下对距离尺度上的每个点进行扫频带宽和 WF 参数优化,需要知道以归一化距离为尺度的待测点位置与最小测量误差之间的理论依赖关系,而这种理论依赖关系目前无法对其进行简明的公式表述。

计算表明,上述基于平均加权估计的频率测量方法同样可以达成测距误差削减的结果,但是可能达到的最小误差水平要高于 SD 谱最大值估计法。

3.5 校正系数频率估计算法的系统误差

采用系数校正算法时,系统误差的出现原因与采用算法式(3.4)一样,后者基于 SAD 最大值减去 DFS 谱在 $\omega<0$ 区域的 SL 而得到 DFS 频率估计。图 3.17 展示了仿真得到的归一化瞬时误差和归一化距离之间的典型依赖关系。

第3章 基于谱峰位置估计差拍频率

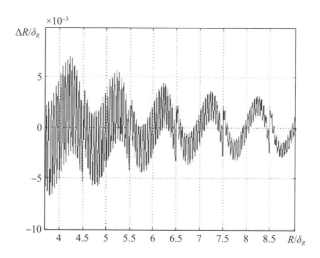

图 3.17 采用参数校正算法的归一化瞬时误差关于归一化距离的函数

仿真中，载频和 FM 扫描带宽分别取为 10GHz 和 500MHz。从图 3.17 可以看出，归一化瞬时误差具有双周期性且围绕零误差值振荡。可以观察到快速振荡分量具有一个近似等于 1/4 发射波长的周期，其包络周期则由 DFT 滤波器的频率变化特性所决定。随着补零样本数的增加，快速振荡包络的周期会减小。通过补零将 DFS 实现时间增至原来的 2 倍，所得结果如图 3.17 所示。

归一化系统误差函数 $\sigma_{\text{relative}} = T/\sqrt{b_{\text{aver}}}/2\pi$ 关于相对频率的关系曲线如图 3.18 所示（b_{aver} 表示一个快速振荡包络周期对应信号频率变化范围内的均方误差），所用 WF 为 Blackman WF[3]。

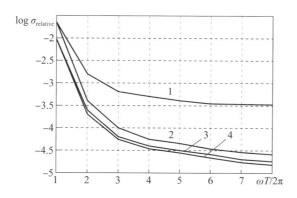

图 3.18 参数校正算法的归一化 MSD 关于相对频率的变化曲线

在图 3.18 中，函数 2~4 对应于当人为将信号周期增加 2、4 或 8 倍时的测距结果，函数 1 是不进行补零处理时的结果。可以发现，所有变化曲线均从相对频率等于 1 处开始。由图 3.18 可以看出，最为有利的处理方式是将信号周期增大 2~4 倍，进一步地增大周期并不能使误差明显减小。图 3.18 所示相关曲线基于使用 SAD 而获得，使用谱功率密度（SPD）进行计算也会得到类似的结果。

3.6 噪声干扰对距离测量误差的影响

3.6.1 DFS 和噪声之和的谱密度估计的统计特性

总的来说，对于一个 DFS（或一个具有未知参数信号）$u_{DFS}(t)$ 和平稳随机信号 $\xi(t)$ 式（1.51）叠加之后的和信号，寻找 SC 的 CSD 分布问题可简化为在线性变换后的统计特性分布求解问题。求解 CPD 估计的统计分布也可以简化为同样问题，唯一的差别在于，后者在已有线性变换的基础上，需要考虑到非线性变换（求解第 i 个 SPD 样本的估计时需要进行对随机变量的取模平方运算）对分布特性的影响。总之，上述线性和非线性转换后统计特性分布求解问题已得到解决[32]。

假定信号的均值和方差均为有限量，实际应用中该条件总能够得到满足。然后，由 Fourier 变换的线性特性以及中心极限定理[32]可知，谱分量 SC 实部和虚部的分布将逐渐收拢到正态分布，与 $\xi(t)$ 的分布特性无关。

为了更加清晰明了，将第 n 个 SPD 样本的估计写为

$$\hat{F}(\omega_i) = \frac{\{\text{Re}^2[\dot{S}(\omega_i)] + \text{Im}^2[\dot{S}(\omega_i)]\}}{T} \quad (3.47)$$

式中：$\text{Re}(z)$ 为 $\text{Im}(z)$ 为 DFS 与噪声混合和信号 Fourier 变换后的实部和虚部。

可以发现，寻找谱成分 $\hat{G}(\omega_i)$ 实部和虚部正态分布相关特性问题可简化为求取一个二位向量模平方的分布问题，该向量两个投影分量均服从正态分布，且一般都是具有特定均值与方差的线性相关随机量。

在一些致力于研究无线电信号概率模型的出版物（如文献[32]）中均可以查阅到均值和方差各不相同的二维正态分布向量的模分布形式。为详细研究 SPD 估计问题，经过并不复杂的系列变换，在实部和虚部谱成分均为正态分布的条件下，可以较容易地得到估计式（3.47）的一维分布。但是这种分布十分复杂，在实际应用中基本无法使用。

为此，需要对该分布建立更为简单的近似表达式。为了进行近似，计算这些图像点在 Pirson 平面上的具体位置。结果表明，对应于原始分布的图像点位于对应于 γ 分布的线上。

在观测时间间隔足够长的情况下,随机变量的分布为

$$F(\omega_i) = \frac{1}{T} |\dot{S}_u(j\omega_i) + \dot{S}_\xi(j\omega_i)|^2 \qquad (3.48)$$

假设当观测时间足够大时,实部和虚部谱分量不相关[27],且它们的方差相等,可以表示为

$$W(x) = \frac{1}{G(\omega_i)} \exp\left[-\frac{x + |\dot{S}_u(j\omega_i)|^2}{G(\omega_i)}\right] I_0\left[\frac{2\sqrt{x}|\dot{S}_u(j\omega_i)|}{G(\omega_i)}\right] \qquad (3.49)$$

式中:$I_0(z)$ 为虚部的一阶 Bessel 函数;$G(\omega_i)$ 为第 i 个频率上的噪声功率谱密度(PSD)。

差频信号 DFS 的 SPD 估计的数学期望和它的方差可以定义为

$$M\{F(\omega_i)\} = |\dot{S}_u(j\omega_i)|^2 + G(\omega_i) \qquad (3.50)$$

$$D\{F(\omega_i)\} = G(\omega_i)[2|\dot{S}_u(j\omega_i)|^2 + G(\omega_i)] \qquad (3.51)$$

当信号不存在,也即 $u_{DFS}(t) = 0$ 时,分布式(3.49)变为分布参数为 $G(\omega_i)$ 的指数形式。

SAD 概率分布 $|\dot{S}_u(j\omega_i)|$ 满足 Rice 分布[32],即

$$W(x) = \frac{2x}{G(\omega_i)} \exp\left[-\frac{x + |\dot{S}_u(j\omega_i)|^2}{G(\omega_i)}\right] I_0\left[\frac{2x|\dot{S}_u(j\omega_i)|}{G(\omega_i)}\right] \qquad (3.52)$$

这是由它的定义而来的(此时,实部和虚部谱分量近似独立且方差相等)。分布式(3.52)的各阶矩可以在文献[32]中找到。需谨记,当 SNR 非常大时,式(3.52)可以用正态分布进行近似[32]。

如文献[50]所述,参数未知信号和白噪声之和的 SC 可以考虑为统计独立随机变量。

3.6.2 噪声对中心频率估计精度的影响

假设将 DFS 和式(1.51)所示噪声干扰混合后信号注入计算器件输入端。干扰 $\xi(t)$ 是具有零均值和 SPD $G(\omega)$ 的平稳随机过程(SRP)。在模/数转换和 WF 处理后,可以得到式(1.51)所示随机过程的一个实现样本,其离散形式可表示为

$$s(t_l) = u(t_l)w(t_l) + \xi(t_l)w(t_l) \qquad l = 1, 2, \cdots K \qquad (3.53)$$

式(3.53)所示信号的谱,得到一个频域随机函数 SAD $\hat{A}(\omega)$,或者一个 SPD 估计 $\hat{F}(\omega)$,并将其用于 DFS 频率估计。计算由噪声干扰引起的频率估计误差比较困难,原因在于通常情况下 SC 分布是非高斯和非统计独立的。

1. 采用附加补零样本算法的频率估计方差

对于式(3.5)所示的具有附加补零样本算法,使用随机变量$\hat{A}(\omega_i)$或$\hat{F}(\omega_i)$的多维概率分布$w(z_1, z_2, \cdots)$进行方差估计。最大 SC 在频率ω_m处,$m=m_1, \cdots, m_2$处的概率P_m由下述积分值决定[32],即

$$P_m = \int_0^\infty \mathrm{d}x_m \int_0^{x_{m1}} \cdots \int_0^{x_{m2}} w(x_{m1}, \cdots, x_{m2}) \mathrm{d}x_{m1} \cdots \mathrm{d}x_{m2} \quad (3.54)$$

假设进行最大 SC 搜索的频率间隔足够宽,并满足

$$\sum_{m=m_1}^{m_2} P_m = 1 \quad (3.55)$$

根据条件式(3.55),由式(3.54)所得计算结果可以获得一些概率分布的离散规律,每个事件z_m(由最大 SC 的数目决定)将获得它们各自的概率P_m。此时,频率估计方差可计算为

$$D(\hat{\omega}_R) = \sum_{m=m_1}^{m=m_2} [z_m - M(z_m)]^2 P_m \quad (3.56)$$

由于随着补零样本数的增加 SC 变得更加相关(相关系数与 DFT 滤波器重叠度成正比),对式(3.54)的计算只能在多维 SC 分布可以由正态分布近似时(如大 SNR 时)通过数值方法进行。考虑到理论计算的高强度,最好还是通过 PC 仿真建模来确定估计方差的大小。

2. 噪声对频域使用校正系数的 DFS 中心频率估计的影响

借助校正系数估计$\hat{A}(\omega)$或$\hat{F}(\omega)$,依据式(3.8),涉及随机变量和差比的运算,信号式(1.51) SD 的估计为

$$\hat{F}(\omega) = |S_u(\mathrm{j}\omega)|^2 + \hat{G}(\omega) + 2\mathrm{Re}S_u(\mathrm{j}\omega)S_\xi(\mathrm{j}\omega) \quad (3.57)$$

式中:$\hat{G}(\omega)$为噪声估计的 SPD;$S_u(\mathrm{j}\omega)$和$S_\xi(\mathrm{j}\omega)$分别为信号和噪声的 CSD 估计。由此可知,采用算法式(3.8)得到的频率估计将发生偏移,当使用 SAD 时它也会被偏移。由定义可知,估计偏移的量化测量值应为[32]

$$\Delta_{\mathrm{sh}} = M\{\hat{\omega}_R\} - \omega_R \quad (3.58)$$

式中:ω_R为待估计真值;M为数学期望运算符。

为了找出方差和频率估计偏移,有必要确定校正式(3.9)的分布特性或是得到它的各阶矩。由式(3.49)和式(3.52)在任意频率ω_i上计算所得的谱$\hat{A}(\omega)$和$\hat{F}(\omega)$呈非高斯性,这使得我们基本上无法获得校正信号统计分布或其各阶矩的准确表达式。因此,只能采用近似方法。

定义 WF 处理后的信号和噪声谱。此时信号谱$S_s(\mathrm{j}\omega)$可以用以下关系式[3]来计算,即

$$S(\mathrm{j}\omega) = \frac{1}{\sqrt{T}} \int_0^T u(t) w(t) \mathrm{e}^{-\mathrm{j}\omega t} \mathrm{d}t = \frac{1}{\sqrt{T} 2\pi} \int_{-\infty}^{+\infty} S_u(\mathrm{j}v) S_{\mathrm{WF}}[\mathrm{j}(\omega-v)] \mathrm{d}v \quad (3.59)$$

式中：$w(\mathrm{j}\omega)$ 是 WF 谱。经过 WF 处理后的噪声 SPD $G'(\omega)$ 可由已知关系定义[3]，即

$$G'(\omega) = \int_{-\pi T}^{\pi T} G(\omega) |S_{\mathrm{WF}}(\mathrm{j}\omega)|^2 \frac{\mathrm{d}\omega}{2\pi} \quad (3.60)$$

也即，噪声具有任意的 SPD。

假设序号 $n-1$ 和 $n+1$（最大 SC 在序号为 n 的离散频率处）的 SC，其 SNR 足够大（$q_{s/n}$>40dB），现在开始为 SAD 和 SPD 寻找频率估计的方差和偏移。注意到附加零值样本将导致 SC 估计之间出现相关性，但是，当 SC 周期增加 2 倍时，最大 SC 左边和右边的 SPD（或 SAD）估计噪声会保持非相关，因为序号 l 和 $l+2$ 的 DFT 滤波器频率响应不会重叠。

使用式（3.52）给出的 DFS SAD 分布特性的数学期望和方差计算公式[32]，将式（3.9）在某些特定点处展开为多维 Taylor 级数，在这些点处随机参量的取值等于它们的数学期望。由此，经过文献所述变换之后，噪声干扰所导致频率估计偏移 $\Delta_{\mathrm{sh},a}$ 可通过以下公式得以确定，即

$$\Delta_{\mathrm{sh},a} = \frac{(C_1+C_2-C_3-C_4)\Psi_a}{C_1+C_2+C_3+C_4} - \frac{(C_1-C_2)\Psi_a}{(C_1+C_2)} + \\ 4\left\{\frac{(C_1+C_3)\left[\frac{G'(\omega_{n-1})}{4}-C_3^2\right] - (C_2+C_4)\left[\frac{G'(\omega_{n+1})}{4}-C_4^2\right]}{(C_1+C_2+C_3+C_4)^3}\right\}\Psi_a \quad (3.61)$$

式中：$C_1 = |S_u(\omega_{n-1})|$；$C_2 = |S_u(\omega_{n+1})|$；$C_3 = \frac{G'(\omega_{n-1})}{4|S_u(\omega_{n-1})|}$；$C_4 = \frac{G'(\omega_{n+1})}{4|S_u(\omega_{n+1})|}$。

频率估计方差的计算公式可由幅度谱表示为

$$D\{\hat{\omega}_a\} = D\{p_a\} = \frac{8}{(C_1+C_2+C_3+C_4)^4} \times \\ \left[(C_2+C_4)^2\left(\frac{G'(\omega_{n+1})}{4}-C_4^2\right) + (C_1+C_3)^2\left(\frac{G'(\omega_{n-1})}{4}-C_3^2\right)\right]\Psi_a^2 \quad (3.62)$$

在已确定前二阶矩的取值后，可为校正 p_a 选择近似分布。依据式（3.9），随机变量 p_a 的取值范围为 $-\Psi_a \leq p_a \leq \Psi_a$。因此，权宜之计是采用通用 β 分布对量 p_a 进行近似，有

$$W(x) = \frac{1}{2\Psi_a} \frac{\Gamma(\gamma+\eta)}{\Gamma(\lambda)\Gamma(\eta)} \left(\frac{x+\Psi_a}{2\Psi_a}\right)^{\gamma-1} \left(1 - \frac{x+\Psi_a}{2\Psi_a}\right)^{\eta-1} \quad (3.63)$$

式中：$\Gamma(*)$ 为 Gamma 函数[20]；参数 γ 和 η 取值方法可参考文献，即考虑随

机变量 p_a 的取值范围，使用以下方程对它们加以确定，即

$$\begin{cases} \eta = \dfrac{[2\Psi_a - M\{p_a\}][M\{p_a\}(2\Psi_a - M\{p_a\})2\Psi_a D\{p_a\}]}{2\Psi_a D\{p_a\}} \\ \gamma = \dfrac{M\{p_a\}}{2\Psi_a - M\{p_a\}} \end{cases} \quad (3.64)$$

式中：$M\{p_a\} = \Delta_{sh,a} + \dfrac{C_1 - C_2}{C_1 + C_2}\Psi_a$。

为获取SPD频率估计的偏移和方差，使用式(3.49)给出的分布函数矩函数，在随机参量值等于其数学期望的这些点处将函数式(3.9)展开为多维Taylor级数。作为上述变换的结果，所得估计偏移（下标m表示功率谱）为

$$\Delta_{sh} = \dfrac{(b_1 - b_2 + b_3 - b_4)\psi_m}{b_1 + b_2 + b_3 + b_4} + \dfrac{2\psi_m}{(b_1 + b_2 + b_3 + b_4)^3} \times$$

$$[(b_1 + b_3)D\{\hat{G}(\omega_{n-1})\} - (b_2 + b_4)D\{\hat{G}(\omega_{n+1})\}] - \dfrac{b_1 - b_2}{b_1 + b_2}\psi_m \quad (3.65)$$

其方差则可表示为

$$D(\hat{\omega}_m) = \dfrac{4}{(b_1 + b_2 + b_3 + b_4)^4} \times \quad (3.66)$$

$$[(b_1 + b_3)^2 D\{\hat{G}(\omega_{n-1})\} - (b_2 + b_4)^2 D\{\hat{G}(\omega_{n+1})\}]$$

式中：$b_1 = |S_u(\omega_{n-1})|^2$；$b_2 = |S_u(\omega_{n+1})|^2$；$b_3 = G'(\omega_{n-1})$；$b_4 = G'(\omega_{n+1})$。

基于参数为 γ 和 ν 的通用 β 分布对将随机量 p_m 的分布 p_a 量进行近似，相关参数根据式(3.64)由式(3.66)所示校正系数方差及其数学期望确定，具体可以表示为

$$M\{p_m\} = \Delta_{sh} + \dfrac{(b_1 - b_2)}{(b_1 + b_2)}\psi_m \quad (3.67)$$

上述确定频率估计偏移和方差的计算公式是近似的。首先是为得到数值特征采用了Taylor级数展开；其次在计算中并未考虑噪声SPD估计 $G(\omega)$ 的偏移。

观察所得公式，采用算法式(3.8)所给出的测距数学建模结果对上述计算所得频率估计偏移和估计方差进行结果比较。相关计算和仿真在相对频率 $T\omega_R/2\pi > 3$ 条件下进行，建模时采用了信号SAD并依据式(3.61)至式(3.65)进行了计算，通过附加补零样本使信号周期增大2倍。仿真中扫频带宽等于500MHz，有用信号在正态白噪声背景下接收，仿真样本总数 $L = 10000$。测量频率和MSD的均值估计依据已知公式决定，之后再转化为距离，此外仿真过

程中还进行了不对称 $\hat{\beta}_1$ 和多余 $\hat{\beta}_2$ 系数的计算。

图 3.19 给出了距离估计 MSD 关于 SNR 的典型变化曲线。

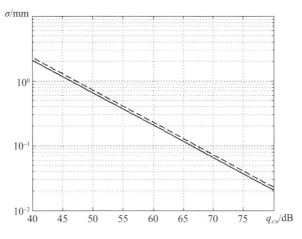

图 3.19 距离估计 MSD 关于 SNR 的函数

该曲线在相对频率 $T\omega_R/2\pi = 10$ 上得到的，实线为仿真结果，虚线为依据上述公式得到的计算结果。从计算结果来看，MSD 估计误差较偏移估计误差高出一个数量级，因此可以基本忽略噪声对偏移估计的影响。MSD 估计值基本上不随信号频率而变化，将信号周期增大超过 2 倍也不会改变 MSD 值。峰度和峭度等过程参数计算结果表明，在超过 20dB 的 SNR 处有 $\hat{\beta}_1 \approx 0$，$\beta_2 \approx 3$，也即校正分布关于它的数学期望对称，且可以使用正态分布来近似。Kolmogorov 拟合检验表明，β 分布和正态分布都是对校正分布的很好近似，具有同样的可信度。当使用功率谱来进行频率估计时，MSD 函数特性、峰度和峭度基本上都不改变。

3. 噪声对 DFS 频率平均加权估计的影响

类似之前所述情况，可以根据算法式(3.10)并基于信号 $y(t)$ 的一次样本实现 $s(t)$ 完成信号频率的估计。虽然无法获得式(3.10)所示频率估计结果分布特性或其矩函数的准确表达式，但关于估计性能的初步结论是可以获得的。根据式(3.10)，由于噪声干扰的影响，DFS 频率估计会产生偏移，因为它是信号和噪声混合和信号的 SPD 加权比。此外，可以推测出相比采用最大 SC 搜索算法，噪声干扰的影响会更大，原因在于式(3.10)的分母项是一个随机变量。

现在来确定频率估计的近似分布函数。由于前面已假设噪声 $\xi(t)$ 具有正态概率密度函数以及零均值的 SRP，谱密度 $N(\omega)$ 与 SC 谱估计要么不相关(对白噪声)要么弱相关(对色噪声[相关性为 $O(1/K)$])。

假定在多个频率 $\omega_i = 2\pi i/K$ 上计算 DFS 的 SC，也即附加补零样本没有用于确定平均加权估计，因为后者将导致 SC 之间出现相关性，以至从本质上导致无法找出频率估计统计分布规律。将式(3.10)重写为

$$\hat{\omega}_R = \frac{\sum_{i=n_1}^{n_2} \omega_i |F(j\omega_i)|^2}{\sum_{i=n_1}^{n_2} |F(j\omega_i)|^2} \tag{3.68}$$

式中：$F(\omega) = (1/K)|S_u(j\omega_i) + S_\xi(j\omega_i)|^2$ 为由 WF 加权后信号 $s(t)$ 的 SPD 估计，且在频率 $\omega_i = 2\pi i/K$ 上采用离散或快速 Fourier 变换计算得到。

对分布函数式(3.49)，采用随机量函数变换法来获得随机量 ω_R 的分布是十分困难的，更合适的方法是采用文献[48]给出的矩函数分布法对式(3.49)进行近似处理。在计算得到峰度和峭度值之后，可以确认对应分布式(3.49)的图像点在 Pirson 平面上位于对应 γ 分布的线上。使用分布式(3.49)的均值和方差，可确定 γ 分布的参数 α 和 β 为

$$\begin{cases} \alpha_n = \dfrac{M^2\{F(\omega_n)\}}{D\{F(\omega_n)\}} \\ \beta_n = \dfrac{D\{F(\omega_n)\}}{M\{F(\omega_n)\}} \end{cases} \tag{3.69}$$

下标 n 表示参数 α_n 和 β_n 与 γ 分布相关联，它表示量 $F(\omega_n)$ 在第 n 个频率上的分布。

分布式(3.49)的近似函数 $w_1(x)$ 和 γ 分布 $w_2(x)$ 的相似程度可使用下式来估计，即

$$d = \max \left| \int_0^Z W_1(x)\,dx - \int_0^Z W_2(x)\,dx \right| \tag{3.70}$$

计算表明，随着积分限在 $w_1(x)$ 所有定义区间内变化，当 $|S_u(j\omega_n)|^2/G_n'(\omega) > 20\text{dB}$ 时，d 不会超过 0.01，且随着比值 $|S_u(j\omega_n)|^2/G_n'(\omega)$ 的增大而快速减小。

由于频率 $\overline{\omega}_R$ 的估计是一系列独立随机变量之和，即

$$\hat{\omega}_{Rn} = \frac{\omega_n |F(j\omega_n)|^2}{\left[|F(\omega_n)|^2 + \sum_{i \neq n} |F(j\omega_i)|^2\right]} \quad n = \overline{n_1, n_2} \tag{3.71}$$

为确定估计值 $\hat{\omega}_R$ 的统计特性，需找出量 $\hat{\omega}_{Rn}$ 的联合分布。这样的分布在文献[56]中可以得到，称为通用 Dirichlet 分布。然而，文献[56]中给出的分布函数关系很复杂，基本上不适合进行计算。

为了能够得到可确定频率估计 $\overline{\omega}_R$ 均值和方差的简化计算公式，必须在足够大的 SNR 条件下完成 DFS 频率测量。尽管如此，当 $|S_u(j\omega_n)|^2/G'(\omega) > 20\text{dB}$ 时，即可满足 $\beta_n \approx 2G'(\omega_n)$。在系统已经存在 δ 相关噪声的情况下，式(3.71)中所有量的分布规律都可通过具有相同参数 β_n 的 γ 分布来近似。此时，$\hat{\omega}_{Rn}(n=\overline{n_1, n_2})$ 的联合分布将会转换为常规 Dirichlet 分布[54]。

采用 Dirichlet 分布矩函数方程，可以确定随机量 $\hat{\omega}_{Rn}$ 的均值和方差的计算公式为（下标 l 表示处理频率的下限，h 表示处理频率的上限）

$$M\{\hat{\omega}_R\} = \omega_R \tag{3.72}$$

$$D(\hat{\omega}_1) = \sum_{n=n_1}^{n_h} \omega_n^2 \left\{ \frac{\alpha_n(\alpha_{n_1} + \alpha_{n_1+1} + \cdots + \alpha_{n_h} - \alpha_l)}{(\alpha_{n_1} + \cdots + \alpha_{n_h})^2(\alpha_{n_1} + \cdots + \alpha_{n_h} + 1)} - 2\sum_{i=n_1}^{n_h}\sum_{\substack{n=n_1 \\ i \neq n}}^{n_h} \frac{\alpha_i \alpha_n}{(\alpha_{n_1} + \cdots + \alpha_{n_h})^2(\alpha_{n_1} + \cdots + \alpha_{n_h} + 1)} \right\} \tag{3.73}$$

根据这些频偏估计公式和方差估计公式，并结合测距过程的数学建模结果，使用算法式(3.8)进行计算结果的比较。计算和建模在不同相对频率下进行，建模条件是扫频带宽 500MHz 且 DFS 信号在正态白噪声背景下被接收。建模所有样本总数 $L=10000$。待测频率和 MSD 的均值估计依据已有公式进行，并随后被转换为距离。不同频率下的计算与仿真结果相互类似。

相对频率 $T\omega_R/2\pi=10$ 时的结果如图 3.20 所示。

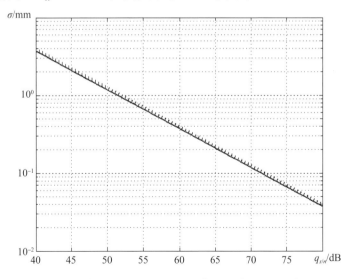

图 3.20 当 $T\omega_R/2\pi=10$ 时归一化 MSD 与 SNR 的关系

建模仿真和理论计算结果分别用虚线和实线表示，相关结果与式(3.73)所示关系类似。

建模结果与理论结果的吻合度很好，但是 Dirichlet 分布是频率 MSD 真实分布的近似，不能用该方法确定由噪声干扰引起的估计偏差。当对估计偏差进行仿真时，Δ_{sh} 要比采用式(3.73)计算所得 MSD 值大一个数量级。

4. 滑动半选通下噪声对 DFS 频率估计影响

依据算法式(3.11)不能确定频率估计的方差。易证当估计信号频率时，若其接收背景为白噪声，那么该估计结果将是无偏的。将式(3.11)重写为

$$\sum_{i=n_H}^{n_x} \{|S_u(j\omega_i)|^2 + \hat{G}'(\omega_i) + 2\mathrm{Re}S_u(j\omega_i)S_\xi(\omega_i)\}$$
$$= \sum_{i=n_x}^{n_B} \{|S_u(j\omega_i)|^2 + \hat{G}'(\omega_i) + 2\mathrm{Re}S_u(j\omega_i)S_\xi(\omega_i)\} \quad (3.74)$$

对公式左、右两边取数学期望，可以发现

$$\sum_{i=n_H}^{n_x} \{|S_u(j\omega_i)|^2\} = \sum_{i=n_x}^{n_B} \{|S_u(j\omega_i)|^2\} \quad (3.75)$$

也即估计是无偏的。如果信号是在色噪声背景下接收的，那么估计信号频率时将会出现偏移。最后一个结论对所有算法都有效。

5. DFS 频率估计的算法仿真

本仿真考察所有频率测量算法噪声免疫能力在相似场景下的实际应用表现，因此，测量过程仿真需要在相当大的相对频率($\omega_R T/2\pi = 10$)上进行，也即噪声误差要起主导作用。在计算 MSD 时，采用样本平均值，以便消除残余 SL 谱对仿真结果的影响。对图 3.21 中的所有曲线，DFS 频率均已被重新计算为距离。

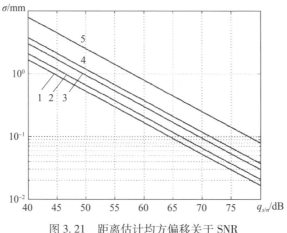

图 3.21　距离估计均方偏移关于 SNR

选取扫频带宽为 500MHz、载频为 10GHz，得到仿真结果。曲线 1 代表采用最大谱分量搜索算法，包括基于曲线插值和中值估计的两种执行方式。曲线 3 代表采用 Blackman WF 的算法。曲线 2 代表基于校正系数且不采用 WF 的算法。曲线 4、5 分别代表使用 Blackman WF（算法 5）和不使用 Blackman WF 的平均加权估计算法。分析图 3.21 中所有曲线，结果表明采用最大 SC 搜索的算法式(3.6)，基于曲线插值的修正算法式(3.6)和中值估计基本上具有相同的抗噪性。在仿真中当样本数为 10^4 时，其 MSD 差别不超过 1%~3%。相比其他算法，采用校正系数的算法的 MSD 多 1.25 倍。对所有算法，采用 Blackman WF 后 MSD 将增大约 1.85 倍。平均加权估计具有最小的抗噪性，在不使用 Blackman WF 的情况下，它比所有其他算法在 MSD 上差约 2.25 倍。这是因为采用两个随机量的比值进行估计，噪声干扰对式(3.10)的分子和分母都有影响，因为噪声会在足够宽的频率范围内被获取。由于类似的原因，采用校正系数算法而产生的抗噪性损失也可得到解释。此外，应用 Blackman WF 将增大频率估计的 MSD。

3.7 小　结

本章考察那些可用于频域差频估计的各类算法，这些算法以不同途径实现谱密度幅度峰值的搜索，采用一种两步处理过程，即基于 FFT 实现粗略估计和采用下述各种途径实现精确确认。

① 在初始 DFS 样本序列中补零。
② 使用 IDFT。
③ 频谱的曲线插值。
④ 计算校正系数。

某些情况下还可采用基于加权平均估计或者谱中值判定的谱对称性最大值估计算法。

对于任意 WF 下基于谱密度幅度峰值的频率估计，给出了归一化频率估计误差的近似方程，并分析了这些方程的使用限制条件。针对 DC WF 和 KB WF 对这些方程进行了详细说明，它使得读者可以很容易通过参数变化的方式来改变谱形状和旁瓣电平。

对归一化频率测量瞬时截断误差随距离的变化关系进行了详细的分析，可以看出，测量误差与 WF 类型无关且具有周期振荡特性。存在快速振荡分量，其周期等于 1/4 载频波长；慢速包络具有易于描述的零误差节点，而慢速振荡周期则取决于 WF 谱旁瓣的周期性。

根据所得公式，测距误差最小化问题可以转化为 FM 参数优化（FM 扫描和载频）和 WF 参数设计问题。相关优化算法通过迭代重复，将各类参数逐步调整直至误差可接受水平。对于载频和 WF 参数优化，当测量距离很小时，其能实现的误差水平很有限；但是随着距离增大，测距误差将逐渐减小。扫频带宽优化使得在任意距离上的误差水平都几乎相等。

在允许测距误差适当增大的条件下，还给出了可削减 WF 参数优化迭代步骤的相关算法。

本章还研究了通过自适应 WF 方法使测量误差最小化的可能性，该类 AWF 通过改变频谱形状使有用信号频率上的伪谱值等于零而达到目的。提出了两种 AWF 参数控制迭代方法：第一种算法最简单，但相比 DC WF 参数优化，大大减小了测量误差，尤其是对低测量频率而言；第二种算法则可同时进行测量误差最小化和 ENB 最小化。

基于平均加权估计进行归一化频率测量误差分析。瞬时测量误差的通用形式与谱密度最大值估计量相吻合。

当采用 FM 参数优化迭代和简化的 WF 参数优化迭代处理过程时，该类测量误差分析也可进行。

对于使用校正参数的归一化频率估计算法，瞬时测量误差随距离的变化函数具有另外的特点。该变化函数也具有双重周期性，但是此时决定慢速分量的不再是误差包络而是一种加性特征。随着测量距离的增大，慢速和快速振荡分量的幅度也将逐步减小。当对 DFS 样本进行补零处理且处理信号周期已增大至近似 2~4 倍时，该方法很有应用效益。

采用仿真建模方法研究了噪声干扰对不同算法测距误差的影响。结果表明，与加权平均估计法相比，基于谱密度幅度最大值的频率测量方法具有较小的误差敏感性，可提供近似 2.25 倍的更小的测量误差。

参考文献

[1] Marple, S. L., Jr., Digital Spectral Analysis with Applications, Englewood Cliffs, NJ: Prentice-Hall, 1987.

[2] Harris F. J. "On Use of Windows for Harmonic Analysis with the DiscreteFourier Transform." IEEE Trans. Audio Electroacoust, Vol. AU-25, 1978, pp. 51-83.

[3] Dvorkovich, A. V. "New Calculation Method of Effective Window Functions Used at Harmonic Analysis with the Help of DFT," Digital Signal Processing, No. 2, 2001, pp. 49-54. [In Russian]

[4] Dvorkovich, A. V. "Once More About One Method for Effective Window Function Calculation at Harmonic Analysis with the Help of DFT," Digital Signal Processing, No. 3, 2001, pp. 13-18. [In Russian]

[5] Sergienko, A. B., Digital Signal Processing. Sankt-Peterburg: Piter Publ., 2003, 604 p. [In Russian]

[6] Khanyan, G. S. "Analytical Investigation and Estimation of Errors Involved in the Problem of Measuring the Parameters of a Harmonic Signal Using the Fourier Transform Method," Measurement Techniques, Vol. 48, No. 8, 2005, pp. 723-735.

[7] Vinitskiy, A. S. Essay on Radar Fundamentals for Continuous-Wave Radiation, Moscow: Sovetskoe Radio Publ., 1961, 495 p. [In Russian]

[8] Woods, G. S., D. L. Maskell, M. V. Mahoney, "A High Accuracy Microwave Ranging System for Industrial Applications," IEEE Transactions on Instrumentation and Measurement. Vol. 42, No. 4, August 1993.

[9] Bialkovski, M. E., S. S. Stuchly, "A Study Into a Microwave Liquid Level Gauging System Incorporating a Surface Waveguide as the Transmission Medium," Singapore ICCS'94, Conference Proceedings, Vol. 3, 1994, p. 939.

[10] Patent 5504490(USA), INT. CL. G01 S 13/08. "Radar Method and Device for the Measurement of Distance," J. C. Brendle, P. Cornic, P. Crenn. No. 414594. Filed March 31, 1995; date of patent April 2, 1996.

[11] Patent 5546088(USA), INT. CL. G01 S 13/18. "High-Precision Radar Range Finder," G. Trummer, R. Korber. No. 317680. Filed October 5, 1994; date of patent August 13, 1996.

[12] Weib, M., Knochel R. "Novel Methods of Measuring Impurity Levels in Liquid Tanks," IEEE MTT-S International Microwave Symposium Digest, Vol. 3, 1997, pp. 1651-1654.

[13] Weib, M., and R. Knochel, "A Highly Accurate Multi-Target Microwave Ranging System for Measuring Liquid Levels in Tanks," IEEE MTT-S International Microwave Symposium Digest, Vol. 3, 1997, pp. 1103-1112.

[14] Patent 2126145(Russian Federation), INT. CL.. G01 F 23/284. "Level-meter," S. A. Liberman, V. L. Kostromin, S. A. Novikov, A. V. Liberman, Yu. G. Nevhepurenko, G. V. Alexin No. 97114261/28. Bull. No. 4. Filed August 20, 1997; published February 10, 1999.

[15] Zhukovskiy, A. P., E. I. Onoprienko, V. I. Chizhov, Theoretical Fundamentals of Radio Altimetry, under ed., of A. P. Zhukovskiy, Moscow: Sovetskoe Radio Publ., 1979, 320 p. [In Russian]

[16] Korn, G., and T. Korn, Mathematical Handbook for Scientists and Engineers New York: Toronto: London: Mcgraw Hill Book Company, 1961.

[17] Atayants, B. A., V. M. Davydochkin, V. V. Ezerskiy, D. Ya. Nagorny, "FMCW Radio Range Finder with Adaptive Digital Generation of the Transmitted Signal," Proceedings of Russian NT-ORES Named after A. S. Popov. Series: Digital Signal Processing and Its Application. 6th

Intern. Conf. No Ⅵ-2, Moscow, 2004, pp. 26-28. [In Russian]

[18] Kagalenro, B. V., V. P. Marfin, and V. P. Meshcheriakov, "Frequency Range Finder of High Accuracy," Izmeritelnaya Technika, No. 11, 1981, p. 68. [In Russian.]

[19] Marfin, V. P., A. I. Kiyashev, F. Z. Rosenfeld, V. M. Israilson, B. A. Atayants, B. V. Kagalenko, and V. P. Mashcheriakov, "Radio Wave Non-Contact Level-Meter of Higher Accuracy," Izmeritelnaya Technika, No. 6, 1986, pp. 46-48. [In Russian.]

[20] Kirillov, S. N., M. Yu, Sokolov, and D. N. Stukalov, "Optimal Weighting Processing at Spectral Analysis of Signals," Radiotekhnika, No. 6, 1996, pp. 36-38. [In Russian.]

[21] Brillinger, D. R., Time Series: Data Analysis and Theory, New York: Chicago: San Francisco: Atlanta: Dallas: Montreal: Toronto: London: Sydney: Holt, Rinehart and Winston, Inc., 1975.

[22] Jenkins, G. M., and D. G. Watts, Spectral Analysis and Its Applications, San Francisco: Cambridge: London: Amsterdam: Holden-Day, 1969.

[23] Tikhonov, V. I., Optimal Reception of Signals, Moscow: Radio i Sviaz Publ., 1983, 320 pp. [In Russian.]

[24] Yarkho, T. A., "Determination of Peak Position of the Spectral Component at Fast Fourier Transform," Radiotekhnika Publ., Kharkov, No. 90, 1989, pp. 6-11. [In Russian.]

[25] Koshelev, V. I., and V. N. Gorkin, "Accuracy Increase of Central Frequency Estimation of the Narrow-Band Process in FFT Processor," Izvestia VUZov, Radio Electronics, Vol. 47, No. 1, 2004, pp. 67-73. [In Russian.]

[26] Levin, B. R., Theoretical Fundamentals of Statistical Radio Engineering, In three volumes. 2nd edition. Moscow: Sovetskoe Radio Publ., 1974, 552 pp. [In Russian.]

[27] Zander, F. V., "Algorithms for the Optimum Estimation of the Parameters of a Radio Signal in a Measurement Time of Less Than a Period and a Nonmultiple of a Period in Which the Result Is Tied to the Beginning of the Measurement Interval," Measurement Techniques, Vol. 46, No. 2, 2003, pp. 172-176.

[28] Stolle, R., H. Heuermann, and B. Schiek, "Novel Algorithms for FMCW Range Finding with Microwaves," Microwave Systems Conference IEEE NTC'95, 1995, p. 129.

[29] Sokolov, I. F., and D. E. Vakman, "Optimal Linear In-Phase Antennas with Continuous Current Distribution," Radiotekhnika and Elektronika, No. 1, 1958, pp. 46-55. [In Russian.]

[30] Ezerskiy, V. V., and I. V. Baranov, "Optimization of Weighting Methods of Smoothing the Discreteness Error of Distance Sensors Based on a Frequency Range Finder," Measurement Techniques, Vol. 47, No. 12, 2004, pp. 1160-1167.

[31] Patent No 2234717 (Russian Federation), INT. CL.. G01 S 13/34. "Method of Distance Measurement," B. A. Atayants, V. M. Davydochkin, V. V. Ezerskiy, and D. Ya. Nagorny. No. 2003105993/09. Bull. No. 23. Filed 04. March 4, 2003; published August 20, 2004.

[32] Davydochkin, V. M., and V. V. Ezerskiy, "Minimization of Distance Measurement Error at Digital Signal Processing in Short-Range Radar Technology," Digital Signal Processing, No. 3, 2005, pp. 22-27. [In Russian.]

[33] Ezerskiy, V. V., and V. M. Davidochkin, "Optimization of the Spectral Processing of the Signal of a Precision Distance Sensor Based on a Frequency Range Finder," Measurement Techniques, Vol. 48, No. 2, 2005, pp. 133-140.

[34] Ezerskiy, V. V., V. S. Parshin, I. V. Baranov, V. S. Gusev, and A. A. Bagdagiulyan, "Comparative Noise Immunity Analysis of Algorithms for Distance Measurement in FMCW Range Finder in the Spectral Domain," Vestnik RGRTA, Ryazan, No. 14, 2004, pp. 43-48. [In Russian.]

[35] Parshin, V. S., and V. V. Ezerskiy, "Estimation of Average Frequency of Radio Pulse Filling, Which is Received on the Background of the Normal Noise," Nauchny vestnik MGTU-FA, Series Radio Physics and Radio Engineering, No. 87(5), 2005.

[36] Hahn, G. J., and S. S. Shapiro, Statistical Models in Engineering, New York; London; Sydney: John Wiley & Sons, Inc., 1967.

[37] Parshin, V. S. "Estimation of Pulse Interference Influence on Stationary Signal Recognition in the Spectral Domain," Radio Elektronika, Vol. 42, No. 3, 1999, pp. 73-79. [In Russian.]

[38] Parshin, V. S., and V. S. Gusev, "The Effect of Noise on the Accuracy of the Estimate of the Center Frequency of the Spectrum of a Narrow-Band Signal," Measurement Techniques, Vol. 48, No. 7, 2005, pp. 711-717.

[39] Atayants, B. A., V. V. Ezerskiy, and A. F. Karpov, "Research of Generalized Probability Model of the Radio Signal," Izvestia VUZov of USSR, Radio Elektronika, Vol. 31, No. 4, 1988, pp. 43-49. [In Russian.]

[40] Wilkes, S., Mathematical Statistics, Moscow: Nauka Publ., 1967, 632 pp. [In Russian.]

[41] Atayants, B. A., V. V. Ezersky, and A. F. Karpov, "Distribution of Normalized Power of the Signal," Radiotekhnika i Elektronika, Vol. 28, No. 9, 1983, pp. 1864-1868. [In Russian.]

第4章
差频信号距离的最大似然估计

4.1 引 言

对噪声背景下接收的 DFS 信号进行距离估计,确定估计方法的潜在精度及其对应最优处理算法结构具有很大的实用价值。

这种时延估计的潜在精度源于直接对反射回波信号进行最优处理而不进行任何预变换。为此需要在 SHF 频段上针对感兴趣参数(时延或者与其线性相关的目标距离)进行算法合成,然而 SHF 信号处理受到实际实现可能性的限制。因此,本章致力于估计预变换后时延估计的潜在精度,也即研究基于 DFS 进行时延估计时的潜在精度。如前所述,仍然假定混频后噪声的单边功率谱密度值等于 N_0。

由式(1.6)可以看出 DFS 回波信号的频率和初始相位中包含距离相关信息。显然,采用算法式(3.4)和它的修正距离估计算法没有完整利用 FMCW RF 测量所包含的全部信息,因为包含在信号相位中的信息并未得到利用。此外,前述关于距离估计的相位方法也只使用了信号中包含的部分信息。

现代电子器件技术已能提供高稳定的 FMCW RF 特性(主要是载频和 FM 扫描的稳定性),使得最优 DFS 处理算法能够得到实际应用,且现代处理器性能的发展也使得实时计算结果成为可能。

已有很多文献旨在综述各种无线电信号参数估计最优算法[1-3]。在这些文献及其他出版物中,估计无线电信号不同参数(包括时延和频率)时出现的许多通用问题都已得到解决。

本章使用文献[1]给出的结果,以确定采用 DFS 信号进行距离估计(与时延或差频线性相关)的潜在精度。对可利用距离估计 DFS 相位信息的极大似然估计方法，确定它们的应用边界以及实际使用中的各种限制条件。

4.2 基于差频信号的距离估计

在估计某些参数 $z^{[1\text{-}3]}$ 时，对其取值的最充分信息由后验概率密度函数给出，可以写为

$$W_{\text{ps}}(z) = gW_{\text{pr}}(z)\Lambda(z) \tag{4.1}$$

式中：g 为取决于参数 z 的归一化乘子；$W_{\text{pr}}(z)$ 为参数 z 的先验概率密度；$\Lambda(z)$ 为对接收信号进行离散处理时的似然函数(LF)。在对连续时间信号进行处理时，被代入式(4.1)中的应该是似然函数 $F(z)^{[1\text{-}3]}$，而不是 $\Lambda(z)$。考虑到归一化系数 g 可改变，也可以在式(4.1)中代入似然比函数(LRF)，而不是 LF 或似然函数。假设对应于 $W_{\text{ps}}(z)$ 最大值的参数 z 取值为其最大似然估计。

由于估计参数 z (这里它是到反射面的距离)的先验分布未知，合理的假设是认为估计参数 z 的先验概率密度函数服从均匀分布。然后由式(4.1)可知，在估计 z 的邻域上后验分布与 LF 或 LRF 一致[1-3]。由此，最大后验概率估计问题转变成极大似然估计问题，即寻找 LF 或 LRF 的全局最大值位置作为对参数 z 的估计。由于 MLM 估计不依赖一对一的非线性信号变换[5]，为了简化计算，可选择采用似然函数算法(LLF)或者似然比函数算法(LLRF)。

已知 MLM 在估计射频信号参数时具有一系列优势[1-3]，最大的优势就是当 SNR 无限增大时 MLM 估计具备无偏性。此外，还可以证明[1-3]：当存在有效估计时，准确的 MLM 估计即为该有效估计。

接下来考察半周期 DFS 信号也即在时间间隔 $(0, T_{\text{mod}}/2)$ 内，通过极大似然法估计延迟时间 t_{del}。为了讨论简单起见，假设进行 DFS 连续信号处理。

采用式(1.6)的标识方式，LLF $\ln(A_{\text{dif}}, t_{\text{del}}, \varphi_{\text{s}})$ 可表示为[1-3]

$$\ln F[A_{\text{dif}}, t_{\text{del}}, \varphi_{\text{s}}] = -\frac{1}{N_0}\int_0^{T_{\text{mod}}/2}\{y(t)-S_{\text{ref}}(t)\}^2 dt \tag{4.2}$$

式中：$S_{\text{ref}}(t)=S[t, A_{\text{dif,ref}}、t_{\text{del,ref}}、\varphi_{\text{s,ref}}]$ 为参考信号，$A_{\text{dif,ref}}、t_{\text{del,ref}}、\varphi_{\text{s,ref}}$ 为参考信号参数；N_0 为白噪声单边谱密度值；$y(t)$ 为 DFS 和正态白噪声的加性组合；φ_{s} 为信号相位。

现在来确定采用 MLM 法估计时延 t_{del} 和 DFS 相位 φ_{s} 时的极限精度，也即采用算法式(4.2)并假设 DFS 信号幅度已知。为了得到所确定 DFS 参数的估计精度[1]，在相对频率 $\omega T_{\text{mod}}/2 \gg 1$ 的条件下计算信号函数(SF)，即

$$q_s(t_{del}, \varphi_s) = \frac{2}{N_0} \int_0^{T_{mod}/2} S(t, A_{dif}, t_{del}, \varphi_s) S_{ref}(t) dt$$

$$= \frac{2}{N_0} \int_0^{T_{mod}/2} A_{dif} \cos[\omega_0 t_{del} + \omega_{mod}(t) t_{del}] \times \quad (4.3)$$

$$A_{dif} \cos[\omega_0 t_{del,ref} + \omega_{mod}(t) t_{del,ref} + \varphi_{s,ref}] dt$$

因为 ML 是渐进有效估计,足以达到误差方差的下限。接下来,首先在相位 φ_s 已知的假设条件下寻找到时延估计的误差下限,然后再讨论同时进行时延 t_{del} 和信号相位 φ_s 估计时的误差下限问题。

在相位 φ_s 已知时,时延估计的方差下限可由已知公式给出[1],即

$$D_t = -\frac{1}{\left[\dfrac{d^2 q_s(t_{del})}{dt_{del}^2}\right]_{t_{del}=t_{del,ref}}} \quad (4.4)$$

在已求得时延估计 t_{del} 方差下限前提下,考虑到 $R = ct_{del}/2$,距离估计 $\hat{R}$ 的方差下限可表示为

$$D(\hat{R}) \geqslant \frac{N_0}{2E} \frac{c^2}{4\left(\omega_0^2 + \Delta\omega\omega_0 + \dfrac{\Delta\omega^2}{3}\right)} \quad (4.5)$$

式中:E 为定义在时间间隔 $(0, T_{mod}/2)$ 内的信号能量,也即 $E = A_{dif}^2 T_{mod}/4$。

现代 FMCW RF 的载频超出其扫频带宽约一个数量级,因此式(4.5)的分母中,第一项比第二项和第三项高出 2~4 个数量级。故当初始相位已知时,距离估计方差的下限可表示为

$$D(\hat{R}) \geqslant \frac{N_0}{2E} \frac{c^2}{4\omega_0^2} \quad (4.6)$$

换言之,当信号相位完全已知时,距离方差估计的下限与载频的平方成反比。

若相位 φ_s 未知,可将时延估计问题简化为求取全局函数式(4.2)最大值问题,即为寻求对 t_{del} 和 φ_s 的联合估计,需求解以下的导数式,即

$$J_{ij} = \left[\frac{\partial^2 q_s[t_{del}, \varphi_s]}{\partial t_{del} \partial \varphi_s}\right]_{(t_{del,ref}, \varphi_{s,ref})} \quad (4.7)$$

并形成估计结果的相关矩阵[1]。信号距离 R 和相位 $\varphi_s(t_{del})$(也即时延 t_{del} 和信号相位 φ_s 联合估计)联合估计时的方差 $D(\hat{R})$ 和 $D(\hat{\phi}_s)$ 可分别表示为

$$D(\hat{R}) \geqslant \frac{N_0}{2E} \frac{3c^2}{\Delta\omega^2} \quad (4.8)$$

$$D(\hat{\varphi}_s) \geqslant \frac{N_0}{2E} \frac{12\left(\omega_0^2 + \Delta\omega\omega_0 + \frac{\Delta\omega^2}{3}\right)}{\Delta\omega^2} \approx \frac{N_0}{2E} \frac{12\omega_0^2}{\Delta\omega^2} \tag{4.9}$$

由式(4.9)可以看出,相位估计方差随着载频的增加而增大。

比较式(4.6)和式(4.9)可知,如果使用信号相位有关先验信息,距离估计方差的下限可明显变小,所获得信息收益 B 为

$$B = \frac{12\omega_0^2}{\Delta\omega^2} \tag{4.10}$$

例如,若FMCW RF的载频 $f_0 = 10^{10}$ Hz,扫频带宽分别为 $(5\times10^8)/(1\times10^9)$ Hz时,估计方差分别缩减至 $(1/4800)/(1/1200)$。扫频带宽增加距离估计方差减小,其原因在于随着扫频带宽的增加,时间间隔 $(0, T_{mod}/2)$ 内的 DFS 信号周期数增加,使得可以根据式(4.8)实现更为准确的 DFS 频率测量。但是,通过增大扫频带宽来减小距离估计方差受到工程实际条件的限制。

采用 MLM 法估计时延 t_{del},当信号相位被引入,估计方差显著减小。其机理源于 DFS 信号函数的特殊性。对 FMCW RF 所接收的 DFS 信号,图 4.1 展示了随相对距离 $R-R_x$ 变化 SF 垂直分量(曲线3)的变化特性,其中 R 为真实距离,R_x 是当前距离(也即依据时延 t_{del} 由 $t_{del} = 2R/c$ 换算后的距离)。在绘制该图时,假设参考信号的幅度和相位与回波信号完全相等。

如图 4.1 所示,SF 是周期为 $\lambda/2$ 的振荡函数,也即振荡周期等于半个载波波长。这种 SF 波形属于线性调频信号 SF 的典型波形[1],文献[4]给出了对这种 SF 的定量分析。作为 FMCW RF 的输出,该 SF 存在由式(4.3)所确定的窄峰,这是引入信号相位信息后的时延估计获取收益的根本原因。

为了便于对比,图 4.1 中同时给出了信号相位未知时另外两种信号频率估计算法的 SF。这两种算法在针对下述窄带信号进行频率 ω 估计时分别采用 SC 最大值搜索(曲线1)和基于已获得方程进行计算(曲线2)。

$$S(t) = A_{dif}\cos\left[\frac{2\Delta\omega t_{del}}{T_{mod}}t + \varphi_0\right] + \xi(t) \tag{4.11}$$

这些 SF,其主瓣宽度远超式(4.2)给出函数 SF 的主瓣宽度,对式(4.11)所示信号,当引入初始相位值且信号在时间间隔 $(0, T)$ 内被观测时,频率估计方差值[1]等于4。

由文献[1]估计得到的时延 t_{del} 与相位 φ_s,其归一化相关系数 r_{cor} 为

$$r_{cor} = \frac{|M(t_{del}\varphi_s)|}{\sqrt{D_{t_{del}}D_{\varphi_s}}} = -\frac{\omega_0 + \frac{\Delta\omega}{2}}{\left(\omega_0^2 + 2\Delta\omega\omega_0 + \frac{\Delta\omega^2}{3}\right)^{1/2}} \approx -1 \tag{4.12}$$

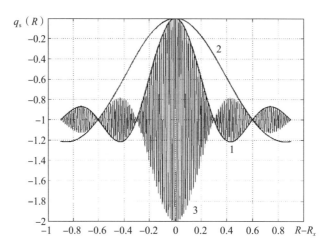

图4.1 垂直 SF 区域取决于相对距离

因此,根据式(4.5)至式(4.9),当发射机载频增大后,距离估计方差减小,与此同时 DFS 相位估计方差同比增大。

根据式(4.7),结合式(4.8)、式(4.9)和式(4.12),可以确定 DFS 初始相位估计 φ_{init} 的方差,它可定义为 $\varphi_{init} = \omega_0 t_{del} + \varphi_s$,且

$$D(\hat{\varphi}_{init}) = \frac{N_0}{2E} 4 \qquad (4.13)$$

这与同时估计射频信号频率和初始相位时的初始相位估计方差结果[1]相吻合。

由此可以得到连续时间情况下的 DFS 频率和相位估计方差下限。文献[1]给出了离散时间情况下相关参数估计方差的下限值,并证明得到当连续时间转换成离散时间时,只要离散采样频率足够高,精度损失可忽略。

利用计算机建模研究上述已获得时延估计方差公式,分别针对初始相位未知和 DFS 相位已知时的 DFS 频率估计问题编程实现 MLM 估计算法,仿真结果与式(4.5)和式(4.8)计算所得结果几乎完全一致。

现代 FMCW RF 通常在频域实现 DFS 频率估计,因此确定频域 MLM 算法的结构尤为重要。假设采用 FFT 算法进行频谱计算,所得频谱的离散频率分别为 $\omega_i = 2\pi i/(KT_{dis})$,$i = 0, 1, \cdots, (K-1)/2$。考虑到 Fourier CS 的实部和虚部呈正态分布[5],且在正态白噪声下频率 ω_i 处计算各 SC 非相关,在频域中,LLF 可表示为

$$\ln F_s(A_{dif}, t_{del}, \varphi_s) = -\frac{1}{N_0} \sum_{i=1}^{(K-1)/2} \{[\text{Re}(y(j\omega_i)) - \text{Re}(S_{ref}(j\omega_i))]^2 +$$
$$[\text{Im}(y(j\omega_i)) - \text{Im}(S_{ref}(j\omega_i))]^2\} \Delta\omega_x \qquad (4.14)$$

式中：$S_{ref}(j\omega) = S(j\omega_i, A_{dif,ref}, t_{del,ref}, \varphi_{s,ref}(t_{del}))$ 为参考信号的 DFT；$y(j\omega_i)$ 为 DFS 与正态白噪声混合信号的 DFT；$\Delta\omega_x = 2\pi/(K\Delta_t)$。式(4.14)的 SF 形状对应图 4.1 中的曲线 3。

在正态白噪声背景下接收信号，LLF 的频域特性与它的时域特性相同，因为正态白噪声的 CS 也服从正态分布。在时域可以采用 LLRF 来进行时延估计，它在频域的表达式为

$$\ln l_s[A_{dif}, t_{del}, \varphi_s] = \frac{2}{N_0} \sum_{i=1}^{(K-1)/2} \left\{ \text{Re}[y(j\omega_i)]\text{Re}[S_{ref}(j\omega_i)] + \text{Im}[y(j\omega_i)]\text{Im}[S_{ref}(j\omega_i)] - \frac{1}{2}G_{ref}(\omega_i) \right\} \Delta\omega_x \qquad (4.15)$$

式中：

$$G_{ref}(\omega_i) = |S(\omega_i, A_{dif,ref}, t_{del,ref}, \varphi_{s,ref})|^2$$

有时可以忽略式(4.15)中的 $G_{ref}[\omega_i]/2$ 项，但是对较近归一化距离处的 DFS 频率测量而言，这可能会导致很大的额外系统误差。当然，在时域采用 LLRF 进行频率测量时，忽略下式中方括号内第二项，也会导致同样的误差产生，即

$$\ln l(A_{dis}, t_{del}, \varphi_c) = \frac{2}{N_0} \sum_{i=1}^{K} \left[y(t_i)S_{ref}(t_i) - \frac{1}{2}S_{ref}^2(t_i) \right] \qquad (4.16)$$

图 4.2 展示了当式(4.15)中 $G_{ref}[\omega_i]/2$ 项和式(4.16)中 $S_{ref}^2(t)$ 项被忽略时的测距误差，其中已将所获得时延估计误差换算为测距误差，其定义式为

$$\Delta R = |R_x - R| \qquad (4.17)$$

式中：R_x 和 R 分别为测量值和真实距离。

图 4.2 是在无干扰存在情况下通过建模仿真而得到的，且假设扫频带宽为 500MHz、载频为 10GHz。从图 4.2 中明显可见系统误差存在，它随着距离的增大或 DFS 频率的增加(两者等价)而单调递减(尽管这种减小较为缓慢)。例如，当 $q_{s/n} = $ 70dB 时，噪声 $n(t)$ 引起测距误差 MSD 的计算结果为 0.75×10^{-3}mm。应用式(4.15)和式(4.16)，较式(4.2)唯一的优点是误差 $|\Delta R|$ 与接收信号和参考信号之间的幅度差异无关。实际中，由于自动增益控制的非理想性，DFS 和参考信号的幅度可能会明显不同。通过采用以下变换，幅度差对 MLM 参数估计误差的影响会明显减小，即

$$\bar{z}_i = \frac{z_i}{\sqrt{\sum_{i=1}^{K} z_i^2}} \qquad (4.18)$$

式中：z_i 为 DFS 和参考信号的样本；$\bar{z}_i$ 为对应于修正后的样本。

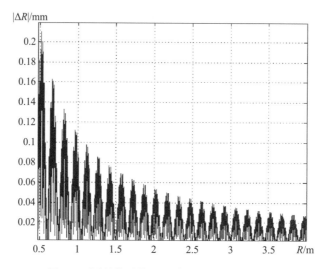

图 4.2 测量的系统不准确性关于距离的曲线

仿真结果表明，当信噪比 q 分别等于 70dB、60dB 和 50dB 时，采用变换式(4.18)的距离估计方差较依据式(4.5)得到的方差增加了接近 2%、5% 和 10%，这种增加显然并不明显。

4.3 采用极大似然方法的时延估计的特征

LLF 的快速振荡特性决定了它的应用特征。为找到位置参数 t_{del} 的估计值，需要确定 LLF 的全局极大值点。因此，需要注意 LLF 的以下两个特征。

（1）在相位 φ_s 未知时，为估计时延需要估计两个信号参数。首先采用 MLM 来估计 φ_s，接下来再将该估计 $\hat{\varphi}_s$ 值代入似然方程中，即

$$\left.\frac{\partial \ln F(A_{dif}, t_{del}, \overline{\varphi}_c)}{\partial t_{del}}\right|_{t_{del}=t_{del,ref}} = 0 \qquad (4.19)$$

t_{del} 的估计值会是方程式(4.19)的一个解。此时，根据式(4.8)可确定时延估计方差的克拉美罗下界。考虑到差频 ω_{beat} 和距离通过线性函数(1.12)相关联，容易发现，频率估计方差的克拉美罗界为 $D(\omega_{beat}) = (12N_0/2E)(2/T_{mod})^2$。该式与初始相位未知射频脉冲信号频率估计方差的克拉美罗界相一致[1]，由此得到最大 SC 对应的频率可认为是射频脉冲频率。我们希望得到由式(4.5)确定的那样的距离估计方差，但是只有在信号相位已知时才可以得到这样的估计方差，因此，为得到小于式(4.8)所定义的距离估计方差，应当采取措施以得到方差

较小的 $\hat{\varphi}_s$ 估计。

（2）即使相位 φ_s 已知，当时延范围足够大时，在求取 LLF 全局最大值过程中也将可能出现异常误差，其中一个原因是对于多极值函数，全局奇异点迭代搜索并不能保证以百分之百的概率获得全局极大值点。

下一个可能产生异常误差的原因则是噪声。在噪声的影响下，LLF 最大值可能会发生改变，从而将其中一个 LLF 局部极大值错误地认为是全局最大值而产生异常误差。异常误差 Δ_{an} 可定义为

$$\Delta_{an} = \frac{m\lambda}{2} \qquad m = 1, 2, 3, \cdots \qquad (4.20)$$

式中：m 为那些被视为全局极大值点的局部最大值数；λ 为载频波长。

为确定噪声引起异常误差的发生概率，需要确定当噪声 $n(t)$ 存在时，LLF 局部最大值 L_m 超过全局最大值 L_0 这一事件的发生概率，也即确定事件 $P_m(L_m > L_0)$ 的概率。

当相对频率 $(\omega T_m/2) \gg 1$ 时，将式（4.2）中的 LLF 表示为

$$\ln l[A_{dif}, t_{del}, \varphi_s] = \frac{2}{N_0} \int_0^{T_{mod}/2} y(t) S(t, t_{del}) dt = q_s(t_{del}) + q_n(t) \qquad (4.21)$$

式中：$q_s(t_{del})$ 和 $q_n(t)$ 分别为信号和噪声的信号函数[1]。

令接收信号和参考信号同相。由式（4.21）可以看出，函数 $q_s(t_{del})$ 的全局最大值等于 $q_{s/n} = 2E/N_0$，噪声函数 $q_n(t)$ 的均值和方差分别等于 0 和 $2E/N_0$。函数 $q_n(t_{del})$ 的分布函数 $w(x)$ 可视为具有上述均值和方差的正态分布。m 个局部极值超过全局最大值的概率可以记为 Γ。在间隔 $(-\infty, +\infty)$ 上，受噪声影响，L_m 和 L_0 都将是随机变量。为确定概率 $P_m(L_m > L_0)$，必须在所有的 L_0 可能取值上对 $P_m(L_m > L_0)$ 做平均，由此，概率 $P_m(L_m > L_0)$，也即 m 个局部极值超过全局最大值的概率可表述为

$$P_m = \frac{1}{\sqrt{2\pi q_{s/n}}} \int_{-\infty}^{\infty} \exp\left[\frac{-(x_1 - L_0)^2}{2q_{s/n}}\right] \times \left\{\frac{1}{\sqrt{2\pi q_{s/n}}} \int_{x_1}^{\infty} \exp\left[\frac{-(x - L_m)^2}{2q_{s/n}}\right] dx\right\} dx_1$$

$$\approx \frac{1}{2}\left\{1 - \Phi\left[\frac{q\left(1 - \frac{L_m}{L_0}\right)}{\sqrt{2q_{s/n}}}\right]\right\} \qquad (4.22)$$

式中：L_m 为 LLF 极大值的数值，第 m 个局部极大值对应的延迟时间为 $t_{del,m}$，且通过 DFS 的 SF 包络定义

$$L_m = \left(\frac{2E}{N_0}\right) \frac{\sin\left[\frac{\Delta\omega(t_{del} - t_{del,m})}{2}\right]}{\left[\frac{\Delta\omega(t_{del,0} - t_{del,m})}{2}\right]} \qquad (4.23)$$

式中:$t_{del,0}$ 为对应于 LLF 全局最大值的延迟时间。

图 4.3 给出了当 $L_m=1$ 和 $L_m=2$ 时异常误差产生概率的对数随信噪比 $q_{s/n}$ 的变化关系曲线。由图 4.3 可以看出,由于噪声的影响,异常误差产生概率对实际的 $q_{s/n}$ 值足够敏感。当 $q_{s/n} \approx 60\text{dB}$ 时,异常误差发生概率 $P_1 \approx 10^{-4}$,误差值为 $\lambda/2$。对于精确测距,这种异常误差出现概率是不被允许的,此时全局最大值迭代搜索算法将导致取值为 $\lambda/2$ 整数倍的异常误差。

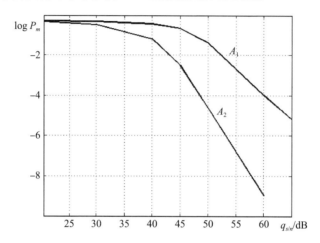

图 4.3 对于第一 (A_1) 和第二个 (A_2) 局部最大值异常误差出现概率的对数值关于 SNR 的关系

为了消除这种异常误差,文献[3]提出一种两阶段距离估计算法流程。考虑和本书所研究 FMCW RF 问题一致,对该算法流程做出以下修正。

第一步:采用算法式(3.4)实现对 t_{del} 的预估计,以确保估计值落入 LLF 全局最大值的附近。要求第一阶段的测量误差换算成距离后不能超过 $\lambda/4$,也即需满足以下条件,即

$$-\frac{\lambda}{4} < \hat{R}-R < \frac{\lambda}{4} \tag{4.24}$$

式中:$\hat{R}$ 为基于算法式(3.4)获得的距离估计值。

第二步:实现 MLM 估计的具体要求,在满足条件式(4.24)的距离范围内进行精细搜索。只有当两个信号(DFS 和参考信号)的相位、载频和扫频带宽均相等的情况下才能保证潜在精度的获得。此时,若信噪比 $q_{s/n} \to \infty$,则 LLF 全局最大值将与真实距离完全一致,且对称地位于式(4.24)所规定距离区间内。

两阶段距离估计算法使得 MLM 程序实现更加简单,因为在全局最大值粗略搜索阶段可不需要进行多参数的优化,而在式(4.24)所规定区间内,基于

对参考信号相位的预先测量结果，可以通过单参数优化法实现该区间内全局最大值的精确搜索。

4.4 影响时延测量误差的主要因素

在相位 φ_s 已知时进行时延估计，要想获得式(4.8)所给出的估计方差，仍然存在一系列的限制因素，让我们现在列出其中的一些主要影响因素，它们将导致 MLM 法应用中出现额外误差。首先是在确定 DFS 时的不准确性；其次是信号载频、扫频带宽和 PAM 等参数的非稳定性。前已述及，当采用式(4.18)所定义恒等变换式时，DFS 回波信号和参考信号之间的幅度差不会使测量误差显著增大。

当基于功率谱的信号频率估计算法被采用时，它没有考虑包含在 DFS 相位中的信息。但是由式(1.6)可以看出，待估计参数信息在频率和相位中均有包含。依据式(1.6)，DFS 相位并非随机变量，而只是 DFS 频率估计过程中的未知变量。在 DFS 相位已知时成功应用 MLM 不仅可以减小估计方差，还能减小 FMCW RF 的发射功率，因为依据式(4.5)，方程中包含了 SNR $2E/N_0$ 这一项。

预处理路径中模拟电路所产生的 DFS 相位偏移与频率有关，因此相应地也和反射信号的时延有关，由此式(1.8)应该重写为

$$\varphi_{\text{dif}}(t) = \omega_0 t_{\text{del}} + \omega_{\text{mod}}(t - 0.5 t_{\text{del}}) t_{\text{del}} + \varphi_{\text{rf}} + \varphi_{\text{pp}}(t_{\text{del}}) \tag{4.25}$$

式中：$\varphi_{\text{pp}}(t_{\text{del}})$ 为预处理电路的相位响应特征（PC）。此处引入 $\varphi_s = \varphi_{\text{rf}} + \varphi_{\text{pp}}$。

为了估计 PC 所造成误差的影响，根据式(4.3)来计算其 SF。在积分和变换之后，忽略谐波分量后的 SF 为

$$q_s(t_{\text{del}}) = \frac{2E}{N_0} \frac{\sin \frac{\Delta \omega(t_{\text{del}} - t_{\text{del,ref}})}{2}}{\frac{\Delta \omega(t_{\text{del}} - t_{\text{del,ref}})}{2}} \times \cos\left[(\omega_0 + \Delta \omega)(t_{\text{del}} - t_{\text{del,ref}}) + \varphi_s - \varphi_{s,\text{ref}}\right] \tag{4.26}$$

式中：$t_{\text{del,ref}}$ 和 $\varphi_{s,\text{ref}}$ 分别为时延 t_{del} 和 $\varphi_{s,\text{ref}}$ 的真值。

计算导数 $\left.\dfrac{\partial q_s(t_{\text{del}})}{\partial t_{\text{del}}}\right|_{t_{\text{del}} = t_{\text{del,ref}}}$ 并假定 $\sin z/z$ 显著影响 SF 的极值位置，可以看到由于 DFS 相位确定不准确导致的测量误差 ΔR_φ 可表示为

$$\Delta R_\varphi = \frac{\lambda[\varphi_s - \varphi_{s,\text{ref}}]}{\left[4\pi\left(\dfrac{1 + \Delta \omega}{\omega_0}\right)\right]} \tag{4.27}$$

式中：φ_s 和 $\varphi_{s,\text{ref}}$ 以 rad 表示；λ 对应 SHF 振荡器的谐振载波波长。

根据式（4.27），DFS 相位 φ_s 和参考信号相位 $\varphi_{s,\text{ref}}$ 之间的数值差异会导致测量误差明显增大。例如，当发射波长为 3cm 时，对应 $\Delta\varphi = \varphi_s - \varphi_{s,\text{ref}}$ 值等于 $10°$，它将导致 0.406mm 的测量误差。对于 $\Delta\varphi = 180°$ 误差值最大，其取值接近 $\lambda/4$，这显然是不能接受的。此时所得的值为 $\lambda/4$ 的最大误差是由两阶段距离估计算法流程所引起。由于 DFS 和参考信号间相位差等于 $\Delta\varphi = 180°$，第二步中用于搜寻 t_{del} 特定值的延迟间隔会使式（4.2）所示相邻两个 LLF 的最大值落入其边界之上，而此时测距准确值实际对应这些相邻最大值之间的 LLF 最小值。

由式（1.6），主振频率相对设计值的偏移 δ_{f_0} 将导致信号初始相位发生变化，进一步引起对每个 t_{del} 进行估计时其对应 φ_s 变化。代入由于频偏 δ_{f_0} 而导致的相位变化 δ_φ（$\delta_\varphi = 2\pi f_0 \delta_{f_0} 2R/c$），计算导数函数 $\left.\dfrac{\partial q_s(t_{\text{del}})}{\partial t_{\text{del}}}\right|_{t_{\text{del}} = t_{\text{del,ref}}}$，并找出式（4.26）所示 SF 的极值，由发射机载频和参考信号频率不恒定而引起的测距误差 ΔR_f 可表示为

$$\Delta R_f = \frac{R \delta_{f_0}}{\left(1 + \dfrac{\Delta f}{f_0}\right)} \quad (4.28)$$

推导式（4.28）时，正如获得式（4.27）一样，假定了 $\sin z/z$ 这类项会显著影响 SF 极值的偏移。

误差 ΔR_f 与待测距离成正比。假定一个现代 FMCW RF，其载频的长期不稳定性 δ_{f_0} 不大于 10^{-6}（根据对现代主晶振的技术要求），依据式（4.28），当 $f_0 = 10\text{GHz}$ 时，在距 RF 30m 的距离上，ΔR_f 近似等于 0.03mm。

图 4.4 给出了发射机载频 10GHz 和扫频带宽 500MHz 时，依据式（4.28）计算得到的测距误差随待测距离的变化函数。

曲线 1 对应测量距离从 1m 增大到 30m，DFS 频率和参考信号频率的差值为 $-1 \times 10^4 \text{Hz}$。曲线 2 对应距离达到 30m，DS 频率相对旋转频率增加 $2 \times 10^4 \text{Hz}$ 且测量距离在不断减小的情况。曲线 3 对应测量距离从 1m 增大到 30m，DFS 频率采用线性调制律从 f_0 变化至 $f_0 + f_0 \delta_{f_0}$ 的情况。曲线 4 则对应测量距离从 30m 减小到 1m，DFS 频率以线性调制律由 f_0 减小到 $f_0 - f_0 \delta_{f_0}$ 的情况。

从图 4.4 中可以看出，当载频在上述限制条件内变化时，误差值 ΔR_f 不会超出由曲线 1 和 2 所限定区域。当 δ_{f_0} 取最大值且在整个测量过程中保持不变时，测距误差最大。

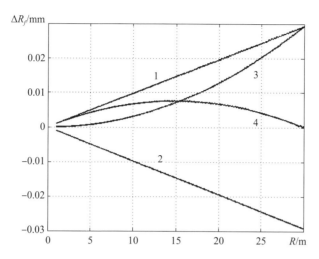

图 4.4 当 DFS 频率偏离设定信号载频时测距误差关于距离的函数

当扫频带宽 Δf 和参考信号扫频带宽之间存在差异，其差值为 $\Delta f_{ref} = \Delta f + \Delta f \delta_{f_0}$ 时，相关结论与图 4.4 所示变化关系类似。在已获得 SF 极值且经过必要变换后，由 Δf 和 Δf_{ref} 差值所引起的误差 ΔR_f 可表示为

$$\Delta R_{\Delta f} = \frac{\Delta f \delta_{f_0} R}{(f_0 + \Delta f)} \tag{4.29}$$

采用前述相同的 FM 参数，当长期频率不稳定性 δ_{f_0} 等于 10^{-6} 时，距离 30m 处的误差 $\Delta R_{\Delta f}$ 不超过 0.15×10^{-3} mm。式（4.29）的计算结果和仿真结果完全吻合，这样的一个误差值 $\Delta R_{\Delta f}$ 完全可忽略。

对 PAM 影响的分析将以下述基于 φ_{rf} 的 PAM 实例进行，即

$$y(t) = \cos(\Omega t) A_{dif} \cos[\omega_0 t_{del} + \omega_{mod}(t) t_{del} + \varphi_{rf}] \tag{4.30}$$

式中：$0 \leq \Omega \leq \Omega_{max}$，$\Omega_{max} \leq \pi/T_{mod}$。

此时，由于 PAM 的影响，DFS 包络信号为单调函数。改变 Ω 可以改变 PAM 的调制深度 μ，具体表示为

$$\mu = \frac{(A_{dif,max} - A_{dif,min})}{A_{dif,max}} \tag{4.31}$$

式中：$A_{dif,min}$、$A_{dif,max}$ 分别为存在 PAM 时 DFS 包络的最小值和最大值，两者可以很容易地根据实测 DFS 信号数据来确定。

当 $\Omega = 0$ 时，DFS 不存在幅度调制（$\mu = 0$）；当 $\Omega = \Omega_{max}$ 时，PAM 调制深度最大（$\mu = 1$）。之所以选择式（4.30）作为 PAM 调制的表达形式，是因为这样的 PAM 可以在实际中实现，此外，根据仿真结果，这也是 MLM 应用过程中的基

础误差。

PAM 的存在将距离 R 估计问题简化为未知射频信号包络估计问题。如图 4.5 所示(曲线 1)，PAM 对测距误差的影响取决于根据式(4.31)所定义的 PAM 调制深度 μ。借助建模仿真得到相应的结果图形，其中载频和扫频带宽分别设为 10GHz 和 500MHz，仿真过程中使用式(4.2)给出的参考信号矩形包络或是式(4.14)定义的矩形包络谱。

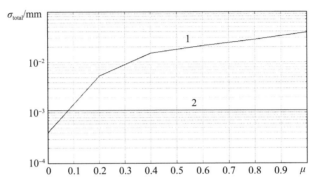

图 4.5　PAM 对距离估计整体误差的影响

可以看到，PAM 对 DFS 的影响将导致整体误差显著增加，具体可表示为

$$\sigma_{\text{total}} = \sqrt{D^2 + h^2} \tag{4.32}$$

式中：D 为距离估计方差；$h^2 = \sum_{n=1}^{n}(R_{\text{meas}} - R)^2/n$ 为由 PAM 所引起的系统误差；n 为距离区间内的计数点数，距离区间限定在 $0.9 \sim 1.8\text{m}$(相对频率从 3 到 6 变化)。

由图 4.5 可知，当 PAM 强度很弱时，测量误差主要不是由噪声干扰所决定(模拟时假定 $q = 70\text{dB}$)，而是由参考信号和 DFS 形状差异所引起的系统误差所决定。当采用 MLM 法时，$\mu = 0$ 时的测距误差可以由式(4.5)确定。随着距离的增大，h 值单调递减。例如，可以发现当相对频率在 $60 \sim 70$ 数量级时，h 等于方差 D。

可以通过下述两种方法减小 PAM 的影响。

方法 1：使用自适应算法估计确定那些受到 PAM 影响的 DFS 形状系数。由于参考信号的包络与 DFS 信号包络较一致，基于自适应估计的结果，再直接将参考信号代入 LLF 进行计算。由于 DFS 频率可在相当宽的限制范围内变化(从数百赫到数十千赫，取决于测量距离)，该方法的缺陷是将带来很高的计算代价和复杂度。

方法 2：为了使参考信号和 DFS 形状差异的影响最小，使用 $\mathrm{WF}_w(t)$，将 LLF 写为

$$\ln F(A_{\mathrm{dif}},\ t_{\mathrm{del}},\ \varphi_s)=-\frac{1}{N_0}\int_0^{T_m/2}[y(t)w(t)-S(t,\ A_{\mathrm{dif}},\ t_{\mathrm{del}},\ \varphi_s)w(t)]^2\mathrm{d}t \quad (4.33)$$

通过将矩形包络参考信号和存在 PAM 的 DFS 与相同的 WF 相乘，可以减小包络形状差异。采用以下的相对判决作为参考信号和 DFS 差异性的度量，有

$$\sigma_0^2=\frac{\int_0^{T_{\mathrm{mod}}/2}w^2(t)[\Pi(t)S_s(t)-S(t)]^2\mathrm{d}t}{\int_0^{T_{\mathrm{mod}}/2}S^2(t)\mathrm{d}t} \quad (4.34)$$

式中：$S_s(t)$ 为具有矩形包络的 DFS；$S(t)$ 为参考信号；$\Pi(t)$ 为描述 PAM 形态的函数。可以确信，WF 乘上存在 PAM 的 DFS 比乘上参考信号后减小了 σ_0^2，也即对于 μ 值从 0.2 到 1，存在 PAM 的 DFS 和参考信号之间的差异减小了一个数量级左右，这足以使 PAM 引起的测距均方系统误差减小到比噪声下 MSD 低两个数量级的水平。图 4.5（曲线 1）给出了当信噪比 $q=70\mathrm{dB}$ 且采用 Blackman WF 时，σ_{full} 随 PAM 调制深度的变化规律。曲线 2 为仅存在噪声干扰时的结果。由图可知，此时 PAM 的影响很小，足以忽略，该结论对于相对频率从 3 到 5 都成立。然而，借助 WF 消除 PAM 对频率估计结果的影响会导致噪声干扰的影响增大，采用 Blackman 窗后 MSD 增大约 1.54 倍。

4.5 FMCW RF 相位特征估计

上面的误差分析表明，在 MLM 的实际应用中需要 FMCW RF 的 PC 信息。确定 PC 的唯一途径只能是通过对 DFS 进行计算而实现。DFS 初始相位可以利用式(4.25)表示为

$$\begin{aligned}\varphi_{\mathrm{init}}&=\omega_0 t_{\mathrm{del}}+\varphi_{\mathrm{rf}}+\varphi_{\mathrm{pp}}(t_{\mathrm{del}})\\&=\omega_0 t_{\mathrm{del}}+\varphi_s(t_{\mathrm{del}})\end{aligned} \quad (4.35)$$

根据式(4.35)，为确定 FMCW RF 的 PC $\varphi_s(t_{\mathrm{del}})$，首先需要计算时延估计 t_{del} 和初始相位，在此基础上再进行适当的计算。

文献[1]得到了频率未知射频脉冲初始相位的极大似然估计，其值为

$$\hat{\varphi}_{\mathrm{init}}=-\arctan\left[\frac{\int_0^T y(t)\sin\hat{\omega}t\mathrm{d}t}{\int_0^T y(t)\cos\hat{\omega}t\mathrm{d}t}\right] \quad (4.36)$$

式中：$y(t)$ 为 DFS 和噪声干扰混合后的和信号。

为估计初始相位，需要估计信号频率并根据式（4.36）进行计算。运用式（4.36），需要对每个频率 $\hat{\omega}$，分别计算它的正弦和余弦 Fourier 变换值，其中 $\hat{\omega}$ 是对初相未知信号通过 MLM 方法估计得到的脉内射频载波频率值。基于式（3.6）所述变换关系，可以给出式（4.36）的离散形式为

$$\hat{\varphi}_{\text{init}} = -\arctan\left[\frac{\sum_{l=0}^{K-1} y(l)\sin 2\pi x l}{\sum_{l=0}^{K-1} y(l)\cos 2\pi x l}\right] \qquad (4.37)$$

在式（4.36）和式（4.37）中 DFS 频率作为初相的一个参数而出现。由于 DFS 频率与距离和时延 t_{del} 线性相关，下面将 t_{del} 认为是影响 PC 的一个参数。

注意到，采用 Matlab 中的 atan2 程序，根据式（4.36）和式（4.37）进行初始相位估计是在定义域 $-\pi \sim \pi$ 中进行的。了解到这一点非常重要，因为不同于式（4.11）所给出的初相不随频率变化的信号类型，DFS 的初始相位随 DFS 频率变化而改变，也即随距反射面的距离 R 而变化。

在频率已知条件下进行射频脉冲初始相位的极大似然估计，也可以使用式（4.36）和式（4.37），只需将估计 $\hat{\omega}$ 替代为已知频率 ω 即可。

在实际估计 PC $\varphi_s(t_{\text{del}})$ 的过程中，需要在全距离范围内以步长 Δ 改变距离 R，对每个距离 R 都需要确定初始 DFS 相位并测量时延 t_{del}。由于 PC 定义为 $\varphi_s(\hat{t}_{\text{del}}) = \varphi_{\text{init}}(\hat{t}_{\text{del}}) - \omega_0 \hat{t}_{\text{del}}$，可将 $\omega_0 t_{\text{del}}$ 表示为 $2\pi 2\hat{R}/\lambda$，并计算距离 $2\hat{R}$ 内的波长整数值 m。令 $\varphi_m(\hat{t}_{\text{del}}) = \omega_0 \hat{t}_{\text{del}} - 2\pi m$，下标 m 表示 $0 \sim 2\pi$ 范围相位 $\omega_0 \hat{t}_{\text{del}}$ 的主值，也即在距离 R 处剔除了整数倍波长后所确定的相位值。如果忽略 $\omega_0 \hat{t}_{\text{del}} - 2\pi m$ 的整数部分，$\varphi_m(\hat{t}_{\text{del}})$ 的定义域应该取为 $0 \sim 2\pi$ 之内。若 $\varphi_m(\hat{t}_{\text{del}})$ 的定义域为 $0 \sim \pi$ 之内，则计算 $\varphi_m(\hat{t}_{\text{del}})$ 时，$\omega_0 \hat{t}_{\text{del}} - 2\pi m$ 的整数部分应保持不变。此时如果 $\varphi_m(\hat{t}_{\text{del}}) > \pi$，则 $\varphi_m(\hat{t}_{\text{del}})$ 将被定义为 $\varphi_m(\hat{t}_{\text{del}}) = \hat{\varphi}_{1m}(t_{\text{del}}) - 2\pi$，其中 $\hat{\varphi}_{1m}(t_{\text{del}})$ 的定义域为 $\pi \div 2\pi$。由此，PC $\varphi_s(\hat{t}_{\text{del}})$ 的计算式为

$$\varphi_s(\hat{t}_{\text{del}}) = \varphi_{\text{init}}(\hat{t}_{\text{del}}) - \varphi_m(\hat{t}_{\text{del}}) \qquad (4.38)$$

其中函数 $\varphi'_{\text{init}}(\hat{t}_{\text{del}})$ 和 $\varphi_m(\hat{t}_{\text{del}})$ 的定义域均为 $-\pi \sim \pi$。

根据式（4.38）计算 PC，PC 估计会产生模糊性（由约 360°的突变值的出现而引起），该突变值出现的原因如下。

当 PC $\varphi_s(t_{\text{del}})$ 估计值等于 0 时，出现突变的原因在于频率 $\omega<0$ 区域内 DFS 谱旁瓣对 DFS 相位的影响，这将导致时延（也即距离）的锯齿状函数 $\varphi_{\text{init}}(t_{\text{del}})$ 在受到幅度调制，也即 $\varphi_s(t_{\text{del}})$ 中相邻的最大值和最小值幅度不相等。由于 $\varphi_{\text{init}}(t_{\text{del}})$ 和 $\varphi_m(t_{\text{del}})$ 由不同公式计算得到，其中 [$\varphi_{\text{init}}(t_{\text{del}})$] 依据式（4.36）或

式(4.37)，$\varphi_m(t_{\text{del}})$则是经过时延$t_{\text{del}}$测量后采用算法式(3.4)计算的相位偏移，因此，$\varphi_m(t_{\text{del}})$将呈现另一种调制规律。因此，若初始相位$\varphi_{\text{init}}(t_{\text{del}})\approx180°$，$\varphi_m(t_{\text{del}})$可以等于$\varphi_m(t_{\text{del}})\approx-180°$，突变值等于360°。为消除突变，需要比较两个相邻的PC计算结果，若它们相差约360°，就可根据公式$\Delta\varphi=\Delta\varphi'+360°$消除突变，式中$\Delta\varphi'$表示突变值。对应当前情况，若PC估计是从突变出现时刻开始，则所得$\varphi_s(t_{\text{del}})$估计值等于360°而不再是0°。突变消除过程中不需要产生参考信号，因为三角函数本身即为周期为360°的周期函数。随着相对频率增加到大于4~5，负频率区产生的由DFS旁瓣引起的突变将会消失。

当$\varphi_s(t_{\text{del}})\neq0$时出现的PC突变则是由函数$\varphi_m(t_{\text{del}})$所引起的，不同于函数$\varphi_{\text{init}}(t_{\text{del}})$，它与DFS初始相位无关。这种突变的出现原因可以通过图4.6中的曲线来简单解释。图中曲线对应$\varphi_s(\hat{t}_{\text{del}})=90°$的情况，在曲线绘制时已将时延换算为距离。函数$\varphi_{\text{init}}(t_{\text{del}})$和$\varphi_m(t_{\text{del}})$在图4.6中分别用数字1和数字2进行表示。由于$\varphi_s(t_{\text{del}})\neq0$，曲线1和2的位置彼此可互换。数字3表示根据式(4.38)计算得到的PC $\varphi_s(t_{\text{del}})$。从图中看到，由于函数$\varphi_{\text{init}}(t_{\text{del}})$和$\varphi_m(\hat{t}_{\text{del}})$之间可互换，PC测量时将出现模糊问题，PC $\varphi_s(t_{\text{del}})$估计可以取+90°和-270°两个值中的任意一个。

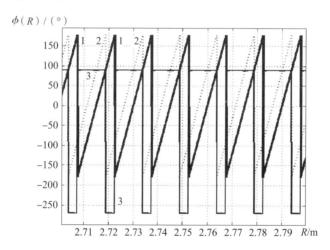

图4.6 相位特性曲线

1—DFS初始相位；2—函数$\varphi_m(ct_{\text{del}}/2)$；3—使用DFS初始相位和函数$\varphi_m(ct_{\text{del}}/2)$计算的PC。

PC估计的模糊性很容易消除，可以监测它的相邻取值结果并对$\varphi_s(\hat{t}_{\text{del}})$估计进行以下修正。将由式(4.38)计算得到的估计值$\varphi_s(\hat{t}_{\text{del}})$表示为$\varphi'_s(\hat{t}_{\text{del}})$，采用下式方式将时延换算为距离，可以得到准确的$\varphi_s(\hat{R}_n)$估计，即

$$\varphi_s(\hat{R}_n) = \begin{cases} \varphi'_s(\hat{R}_n) + 360° & \text{当 } \varphi'_s(\hat{R}_{n-1}) > \varphi'_s(\hat{R}_n) \text{ 且 } \varphi'_s(\hat{R}_{n-1}) - \varphi_s(\hat{R}_n) > \Delta\varphi \text{ 时} \\ \varphi'_s(\hat{R}_n) + 360° & \text{当 } \varphi'_s(\hat{R}_{n-1}) < \varphi'_s(\hat{R}_n) \text{ 且 } \varphi'_s(\hat{R}_{n-1}) - \varphi_s(\hat{R}_n) < \Delta\varphi \text{ 时} \end{cases}$$
(4.39)

式中：$\Delta\varphi$ 为比较门限；n 和 $n-1$ 为在步长为 Δ 的某个距离上进行的 PC 测量数。

由于 PC 测量的突变值约等于 360°，一般情况下当无噪声存在时 $\Delta\varphi$ 的取值可任意选定，例如，可以将 $\Delta\varphi$ 限制在 $10° < \Delta\varphi < 350°$ 之内，关键是 $\Delta\varphi$ 值要小于突变值。由于突变值并不取决于步长 Δ，$\Delta\varphi$ 与 Δ 无关。

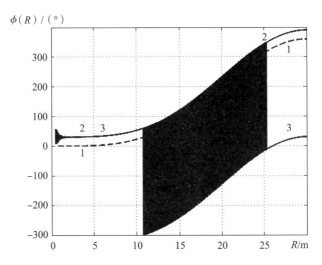

图 4.7 估计结果修正和不修正的典型相位特征曲线

图 4.7 展示了根据式(4.38)和式(4.39)得到的 PC 估计结果，仿真时 PC 由下式确定，即

$$\varphi_s(R_n) = 360 \left\{ \sin\left[\pi \frac{(n\Delta + R_{\text{init}})}{2 R_{\text{final}}} \right] \right\}^4 \quad n = 1, 2, 3, \cdots \quad (4.40)$$

式中：$R_{\text{init}} = 0.3\text{m}$ 和 $R_{\text{final}} = 30\text{m}$ 分别为到反射面距离的初始值和最终值；Δ 为位移步长（仿真时取 3mm）。FMCW RF 的载频取 10GHz，扫频带宽设为 500MHz。

相位特征曲线 1 对应于由式(4.40)得到的 FMCW RF 的 PC[1]。该特性曲线依据式(4.38)计算 PC 函数 $\varphi_s(\hat{R})$。可以看出由于突变的存在，PC$\varphi_s(\hat{R})$ 是模糊的，突变值约为 360°。曲线 2 对应根据式(4.39)得到的修正 PC 函数

---

[1] 译者注，原文 FC，根据上下文应 PC。

$\varphi_s(\hat{R})$)。在获得上述特性曲线时均假定 $\varphi_{rf}=30°$,因此两种函数 $\varphi_s(\hat{R})$ 均增大了 $30°$。在曲线2的开始处可以看到由位于 $\omega<0$ 区域 DFS 频谱旁瓣所引起的 PC 估计振荡。采用式(4.39)可以消除 PC 估计的模糊性,也即得到图4.7中的曲线2。

当 DFS 在噪声干扰背景中得到时,PC 估计结果会呈现特定规律。在小信噪比 q 条件下,采用式(4.39)无法消除 $360°$ 的 PC 突变。因为在无干扰时(信噪比非常大),两次相邻计算获得的 PC$\varphi_s(\hat{R})$ 估计值将变化 $360°$(或一个非常接近的其他值)。噪声干扰的存在导致多次相邻计算中 PC $\varphi_s(t_{del})$ 变化 $360°$ 的概率不再为0,因此每次单独的 PC 估计值变化将会小于 $\Delta\varphi$ 值,条件式(4.39)不满足,修正后的结果可能仍是 PC 估计值偏移了 $360°$。由于 PC 估计时位置可能固定,经过多次连续计算,PC 将再次变化 $360°$,PC 估计又将返回初始值。应对该种情况,可通过以下条件对式(4.39)进行补充以来消除噪声存在条件下 PC 估计的模糊性,即

$$\text{如果 } |\varphi_s(\hat{R}_{n-1})-\varphi_s(\hat{R}_n)|>\Delta\varphi_1, \text{那么 } \varphi_s(\hat{R}_n)=\varphi_s(\hat{R}_{n-1}) \quad (4.41)$$

式中:$\Delta\varphi_1$ 为某种比较门限,条件式(4.41)限制了由于噪声影响产生的 PC 突变值。

选取式(4.39)中比较门限 $\Delta\varphi$ 和式(4.41)中 $\Delta\varphi_1$,一般应该通过某些优化准则,如采用噪声影响下的 MSD 最小准则。但是对 $\Delta\varphi$ 和 $\Delta\varphi_1$ 严格最优值的选取将会遇到数学推导上的困难,因此,这里基于统计仿真结果和使用工业制造 FMCE RF Bars-351 得到的信号处理结果对 $\Delta\varphi$ 和 $\Delta\varphi_1$ 的取值进行经验性选择。经过多次检验,选择比较门限 $\Delta\varphi$ 为 $250°$,$\Delta\varphi_1$ 为 $120°$。在信噪比 q 较低时,用条件式(4.41)对条件式(4.39)进行补充比较合适;从信杂比 $q=60dB$ 开始,可以仅通过式(4.39)来限制优化条件。需要指出的是,较上述理论结果,在 Maltab 软件运行 PC 突变消除程序,在小 q 值时得到的结果会更差。上述理论结果(曲线1)和仿真程序运行时的典型 PC 估计结果(曲线2)如图4.8所示。由图4.8可以看到,在仿真程序运行结果曲线中,PC 估计值随距离的变化曲线中可观察到跳变的发生,相关曲线的信噪比条件为 $q=45dB$。两条曲线在跳变之前完全吻合。

应该注意到,根据式(4.9)和式(4.13)估计 $\varphi_{init}(\hat{R})$ 的方差本质上就比估计 $\varphi_s(\hat{R})$ 的方差小 $12\omega_0^2/\Delta\omega^2$,因为 $\varphi_s(\hat{R})$ 由距离估计结果所决定。在 $f_0=10^{10}Hz$ 和扫频带宽 $\Delta f=5\times10^8Hz$ 条件下,初始相位估计方差比 $\varphi_s(\hat{R})$ 估计方差小 1.2×10^3。

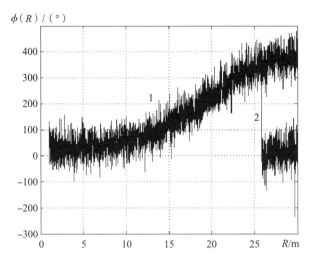

图 4.8 采用程序展开的相位特性估计和讨论的修正估计曲线

除了噪声干扰的影响外,谱旁瓣(位于 $\omega<0$)对在 $\omega>0$ 区域计算主瓣的影响所引起的截断误差也会导致确定 PC 特性出现误差,这在对图 4.7 的分析中已经提到过了。

根据式(4.35)得到 $\varphi_s(\hat{R})$ 估计的总体截断误差由确定 $\varphi_s(\hat{R})$ 初始相位的截断误差 $\Delta\phi_n(R)$ 以及附加相位 $\omega_0 2\hat{R}/c$ 估计的截断误差 $\Delta\phi_n(R)$ 共同决定的。

为确定截断误差 $\varphi_{\text{init}}(\hat{R})$,首先考虑 DFS 频率已知的情况。采用式(4.36)并假设 DFS 频率 ω_R 等于正交双通道的参考频率,假定噪声干扰不存在并进行简单的三角变换和积分运算,由此可将计算初始相位 $\varphi_{\text{init}}(R)$ 过程中的截断误差 $\Delta\phi_n(R)$ 表示为

$$\Delta\phi_n(R) = \varphi_{\text{init,true}}\left(\frac{2R}{c}\right) - \arctan\frac{\dfrac{-2\sin\left(\dfrac{z}{2}\right)\sin\left(\dfrac{-2\Delta\omega R}{c}\right)}{z_1} - \sin\left[\dfrac{\omega_0 2R}{c} + \varphi_s\left(\dfrac{2R}{c}\right)\right]}{\dfrac{2\cos\left(\dfrac{z}{2}\right)\sin\left(\dfrac{2\Delta\omega R}{c}\right)}{z_1} + \cos\left[\dfrac{\omega_0 2R}{c} + \varphi_s\left(\dfrac{2R}{c}\right)\right]}$$

(4.42)

式中:$\varphi_{\text{init,true}}(2R/c)$ 为初始相位真实值;$z = 2R(\omega_0 + \Delta\omega)/c + \varphi_s(2R/c)$,且 $z_1 = 4\Delta\omega R/c$。

用度数表示的误差最大值 $\Delta\phi_{n\max}(R)$ 也即函数 $\Delta\phi_n(R)$ 的包络为

$$\Delta\phi_{n\max}(R) = \frac{c180°}{(2\Delta\omega R\pi)}$$

(4.43)

图 4.9 展示了当 DFS 频率已知并根据式(4.42)和式(4.43)计算其包络时，DFS 初始相位估计瞬时误差随相对频率的变化关系曲线。

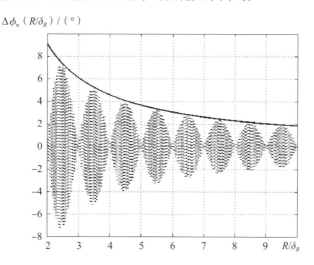

图 4.9 已知 DFS 频率及其包络下初始相位估计截断误差随相对距离的变化关系

仿真运行结果与图 4.9 给出的理论计算曲线完全一致，其中仿真时，真实距离被代入公式以用来估计 PC。

可以看到，DFS 初始相位估计的截断误差具有振荡特性，且高频振荡周期是 $\lambda/4$。$PC\varphi_s(R)$ 的取值并不影响误差 $\Delta\phi_n(R)$，而是对高频振荡初始相位值产生重要影响。决定初始相位估计最大误差的是瞬时误差包络。

为确定未知 DFS 频率下初始相位估计的截断误差，假设正交双通道的参考频率与 DFS 频率不相同。对式(4.36)进行变换，可以得到 DFS 频率未知时的截断误差为

$$\Delta\phi_{nn}(R) \approx \varphi_{\text{init,true}}\left(\frac{2R}{c}\right) - \arctan \frac{\dfrac{\sin\left(\dfrac{z}{c}\right)\sin\left(\Theta-\dfrac{z}{c}\right)}{z} - \dfrac{\sin\left(\dfrac{-z+z_1}{c}\right)\sin\left(\dfrac{z+z_1}{c}+\Theta\right)}{z_1+z}}{\dfrac{\sin\left(\dfrac{z}{c}\right)\cos\left(\Theta+\dfrac{z}{c}\right)}{z} - \dfrac{\sin\left(\dfrac{z+z_1}{c}\right)\cos\left(\dfrac{z+z_1}{c}+\Theta\right)}{z_1+z}} \quad (4.44)$$

式中：$z=\Delta\omega\Delta R/2$；$z_1=2\Delta\omega R$；$\Theta=\omega_0 2R/c+\varphi_s(2R/c)$；$\Delta R$ 是距离测量截断误差。对式(4.44)仅有一个假设，就是 $\Delta R/R$ 小到可以忽略。

图 4.10 通过细虚线给出了根据式(4.44)而得到的变化关系曲线。该曲线的得出首先基于算法式(3.4)进行合适的 DFS 仿真，然后是距离估计和误差 ΔR 确定，最后将相关结果代入式(4.44)中。仿真结果和式(4.44)所得计算结果在实际上完全一致。

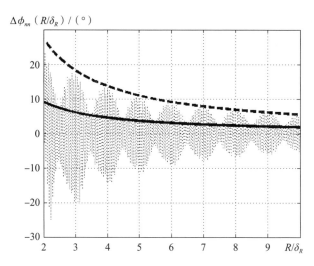

图 4.10　未知 DFS 频率下初始相位估计截断误差随相对距离的变化关系曲线

已知和未知 DFS 频率两种情况下的初始相位估计截断误差表现出很多不同的特性。首先，频率未知时 DFS 相位估计误差的高频振荡范围约比频率已知时大 3 倍。其次，频率未知时 DFS 相位估计误差存在图 4.9 所示频率已知时初始相位估计截断误差那样的清晰节点。相同之处在于，和以前一样高频振荡周期都是 $\lambda/4$。

频率未知时估计误差最大值（初始相位估计的高频振荡包络）由下式给出（用度数表示），即

$$\Delta\phi_{nn_{\max}}(R) \approx \frac{3(180°)}{2\pi\Delta\omega R} \qquad (4.45)$$

图 4.10 以粗虚线的形式给出该误差最大值。未知频率下 DFS 初始相位估计截断误差的最小值可由(4.43)确定，在图 4.10 中以粗实线表示。

从图 4.10 中可以看到，初始相位估计截断误差随相对距离的增大而单调递减。在信号频率未知条件下，初始相位估计截断误差在相对距离等于 5 时其值约为 10°。

图 4.9 和图 4.10 均为不采用 WF 时得到的误差变化特征。即使不进行数学变换推导，也可以预计采用 WF 尤其是应用 Blackman WF，可将 DFS 初始相

位估计截断误差减小约一个数量级。

现在对初始相位估计截断误差和 PC 估计误差 $\varphi_s(\hat{t})$ 进行比较。

图 4.11 给出了 PC 估计 $\varphi_s(\hat{t})$ 的截断误差 $\Delta\phi_s(R)$ 随相对距离的变化特性曲线。为获得该曲线，使距离以步长 0.0001m 离散变化，基于算法式(3.6)对 DFS 进行模拟并估计距离，在此基础上，基于下述公式确定 PC 并计算误差，即

$$\Delta\phi_s(R) = \left[\varphi_{\text{init}}(\hat{R}) - 2\omega_0 \frac{\hat{R}}{c}\right] - \varphi_{s,\text{true}}(R) \tag{4.46}$$

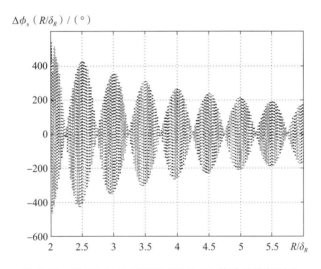

图 4.11　无 WF 时的 FWCW RF 的 PC 估计的截断误差

式中：$\varphi_{s,\text{true}}(R)$ 为真实 PC。仿真在载频 10GHz 和扫频带宽 500MHz 条件下进行。

由图 4.11 可以看出，PC 估计截断误差明显超过了初始相位估计误差。考虑到用于 PC 估计的项 $\omega_0 2\hat{r}/c$ 使得 1mm 的距离估计误差产生约 24°的 PC 估计偏差，可以得出，距离估计误差对于 PC 估计误差起主导作用。显然不能使用具有这种水平截断误差的 PC 来产生 MLM 算法运行时所用的参考信号。为减小截断误差，建议采用 Blackman WF。采用 Blackman WF 后获得估计误差的仿真结果如图 4.12 所示。

考虑到第 3 章给出的结果，PC 估计截断误差几乎随着距离估计误差的减小而等比减小，而 $\Delta\phi_s(R)$ 的取值随距离衰减足够快。由图 4.12 可以看出，在相对距离等于 5 时 PC 估计截断误差约等于 8°。而当相对距离等于 10 时该误差约等于 3°。考虑到 10°的 PC 估计误差将导致 0.406mm 的测距误差，当相对

距离等于 8~10 时推荐使用 Blackman WF 进行 PC 估计。这样的频率对应于 1.2~1.5m 的测量距离（对于 1GHz 的 FM 扫描）。

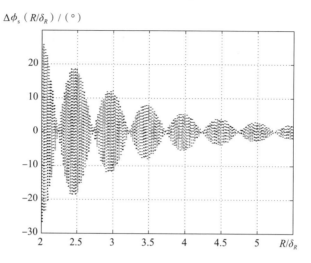

图 4.12 采用 WF 后的 FMCW RF PC 估计的截断误差

进一步应用第 3 章所述方法可以在较近的距离上将 PC 误差减小到可接受的水平。由于 PC 估计误差基本上取决于距离估计误差，那么上述关于频率估计的结论对 PC 估计也成立。也即当相对频率大于 4~5（在 q = 70dB 及更小信噪比条件）时，整体误差式(4.32)主要源于噪声干扰。我们使用式(4.28)来评估用于 PC 估计时的距离估计精度。通过变换并忽略二阶无穷小项，我们得到，在一阶近似中，PC 估计误差 $\delta\varphi$ 与距离估计误差 δ_R 相关，可以表示为 $\delta\varphi = 720°\delta_R/\lambda$。后续将使用采用 WF 得到的 PC 估计，以产生 MLM 频率估计所用参考信号的相位。

文献[1-4]指出，极大似然估计的统计特性分布一般不同于正态分布。然而随着 $q_{s/n}$ 的增加，估计误差的条件分布函数（也即对某个固定待估计参数）将会逐渐趋近于正态分布[1]。根据式(4.36)和式(4.37)，PC 估计是采用 MLM 算法而得到的，因此，假设 $\hat{\varphi}_c(t_{del})$ 是正态分布的，其均值为 $\varphi_c(t_{del})$。

4.6 距离估计算法仿真

仿真的目的在于评估 DFS 相位未知时 MLM 法测距的精度优势。前述误差分析结果表明，有两个因素会对误差产生起主要作用：一是用于参考信号的 PC 与其真实值的差值；二是发射机载频与其设定值的差值。当进行仿真效果分析时，假定 FMCW RF 载频 ω 不等于参考信号频率 ω_{ref}，频率 ω 和 ω_{ref} 的差值将会导致距离估计出现偏差，这可以在仿真结果分析中加以考虑。

基于前述方法确定 PC，假设 DFS 初始相位和时延估计在步长间隔为 Δ 的整个测距范围内进行，在每个固定距离处 DFS 相位均需要被测量。正如上面曾提到过的那样，与不利用相位信息的那些算法相比，在参考信号中应用 PC 并不能减小估计方差。为获得具有较小方差的 PC 估计，必须要么在一个 DFS 样本集，要么在一小段距离区间内进行平均操作，后者需要反射面配合 FMCW RF 进行适当的移动。

4.6.1 相位特性已知时的仿真结果

考察当参考信号与 DFS 相位及时延估计相关参数变化时，测距误差随相对距离的变化特性。图 4.13 给出了以对数形式表示的相对误差随相对距离变化的仿真结果。正如 4.3 节所述，此处对两阶段处理过程进行了仿真，算法的第一步采用 Blackman 加权函数。反射面以 1mm 的步长移动，在共计 15cm 的距离区间内计算了相对 MSD，得到 3 种不同 SNR 条件（20dB、60dB 和 100dB）下的仿真结果。

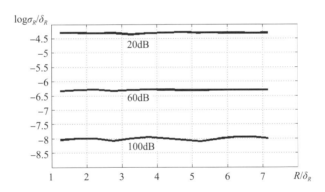

图 4.13　3 种 SNR 下，对 MLM，相对 MSD 关于相对距离的函数

比较图 3.24 和图 3.25 可知，MLM 算法能从本质上降低噪声对距离估计误差的影响。

4.6.2 相位特性未知时的仿真结果：相位特性实用估计方法

假定由 FMCW RF 的 PC 特性和容器所含介质的介电特性所决定的相位量 φ_{rf} 未知。当 FMCW RF 安装在待测物体上时，其 PC 即已确定。这里需要一些必要解释，当 FWCW RF 在目标上方被安装后，没有关于反射面边界条件的任何信息(空载、满载或者固定的液位)。借助算法式(3.4),距离估计结果可以作为反射面边界情况的推断依据。在反射面上某个相对 FMCW RF 距离固定的位置上,考虑到 PC 估计随距离变化的振荡特性,基于全体 DFS 样本而得到的 PC 估计结果将出现偏差。这种 PC 估计偏差将导致额外的测距误差。针对 FMCW RF 在不同距离上得到的 DFS 样本,为获得 PC 估计的平均值,需要在 MLM 处理过程中为参考信号 PC 特性的生成(由软件)提供确定性的近似函数(当器件自主工作时)。

因此采用下述具备较小 PC 估计方差的处理过程更为合适些。考虑在足够小的距离区间内进行 PC 平均估计,指定该 PC 估计 $\varphi_s(R)$ 的表达式为

$$\hat{\varphi}_s(R) = \varphi_s(R) + \Delta\varphi_s(R) \qquad (4.47)$$

式中:$\Delta\varphi_s(R)$ 为对应 PC 均值也即关于 $\varphi_s(R)$ 的估计范围。随机变量 $\Delta\varphi_s(R)$ 均值为零,方差等于估计方差 $\varphi_s(R)$ 且可通过式(4.9)确定。为获得具有较小方差的 PC 估计,采用以下计算式对 $\hat{\varphi}_s(r) = \varphi_s(r) + \Delta\varphi_s(r)$ 作平均,即

$$\overline{\varphi}_s(\hat{R}_n) = \frac{1}{N} \sum_{i=1+n}^{N+n} \overline{\varphi}_s(\hat{R}_i) = \frac{1}{N} \sum_{i=1+n}^{N+n} \varphi_s(R_i) + \frac{1}{N} \sum_{i=1+n}^{N+n} \Delta\hat{\varphi}_s(\hat{R}_i) \qquad (4.48)$$

式中:$N = R_{int}/\Delta$;R_{int} 为进行 PC 平均的距离间隔;Δ 为每次测量时反射面的距离增量;$\hat{R}_i$ 为借助算法式(3.4)在第 i 个 DFS 上得到的第 i 个距离估计。为了确定偏差水平,需要使用基于式(3.4)的距离估计算法。

根据式(4.48)进行平均对应于 PC 在滑动矩形窗中作平均。此时,PC 估计方差将会减小至 $1/N$,但是 PC 估计偏差会使 ε_φ 增加,其取值满足

$$\varepsilon_\varphi(R) = \varphi_s(R) - \overline{\varphi}_s(R) = \varphi_s(R) - \int_{R_1}^{R_2} \varphi_s(R) \frac{dR}{dR_{int}} \qquad (4.49)$$

式中:R_1 和 R_2 分别为 R_{int} 区间的初始值和最终值。这也是因参考信号和 DFS 之间存在 PC 差异而造成距离估计偏差的原因。ε_φ 偏差值的大小取决于 R_{int} 和函数 $\varphi_s(R)$ 在区间 R_{int} 内的特性。此外,非常重要的是当 FMCW RF 的 PC 特性为距离的线性函数时,有

$$\varphi_s(R) = kR + b \qquad (4.50)$$

式中:系数 k 和 b 未知,PC 偏差量可被确定为

$$\varepsilon_\varphi = \frac{\varphi_s(R_2) - \varphi_s(R_1)}{2} \qquad (4.51)$$

为了同时降低 PC 估计偏差 ε_φ 和方差,考虑到随着 R_{int} 的减小偏差 ε_φ 会减小,而在给定 Δ 条件下 PC 估计方差则会增大。很难解析地确定为使偏差和方差同时取得最小值,什么样的 R_{int} 取值最优,但是,十分明显的结论是区间长度 R_{int} 应该为 $\lambda/2$ 的整数倍,这样可使由于 PC 估计随距离变化而振荡所产

生的偏移误差最小。

现在通过仿真来确定可达到的估计精度。仿真中要求 PC 估计偏差所导致的测距偏差总体上小于由式(4.28)确定的发射机载频不稳定性偏差 ΔR_ω。假定 FM-CW RF 的 PC 为式(4.50)所述的距离线性函数，其中 $k=4\pi/R_{max}$ (R_{max} 为最大待测距离)，系数 b 可取为 0，因为估计偏差 ΔR_φ 与其无关。基于反射面变化速率选定 $R_{int}=15$mm。将式(4.51)计算得到的偏差换算为距离，由此得出采用式(4.48)进行 PC 平均处理时将产生偏差 $\Delta R_\varphi = 0.0075$mm。当 PC 特性可通过线性函数拟合时，$\Delta R_\varphi$ 的取值仅与 R_{int} 有关，可接受的反射面距离变化速率约为 1m/min。仿真过程中假定 FMCW RF 发射频率的最大偏移量为 10kHz，采用 Blackman WF 来使 PAM 所引起截断误差最小。

图 4.14 所示为根据式(4.27)计算得到的总体测量误差随测量距离的变化关系仿真结果。

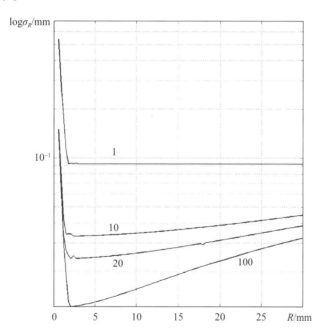

图 4.14　通过 MLM 和 PC 平均后距离估计的整体误差函数

曲线 1 对应采用算法式(3.4)时的距离估计误差，其他曲线对应采用 MLM 算法的情况，即由式(4.9)计算 PC 在滑动窗内的平均估计，其中 N 分别取值为 10、20 和 100。随着相对 FWCW RF 距离的增加，根据算法式(3.4)，可以观察到算法在测量精度上的优势在不断减小。这是由于计算整体误差时考虑了 DFS 和参考信号频率存在(也即 DFS 和参考信号相位差值)所引起距离估计偏差。

平均时间 N 的选择应由处理器工作速度确定,以保证能够实现 MLM 估计所需必要的计算操作。在给定反射面距离变化速度下,当 N 分别等于 10、20 和 100 时,为实现实用的 MLM 估计,需要处理器分别在近似 0.7s、0.14s 和 0.07s 内完成算法计算。

根据图 4.13,当采用 MLM 并考虑 PC 的影响时,整体误差的减小取决于待测距离。若在 30m 距离上误差减小量(取决于 N)超过 2~3 倍,那么在 5m 的距离上,精度优势则是 3~7 倍。除了减小噪声引起的测量误差外,MLM 在本质上可使近距测量的误差减小,原因在于 LLF 的峰值很窄,其双倍频分量对 $\omega<0$ 区域 DFS 谱的影响不像 SL 那样强烈。

4.6.3 降低噪声对相位特性估计精度的影响

当采用 MLM 并引入信号相位信息时,与算法式(3.4)相比,精度上的优势会增大,原因在于此时式(3.42)所述总体噪声分量中噪声引起误差分量和滑窗平均 PC 估计偏差均会降低。为此,需要在特殊设计的测量工作台上进行 FMCW RF 的 PC 估计,理想的选择是利用微波暗箱。在整个待测距离区间对以步长 ε_R 为间隔的每个固定距离 R_i,都需要在 N 个 DFS 样本上执行 PC 估计算法,并根据下式进行平均,即

$$\overline{\varphi}_s(R_i) = \frac{\sum_{i=1}^{N} \hat{\varphi}_s(R_i)}{N} \tag{4.52}$$

可以清晰地看到,平均后的 PC 估计方差 $\overline{\varphi}_s(R_i)$ 是 $\hat{\varphi}_s(R_i)$ 的 $1/N$。

接下来要做的就是,采用已有拟合算法实用连续函数 $\varphi_s(R_i)$ 对离散序列 $\overline{\varphi}_s(R_i)$,$i=1,2,\cdots$ 进行近似拟合。这一步处理很容易实现,因为测距仪中 PC 特性已被近似描述为线性函数。

确定 φ_s 值时所选取的距离点一定要满足这样的条件,即在该距离上谱 SL 在负频率区间上对 PC 计算结果的影响最小。

4.7 小 结

本章给出了正态白噪声背景下进行 DFS 处理时的距离估计潜在精度关系公式,它是 SNR、载频振荡频率和扫频带宽的函数。较不采用信号相位信息的那些算法,利用已知 DFS 相位先验信息的 MLM 算法在进行距离估计时,估计误差的方差可减小至 1/3。

对影响 MLM 法距离估计误差的主要误差分量进行确定。排在首位的是

PAM，它可归结于 DFS 相位估计误差以及 DFS 振荡信号与参考信号之间的差异性，本章给出了反映上述因素影响的距离计算误差表达式。由 PAM 引起的测距误差可以借助 WF 而消除，但是 WF 的应用将导致距离估计误差的方差增大。

另一个重要误差分量就是异常测量误差，得到了异常测量误差的确定公式，研究表明，在大距离范围内搜索似然函数全局最大值时，异常误差的出现概率是载波半波长的整数倍，且其取值与 SNR 有关。

本章给出了一种距离估计的两阶段最大似然估计流程算法，它使得无须在大距离区间内执行全局最大值搜索运算。在第一步处理中，基于 DFS 谱最大值搜索算法确定初步距离估计值；然后，在第二步处理中，在等于载频 SHF 信号波长的窄距离范围内精准确定似然函数的全局极大值，它几乎可以完全消除异常测量误差，但是会增大计算代价。

本章还讨论了 FMCW RF 相频特性的确定方法，它基于测量平台校准期间获取的 DFS 信号样本而实现。通过对两个相邻 PC 值计算结果的比较，可以得到消除 DFS 相位估计值突变的简单有效办法。

推导得到了信号频率已知和未知两种情况下 DFS 相位估计截断误差的确定公式，结果表明，DFS 相位估计截断误差主要由距离估计截断误差所决定。

给出了 DFS 相位估计方差的克拉美罗界，得到了 DFS 相位估计和时延之间相关系数的确定方程。

描述了在未知 FMCW RF 相位特性下实现 MLM 算法和在滑动距离窗内进行 PC 平均估计的算法流程。这样的处理过程需要对 RF 进行提前部署。

研究结果表明，当载频振荡和 PAM 的频率不稳定时，由估计方差和截断误差共同组成的整体距离估计误差取决于待测距离。为了减小整体估计误差，需要增强载频振荡器的频率稳定性。

给出了对短时信号样本进行频率估计的算法分析。假定接收信号的各种样本实现具有不同的尺度参数，并将频率和初相未知的接收信号与一个包含各种不同频率和不同初相的参考信号集进行比较。借助仿真试验可以看出，上述估计算法较已知各种短时样本信号频率估计算法，频率估计 MSD 将至少降低 1/2。而且，较其他已知算法，新算法不仅能够测量频率，还可进行信号初始相位的测量。

参考文献

[1] Tikhonov, V. I., Optimal Reception of Signals, Moscow, Russia: Radio i Sviaz Publ., 1983. [In Russian.]

[2] Sosulin, Y. G., Stochastic Signal Detection and Estimation Theory, Moscow: Sovetskoe Radio Publ., 1978, 320 pp. [In Russian.]

[3] Kulikov, E. I., and A. P. Trifonov, Signal Parameter Estimation against Interference Background, Moscow: Sovetskoe Radio Publ., 1978, 296 pp. [In Russian.]

[4] Berezin, L. V., and V. A. Veitsel, Theory and Design of Radio Systems, Moscow: Sovetskoe Radio Publ., 1977, 448 pp. [In Russian.]

[5] Jenkins, G. M., and D. G. Watts, Spectral Analysis and Its Applications, San Francisco, Cambridge, London, Amsterdam: Holden-Day, 1969.

第5章
调频非线性效应

5.1 引 言

在调频法测距中,影响测距主要误差的一个重要因素就是SHF发射机的线性调制特性的好坏。目前已知能提供MC线性调制特性的方法是借助锁相环(PLL)技术进行数字频率合成[1]。该合成方法通常在一个相对较低的载频上实现,之后还要通过混频得到所需的频率,并对得到的信号进行放大。这些方法可以得到一个具有好的线性特性和有宽调频范围的振荡器;然而,它们的实现过程非常昂贵并且复杂。因此,需要用一种更简单、更低成本的方法来保证所需的测距精度进行测距,为了解决这一难题,对非线性调节特性的研究是非常有价值的。

为了解决这一问题,需要建立一个振荡器调节特性的模型,用来研究非线性调节特性对测距结果的影响,并找到方法来减少测距误差。

5.2 调制特性的数学模型

在这种情况下,用模型 $\omega(u_{mod})$ 来表示影响测距精度的调频连续波振荡器的外部特性。

在多数情况下,压控振荡器(VCO)常被用作调频连续波雷达的振荡器。变容二极管常被用来控制调频范围。它的性能好坏取决于 $\omega(u_{mod})$ 的线性度,并确切地影响了实际的频率变化特征(稳定度)。

SHF振荡器调频范围的线性度是实现高测距精度的主要条件之一。为估计调节特性的线性程度,借助近似方法,以某些特定公式的形式记录的解析MC更为合适。在我们的问题中,为了对调节特性的独特性有一个更完整的解释,可以写出周期频率与电压的函数关系式为

$$f = f_0 + K_{MC}u_{mod} + au_{mod}^2 + \sum_{n=1}^{M} b_n \sin[d_n(u_{mod} + u_{init,n})] \tag{5.1}$$

式中：K_{MC} 和 a 定义了线性和二次分量；b_n、d_n 和 $u_{init,n}$ 分别定义了振幅、电压轴上的频率和每一个正弦部分最初的偏压；M 为分析出现的谐波的数量。

假设这个公式中的电压 u_{mod} 的线性变化规律为

$$u_{mod} = K_u t \tag{5.2}$$

于是，此对称性三角波调制规律的最大电压值为

$$U_{mod} = K_u \frac{T_{mod}}{2} \tag{5.3}$$

这个最大电压是根据指定的 FM 扫描范围通过对非线性方程式进行数值求解得到的（对一个振荡分量），即

$$K_{MC}U_{mod} + b\{\sin[d(U_{init} + U_{mod})] - \sin(dU_{init})\} = \Delta F \tag{5.4}$$

将给定的 MC 参数 K_{MC}、b_n、d_n 和 $u_{init,n}$ 以及调频连续波规定的 ΔF 的值代入式(5.4)。

为了找出式(5.1)中所有的 MC 参数，基于以表格形式记录的实验数据，其包含 N 对合适的数字 u_{mod}，$f_i(i=1, 2, \cdots, N)$，可以采用在文献[2]中描述并在文献[3-4]中应用的分离单元顺序提取的方法。前 3 项可以基于二次回归，通过根据最小二乘法的近似方法来定义[5]。

图 5.1(虚线部分)表示了一种工业制造振荡器的调制特性。

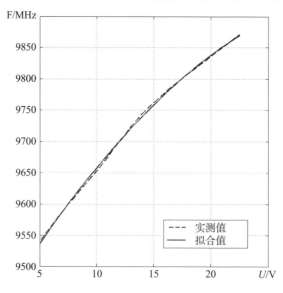

图 5.1 工业制造振荡器的调制特性的二次回归线

在 Matlab 6.5 软件中,借助典型的子程序 Polyfit 和 Polyval,分别计算回归系数和回归方程,得到二次回归方程的实线部分如图 5.1 所示。基于得到的式(5.1)中前 3 项的估计值,减去实验得到的回归数据,将振荡部分的剩余部分用数点 u_{mod}、i、Δ_i 的形式表示,即

$$\Delta_i = f_i - f_0 - K_u u_{\mathrm{mod}} - \bar{a} u_{\mathrm{mod},j}^2 \qquad j = 1, 2, \cdots, N \tag{5.5}$$

如图 5.2 中虚线所示。

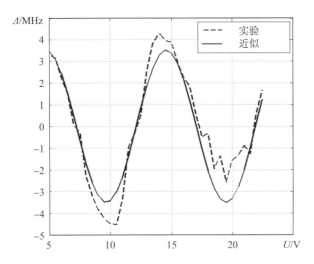

图 5.2 $M=1$ 处 MC 振荡分量随电压变化的近似曲线

因为在(5.1)中可能存在一些谐波,当对每个谐波成分进行顺序提取时,可以采用在文献[2]中考虑的方法。

考虑到在这种情况下讨论的不是一个时间函数,而是取决于调制电压的函数,文献[2]中提供的信号的超分辨率方法可以描述为下述形式,它需要根据存在误差时的测量值来估计谐波参数,包含 Δ_i(振幅 b_n、频率 d_n 和相位 $\varphi_n = d_n U_{\mathrm{init},n}$)。

为了解决这一问题,通常的方法是在选定(选择)参数下,计算 Δ_i 的测量值和典型振荡 f_{osc} 之间的度量范围平方 C^2,即

$$C^2 = \sum_{i=1}^{M} (\Delta_i - f_{\mathrm{osc},i})^2 \tag{5.6}$$

该方法将处理简化为两个阶段。

第一阶段:即使在无法分解的情况下也提供谱线坐标的确定。这一阶段包括以下两个步骤。

第 1 步:用最大振幅来搜索峰值。这个峰的参数被赋予下一个谱线的相对

参数。

第 2 步：计算前 $m-1$ 次迭代过程值与下一提取谱线值的差距，即

$$\Delta_{i,m} = \Delta_{i,m-1} - f_{\text{osc}}(b_n, d_n, \varphi_n) \tag{5.7}$$

重复步骤 1 和步骤 2，直到提取峰值的振幅小于选择的阈值。

第二阶段：对所有谱线坐标进行逐次规范。该阶段利用最小二乘法实现了参数搜索的估计性能。

在起始点和减法点指定谱线的参数，这里所有的信号都是从初始信号的前一步得到的，参数经过优化。对谱峰参数进行规范，直到新获得的参数与前一阶段的参数之间的差异小于预先要求的值为止。

在第二阶段的每一步中，采用一维而不是三维最小化过程更为方便，参照文献[6]中的非线性最小二乘法。

因此，可以在频率 d_n 上将多维数值最小化简化为一维最小化过程。当确定最小值后，可以计算出所需的参数 b_n、φ_n 和 $U_{\text{init},n}$，即

$$b_n = \sqrt{b_{\text{cn}}^2 + b_{\text{sn}}^2} \tag{5.8}$$

$$\varphi_n = \arctan\left(\frac{b_{\text{sn}}}{b_{\text{cn}}}\right) \tag{5.9}$$

$$U_{\text{init},n} = \frac{\varphi_n}{d_n} \tag{5.10}$$

对于 M 分别为 1、2、3、4，给出的 MC 近似算法应用结果如图 5.1 所示，结果表明，随着 M 的增长，近似误差减小。

根据该方法对工业制造的系列振荡器进行 MC 参数确定，得到 MC 参数可能取值范围为 $K_u = (40 \cdots 100)$ MHz/V，$a = (-3 \cdots -0.5)$ MHz/V^2，$b = (0 \cdots 100)$ MHz，且 $d = (0, 1, \cdots, 5)$ rad/V。参数 U_{init} 通常在 MC 范围内，但这并不影响后来的结果。所考虑的示例验证了式（5.1）中模型在描述不同类型 MC 时的巨大可能性。

5.3　非线性调频对频率测量的计数方法的影响

MC 的非线性导致差频 $F_{R,\text{aver}}$ 的平均值随着测量范围变化的非比例变化。正如前文所示，采用 DFS 相位连接的方法，距离变化导致调制周期变化，从而引起调制电压幅值的变化，并导致平均 MC 斜率的变化。由于 FMCW RF 的距离计算是在此斜率为常数的假设下进行的，因此产生了测量误差。该测量的基本性质是当 DFS 相位连接点跳转到下一个极值时，斜率存在阶梯变化，在

这些变化之间斜率平滑变化。阶梯变化定义了最大斜率的变化，对应地导致了最大的测量误差[7]。为了估计 $F_{R,\text{aver}}$ 的最大变化值，使用式(5.1)的最小非线性参数集，其中 $M=1$。

具体地说，假定采用对称三角形调制电压。为确定平均斜率的阶梯变化值，只需要考虑一个半调制周期就足够。调制电压变化规律假定为线性的，即

$$u = U_{\text{DC}} + K_u t \qquad t \in \left(0, \frac{T_{\text{mod}}}{2}\right) \tag{5.11}$$

式中：U_{DC} 为 DC 分量；K_u 为电压增加的斜率。

将式(5.11)代入式(5.1)，发射机频率时间函数可以写为

$$F(t) = f_0 + K_{\text{MC}} U_{\text{DC}} + K_{\text{MC}} K_u t + a U_{\text{DC}}^2 + a K_u^2 t^2 + 2a U_{\text{DC}} K_u t + b \sin[d(U_{\text{DC}} - U_{\text{init}} + K_u t)] \tag{5.12}$$

利用式(1.10)，得到差频公式为

$$F_{\text{DFS}}(t) = t_{\text{del}} \{A + 2Bt + C\cos[d(U_{\text{DC}} - U_{\text{init}} + K_u t)]\} \tag{5.13}$$

式中：$A = K_{\text{DC}} K_u + 2a U_{\text{DC}} K_u$；$B = a K_u^2$；$C = b d K_u$。

现在根据式(1.11)计算调制半周期的平均差频，即

$$F_{R,\text{aver}} = 2 t_{\text{del}} + \left\{ 0.5A + 0.25 B T_{\text{mod}} b\sin\frac{[d(U_{\text{DC}} - U_{\text{init}} + 0.5 K_u T_{\text{mod}})]}{T_{\text{mod}}} - b\sin\frac{[d(U_{\text{DC}} - U_{\text{init}})]}{T_{\text{mod}}} \right\} \tag{5.14}$$

在相位连接时刻，半周期 $T_{\text{mod}}/2$ 存在一个 $T_R/2$ 值的跳变，由最小值 T_{st} 增加到最大值 $T_{\text{st}} + T_R/2$，随着测量范围的增加，反过来，随着测量范围减小，半周期从上述最大值减小到 T_{st}。求出差频 $\Delta F_{R,\text{aver}}$ 均值的最大变化量，以及特定情况下测量范围 ΔR 的跳变量。

5.3.1 二次调制特性

将 $b=0$、时刻 $t=0$ 和 $t=T_{\text{st}}$ 代入式(5.12)，得到根据给定频率 FM 扫频 ΔF_{min} 确定调制电压幅值的二次方程，即

$$a U_{\text{mod}}^2 + (K_{\text{MC}} + 2a U_{\text{DC}}) U_{\text{mod}} - \Delta F_{\text{min}} = 0 \tag{5.15}$$

式中：$U_{\text{mod}} = T_{\text{st}} K_u$ 为调制电压值；$\Delta F_{\text{min}} = T_{\text{st}} K_f$ 为 T_{st} 时间内 FM 扫频值，考虑到 $U_{\text{mod}} > 0$，得到该方程的解为

$$U_{\text{mod}} = -\left(\frac{K_{\text{MC}}}{2a} + U_{\text{DC}}\right) + \sqrt{\left(\frac{K_{\text{MC}}}{2a} + U_{\text{DC}}\right)^2 + \frac{\Delta F_{\text{min}}}{a}} \tag{5.16}$$

上述实际 MC 参数的取值使得平方根下的第一项比第二项多出几个数量

级。展开到麦克劳林级数[5]并开方，并限制为前两项，得到近似方程为

$$U_{\text{mod}} \approx \frac{\Delta F_{\min}}{K_{\text{MC}} + 2aU_{\text{DC}}} \tag{5.17}$$

根据式(5.17)，当 $\Delta T_{\text{mod}} = T_R/2$ 时，得到差频的阶梯增量为

$$\Delta F_R = 0.5aK_u^2 T_R t_{\text{del}} \tag{5.18}$$

现在考虑式(1.25)，经过简单的变换，得到由二次 MC 特征引起的距离测量相对误差的最大值的公式，即

$$\frac{\Delta R_{\max,\text{quad}}}{\delta_{R\,\text{st}}} = \frac{a\Delta F_{\min}}{(K_{\text{MC}} + 2aU_{\text{DC}})^2} \tag{5.19}$$

在固定的 MC 参数和调制规律下，该误差分量的值不依赖于范围，而是仅由指定的 FM 范围、MC 参数 a 和 K_{MC} 以及 U_{DC} 的值定义。FM 范围的扩大导致相对误差成比例地增加。二次系数 a 为代数量，因此，它的影响是模糊的。然而它不能改变任何的极限；它的值不应该是这样的，此时 MC[8]中会出现负斜率，它必须是递增函数。下面可以这样考虑 a 的极值，在半周期的边界(即在 $t = T_{\text{st}}$)上存在 MC 极值，因此 MC 的导数等于 0，有

$$\left.\frac{\mathrm{d}f(u)}{\mathrm{d}u}\right|_{u=U_{\text{mod}}} = K_{\text{MC}} + 2a(U_{\text{DC}} + U_{\text{mod}}) = 0 \tag{5.20}$$

在这种情况下，二次系数的下边界为

$$a \geqslant \frac{-0.5K_{\text{MC}}}{K_U T_{\text{st}} + U_{\text{DC}}} = \frac{-0.5K_{\text{MC}}}{U_{\text{mod}} + U_{\text{DC}}} \tag{5.21}$$

在式(5.19)的分母中，第一项远大于第二项，U_{DC} 变化的影响远大于第二项，U_{DC} 的变化对误差的影响不显著。由于这个原因，测量误差随 a 变化的函数主要由式(5.19)的分子决定，且基本上是线性的。图 5.3 展示了当 $K_{\text{MC}} = 50\text{MHz/V}$，$U_{\text{DC}}$ 等于 2V、4V 和 6V 三个值时，距离测量的相对误差函数关于二次系数的典型曲线图。

如果由式(5.19)表示考虑到上述事实的测量误差的绝对值，则误差的二次分量的模不取决于 FM 的范围，仅由 MC 参数来决定，即

$$\Delta R_{\max,\text{quad}} = \frac{0.25ac}{K_{\text{MC}}^2} \tag{5.22}$$

由此可见，MC 斜率的变化对误差值有显著影响。随着斜率增大，误差急剧减小。这使得可以根据给定的最大允许测量误差对非线性 MC 的参数进行限制。

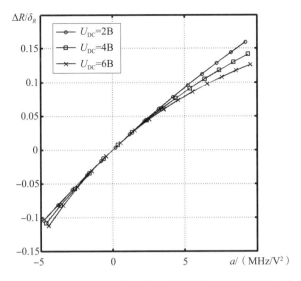

图 5.3 $K_{MC}=50MHz/V$ 时归一化测量误差与二次系数的函数曲线

5.3.2 振荡调制特性

在式(5.12)中代入 $a=0$，时刻 $t=0$、$t=T_{st}$，调制电压幅值的确定公式类似于式(5.15)，即

$$K_{MC}U_{mod}+b\sin[d(U_{DC}-U_{init}+U_{mod})] \\ -b\sin[d(U_{DC}-U_{init})]-\Delta F_{min}=0 \tag{5.23}$$

这个超常的方程只能用数值方法求解。但是，对于二次情况，可以对 MC 参数进行限制，使其不能满足衰减部分，即

$$\frac{df(u)}{du}=K_{MC}+bd\cos[d(U_{DC}-U_{init}+u)]\geqslant 0 \tag{5.24}$$

最坏的情况是方程中的函数 $\cos(*)$ 变成等于1。由此得到 MC 参数的极限表达式为

$$bd\leqslant K_{MC} \tag{5.25}$$

在式(5.14)中假设 $a=0$，得到差频的阶梯变化值，当相位连接点变化一个 $\Delta T_{mod}=T_R/2$ 值，即

$$\Delta F_R=\frac{2t_{del}b}{T_{st}+0.5T_R}\left\{\left[d\left(U_{DC}-U_{init}+K_uT_{st}+\frac{K_uT_R}{2}\right)\right]-\sin[d(U_{DC}-U_{init})]\right\}- \\ \frac{2t_{del}b}{T_{st}}\{\sin[d(U_{DC}-U_{init}+K_uT_{st})]-\sin[d(U_{DC}-U_{init})]\} \tag{5.26}$$

由这里变换后得到

$$\Delta F_R = \frac{xb}{\Delta F_{\min} T_{st}} \left\{ K_Y \sin\left[D + \frac{dU_{mod}}{K_Y}\right] - \sin(D + dU_{mod}) - (1-K_Y)\sin D \right\} \quad (5.27)$$

式中：$D = d(U_{DC} - U_{init})$；$K_Y = R/(R + \delta_{Rst})$。

现在可以写出测量范围阶梯变化的值，即

$$\frac{\Delta R_{\max,osc}}{\delta_{Rst}} = \frac{xb}{\Delta F_{\min}} \left\{ K_Y \sin\left[D + \frac{dU_{mod}}{K_Y}\right] - \sin(D + dU_{mod}) - (1-K_Y)\sin D \right\} \quad (5.28)$$

从这些方程可以看出，决定测量误差的因素相当复杂，包括范围、调制参数以及 MC 工作点的位置。影响最大的是参数 d 包含的误差函数相关范围的性质。

为了定量估计可能的误差值，根据测量范围的极限值对式（5.28）进行变换。在小范围内当 $R \to \delta_{Rst}$ 时，在式（5.28）中代入 $R = \delta_{Rst}$，变换两个三角函数的和，得到

$$\left. \frac{\Delta R_{\max,osc}}{\delta_{Rst}} \right|_{R=\delta_{Rst}} = \frac{b}{\Delta F_{\min}} \sin[d(U_{DC} - U_{init} + U_{mod})] \times [\cos(dU_{mod}) - 1] \quad (5.29)$$

在 $R \to \infty$ 的大范围内，可以使用变量 $x = K_Y/(1-K_Y)$ 的变化，它遵循式（5.27）中的指定，用洛必达规则来克服不确定性，从式（5.28）得到相对振荡误差的最大值为

$$\left. \frac{\Delta R_{\max,osc}}{\delta_{Rst}} \right|_{R \to \infty} = \frac{b}{\Delta F_{\min}} \left\{ \sqrt{(dU_{mod})^2 + 1} \sin[\arctan(dU_{mod}) - D - dU_{mod}] - \sin D \right\} \quad (5.30)$$

从式（5.29）和式（5.30）可以得出结论，通过改变 U_{DC} 和 U_{mod} 电压，可以将误差最小化直到归零。然而，这不像当在时间间隔 T_{st} 内定义 $\Delta F_{\min}$ 值时在式（5.23）中包含的那些电压，因为 $\Delta F_{\min}$ 是通过任意外部电路固定的，U_{DC} 和 U_{mod} 不可能同时任意改变。随着式（5.23）中 U_{DC} 的变化，得到严格关联的 U_{mod} 值。

下面求出测量结果阶梯变化的最大可能值。

误差测量的最大模值可以通过选出在式（5.29）中三角函数极限值的最差组合来得到，在小范围（$R = \delta_{Rst}$）内，有

$$\left| \frac{\Delta R_{\max,osc}}{\delta_{Rst}} \right|_{R=\delta_{Rst}} \leq \frac{2b}{\Delta F_{\min}} \quad (5.31)$$

在很大范围（$R \to \infty$）内，有

$$\left| \frac{\Delta R_{\max,osc}}{\delta_{Rst}} \right|_{R \to \infty} \leq \frac{b[1 + \sqrt{(dU_{mod})^2 + 1}]}{\Delta F_{\min}} \quad (5.32)$$

这些公式使得可以根据已知 MC 参数来估计可能的误差值。

根据这些表达式，FM 范围的增加仅在小范围内会产生较大的积极影响。从图 5.4 中可以清楚地看到，实线表示根据式(5.29)，当 $R/\delta_{R\,\text{st}}=1$ 时，相对误差的计算结果关于 FM 扫频范围的函数，虚线表示根据式(5.31)得到的相同结果。

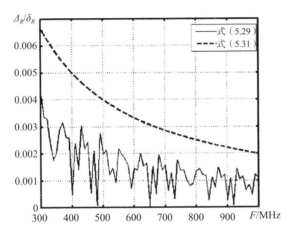

图 5.4　当 $d=5\text{rad/V}$、$b=1\text{MHz}$、$U_{\text{init}}=0\text{V}$、$U_{\text{DC}}=5\text{V}$、$\Delta R/\delta_{R\,\text{st}}=1$
时的归一化测量误差与频率 FM 范围的函数曲线

随着 FM 扫频变化，精确计算结果强烈振荡；但是，绝对误差的模值不超过根据式(5.31)确定的任意参数下的近似值。两个方程均给出了频率调频范围变化时的基本误差变化。

对于较大的范围，式(5.32)有一个乘数，其值取决于乘积 dU_{mod}。这个值主要与调频范围成正比；因此，它部分补偿了该公式分母的影响。补偿的程度取决于 d。U_{mod} 的微弱影响仅在于小 d，因此，随着 FM 扫描范围增加，测量误差大范围的降低，如图 5.5 所示(在 $d=0.3\text{rad/V}$ 时)。

增加 d 导致增大 U_{mod} 的影响，并因此降低了 FM 扫频对误差的影响。如图 5.6 所示，函数类似于图 5.5，却是 $d=5\text{rad/V}$ 时的结果。因为 dU_{mod} 可以远远大于 1，在很大的范围内，对于较大的 d，该误差对 FM 扫描的依赖性很弱，且期望得到这个值，即

$$\left|\frac{\Delta R_{\max,\text{osc}}}{\delta_{R\,\text{st}}}\right|_{R\to\infty}\leq\frac{bd}{K_{\text{MC}}}+\frac{b}{\Delta F_{\min}} \tag{5.33}$$

也就是说，它主要是由 MC 参数定义的，因为第二项明显小于第一项。因此，在图 5.6 中，最大误差的变化不超过其绝对值的百分比单位。

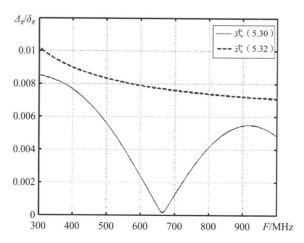

图 5.5 相对测量误差与频率 FM 范围在 $d=0.3\text{rad/V}$、$b=1\text{MHz}$、$U_{\text{init}}=0\text{V}$、$U_{\text{DC}}=5\text{V}$、$\Delta R/\delta_{R\text{ st}}=200$ 处的函数关系

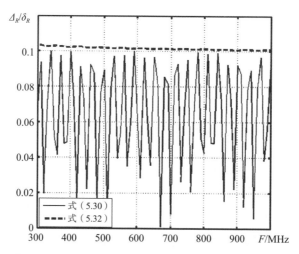

图 5.6 在 $d=5\text{rad/V}$、$b=1\text{MHz}$、$U_{\text{init}}=0\text{V}$、$U_{\text{DC}}=5\text{V}$、$\Delta R/\delta_{R\text{ st}}=200$ 时相对测量误差与频率 FM 范围的函数曲线

5.3.3 具有振荡分量的二次调制特性

这是最普遍的情况。分析表明这种情况下总体测量误差可以记录为两个考虑分量的和。在实践中，极限误差值更有趣。可以把式(5.22)和式(5.33)结合起来，为

$$\left| \frac{\Delta R_{\max,osc}}{\delta_{R\,st}} \right|_{R \to \infty} \leq \frac{bd}{K_{MC}} + |a| \frac{\Delta F_{\min}}{K_{MC}^2} \tag{5.34}$$

因此，二次分量的存在直接导致振荡分量图形根据二次项的符号向上或向下偏移。所有考虑了误差特性随调制参数和 MC 变化的结论依然为真。

5.4 FM 非线性对差频平均加权方法的影响

对不同类型的 MC 非线性情况下，利用计算机仿真的方法，将 MC 非线性对测距误差的影响进行估计。在最简单的二次 MC 的情况下，计算表明，对于不同的 WF，误差曲线关于距离的一般视图大致相同，正如图 2.4 所示曲线一样。

图 5.7 所示为函数 WF 在 $n=1$ 和 $a=-2\text{MHz}/\text{V}^2$ 时相对误差与归一化距离的典型函数。

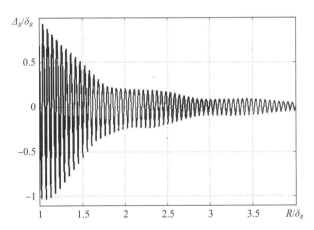

图 5.7 $n=1$ 和 $a=-2\text{MHz}/\text{V}^2$ 的归一化测量误差与归一化距离函数曲线

二次非线性导致误差图中的节点被剔除，总体误差水平增加，因此，n（代数 WF 的形状越复杂）越大，非线性影响越强。总的函数特征保持不变（即可以观测到误差振荡有快有慢）。和往常一样，快振荡周期等于 1/4 载频振荡周期。这些振荡的振幅随距离的增大而单调递减。慢振荡被表示为弱振荡，当非线性显著增加时，慢振荡消失。

图 5.8 给出了（调频）二次非线性在 $n=1$ 时，不同系数下根据式（2.23）进行归一化误差 σ_Δ 与归一化距离的平均值的函数。

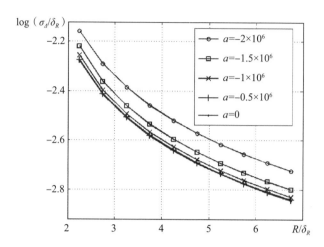

图 5.8 在 $n=1$ 时不同二次非线性系数下的归一化平均误差函数曲线

二次非线性度的增大导致总误差级的增大。这种图的具体形式在 WF 形式的改变中变化很大，在更复杂的 WF 中变化最大。

下面考虑非线性 MC 的振荡过程的影响，对于最简单情况：只存在一个谐波。对式(5.1)进行分析可知，本例中 MC 斜率变化由乘积 bd 决定，因此，最大斜率为 $S_{max}=K_{MC}+bd$，最小斜率为 $S_{min}=K_{MC}-bd$。计算表明，误差函数与距离的特性取决于 WF 形状和 MC 参数 d、b 和 U_{init}。通过对计算结果的分析，可以得到以下结论。

①通常，可以观察到存在两种周期性与载频振荡的波长和 QI 值有关。

②线性趋势上升，其斜率值和斜率符号具备复杂的特性，依赖于乘积 bd 和振荡分量 dU_{init} 的初始相位。

③随着初始相位的变化，斜率的趋势限制在某最小负值和最大正值的范围内变化。

图 5.9 所示为 $n=1$、$d=1\text{rad/V}$ 和 $b=10\text{MHz}$ 时，相对距离测量误差与归一化距离的典型函数，两个 U_{init} 的极值定义了线性趋势的极值。

如果趋势参数已知，可以在计算范围时考虑它们。图 5.7 显示了所提及的消除趋势后的测量误差函数。

线性趋势斜率取决于 MC 参数。图 5.10 给出了通过仿真得到的不同参数 b 和 d 下的斜率关于 $U_{init}d$ 的函数。

$U_{init}d$ 具有正弦形状且对初始相位依赖。关于参数 b 和 d 的函数要复杂得多。误差曲线的线性趋势可以很容易通过改变系数 K_{WF} 消除，其值取决于 MC 振荡元件的参数和 WF 的具体形式。

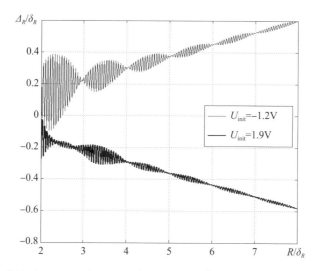

图 5.9 $n=1$、$d=1\text{rad/V}$ 和 $b=10\text{MHz}$ 在两个 U_{init} 值时归一化距离测量函数与归一化距离的关系

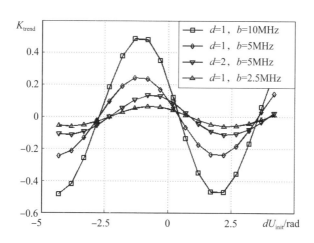

图 5.10 MC 振荡分量线性趋势与初始相位的斜率系数图

消除趋势后,误差振荡分量 MSD 对 MC 非线性参数的依赖性较弱。从图 5.11 所示的图中可以很好地看出这一点。

因此,结果提供了根据已知 MC 非线性参数对距离测量结果进行修正的可能性。为了解决这个问题,需要确定包含在计算式(2.5)中的 MC 非线性参数与系数 K_{WF} 之间的函数关系,以修正测量结果。此外,还需要具备根据工作 DFS 定义 MC 非线性参数的可能性,以实现对结果的紧急修正。

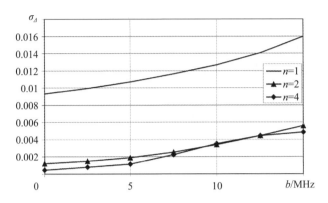

图 5.11 在 $dU_{\text{init}}=1$ 和 $R/\delta_R=6$ 时距离测量 MSD 与 MC 振荡分量振幅的关系

5.5 修正系数与 MC 非线性参数的关系

为了得到系数 K_{WF} 与非线性参数的关系，需要计算式(2.4)的积分，其中已经代入了式(2.9)的 WF 表达式和式(1.10)的差频方程。这里分别考虑二次 MC 非线性和振荡非线性的情况。

5.5.1 调制特性的二次非线性

考虑式(5.1)，在二次 MC 非线性条件下，式(1.10)的差频定义为

$$F_{\text{DFS}}(t)=t_{\text{del}}(kk_U+2ak_U^2 t) \tag{5.35}$$

然后，由于

$$S=K_W 2t_{\text{del}}\int_0^{\frac{T_{\text{mod}}}{2}}\sum_{M=0}^{k}A_m\cos\left(4\pi m\frac{1}{T_{\text{mod}}}\right)(K_{\text{MC}}k_U+2ak_U^2 t)\,\mathrm{d}t \tag{5.36}$$

经过函数变换和变量的替代，可以得到

$$\begin{aligned}S=&\frac{T_{\text{mod}}}{\pi}K_W K_{\text{MC}}k_U t_{\text{del}}\sum_{m=0}^{K}A_m\int_0^\pi\cos(2mx)\,\mathrm{d}x+\\&\frac{T_{\text{mod}}^2}{(2\pi)^2}K_W 4t_{\text{del}}ak_U^2\sum_{m=0}^{K}A_m\int_0^\pi x\cos(2mx)\,\mathrm{d}x\end{aligned} \tag{5.37}$$

式中：$x=2\pi t/T_{\text{mod}}$。

利用文献[9]的积分表，可以得到

$$S=T_{\text{mod}}K_{\text{MC}}k_U t_{\text{del}}A_0+\frac{T_{\text{mod}}^2}{2}K_W t_{\text{del}}ak_U^2 A_0 \tag{5.38}$$

考虑到 $k_U T_{mod}/2 = U_{mod}$，可以写成

$$S = 2t_{del}(U_{mod}K_{MC} + U_{mod}^2 a) = 2t_{del}\Delta F \tag{5.39}$$

因此，可以看到，当二次 MC 呈非线性时，系数 $K_W = 1$，这与 5.4 节的仿真结果是一致的。

5.5.2 调制特性的振荡非线性

考虑式（5.1）在 MC 振荡非线性时，式（1.10）的差频通过以下方程定义，即

$$F_{DFS}(t) = t_{del}\{K_{MC}k_U + bdk_U\cos[d(k_U t + U_{init})]\} \tag{5.40}$$

由于

$$S = K_W 2t_{del}\sum_{m=0}^{K} A_m \int_0^{\frac{T_{mod}}{2}} \cos\left(2\pi m \frac{2t}{T_{mod}}\right)\{K_{MC}k_U + bdk_U\cos[d(k_U t + U_{init})]\}dt \tag{5.41}$$

经过函数变换和变量替代，可以得到

$$S = T_{mod}K_W K_{MC}k_U t_{del}A_0 + K_W t_{del}bdk_U \frac{T_{mod}}{\pi} \times$$
$$\sum_{m=0}^{K} A_m\left[\cos(dU_{init})\int_0^\pi \cos(2mx)\sin(vx)dx - \sin(dU_{init})\right.$$
$$\left.\int_0^\pi \cos(2mx)\sin(vx)dx\right] \tag{5.42}$$

式中：$v = dk_U T_{mod}/(2\pi)$，x 如式（5.37）中所定义。

通过积分和简单的变换，可以得到

$$S = 2K_W U_{mod} t_{del}\left\{K_{MC}A_0 + bd\{\sin[d(U_{init} + U_{mod})] - \sin(dU_{init})\} \times\right.$$
$$\left.\sum_{m=0}^{K} A_m \frac{dU_{mod}}{(dU_{mod})^2 - (2\pi m)^2}\right\} \tag{5.43}$$

式中：U_{mod} 为根据式（5.4）定义的锯齿电压幅值。

考虑到式（2.4），再由式（5.43）可知

$$K_{WF} = \frac{K_W U_{mod}}{\Delta F}\left\{K_{MC}A_0 + bd\{\sin[d(U_{init} + U_{mod})] - \sin(dU_{init})\} \times\right.$$
$$\left.\sum_{m=0}^{K} A_m \frac{dU_{mod}}{(dU_{mod})^2 - (2\pi m)^2}\right\} \tag{5.44}$$

在这种情况下，系数 K_{WF} 以一种复杂的方式依赖于振荡 MC 元件和 WF 参数。根据式（5.44），结合 5.3 节 DFS 处理仿真中使用的 MC 非线性参数计算该

系数，可以构建图 5.10 所示的图。这验证了所得公式的正确性，并得出(2.5)中系数修正 K_{WF} 在测量 MC 非线性已知参数范围的实际可能性。

5.5.3 调节特性的二次振荡非线性

在推导式(5.39)和式(5.44)时，重复计算，可以得到

$$K_{WF} = \frac{K_W U_{mod}}{\Delta F} \left\{ A_0(K_{MC} + aU_{mod}) + \right.$$

$$\left. bd\{\sin[d(U_{init}+U_{mod})] - \sin(dU_{init})\} \times \sum_{m=0}^{M} \frac{A_m dU_{mod}}{(dU_{mod})^2 - (2\pi m)^2} \right\} \quad (5.45)$$

由此可以确定，在这种情况下，MC 非线性的所有参数都会影响 K_{WF} 的值。

5.6 根据工作差频信号估计校正系数

当存在 MC 二次和一次振荡分量时，差频时间函数表现为

$$F_{DFS} = t_{del}\{K_{MC}k_U + 2ak_U^2 t + bdk_U \cos[d(k_U t + U_{init})]\} \quad (5.46)$$

这个公式在结构上看起来像式(5.1)。不同之处在于不存在二次分量，且存在由测量范围定义的 t_{del}。因此，建议在 5.1 节所述方法的基础上，根据测量到的差频时间函数，采用 MC 参数测定算法。

5.6.1 算法序列

算法序列步骤如下。

步骤 1：根据测量的 DFS，确定差频周期 T_{DFS} 关于时间的函数。

步骤 2：将周期转换为差频 $F_{DFS} = 1/T_{DFS}$。

步骤 3：根据得到的函数，在线性回归的基础上，借助最小二乘法[5]的近似，得到线性趋势的参数(DC 分量 f_{DC} 和斜率系数 k)。

步骤 4：通过将式(5.47)中合适的项与找到的线性趋势参数取等，确定线性和二次 MC 分量的参数，即

$$K_{MC} = \frac{f_{DC}}{t_{del}k_U} \quad (5.47)$$

$$a = \frac{k_f}{2t_{del}k_U^2} \quad (5.48)$$

步骤 5：从获得的差频时间函数中减去线性趋势。

步骤6：采用5.1节所述方法，根据得到的差频时间函数振荡分量确定频率F、振幅ΔF_{osc}和相位φ。

步骤7：根据确定的参数得到MC振荡分量参数，即

$$d = \frac{2\pi F}{k_U} \tag{5.49}$$

$$b = \frac{\Delta F_{osc}}{dk_U t_{del}} \tag{5.50}$$

$$U_{init} = \frac{\varphi + 0.5\pi}{d} \tag{5.51}$$

未知参数t_{del}包含在这些公式中。因此，只能在设备校准之前对已知范围进行类似的计算，并将这些参数用于校准式(2.5)中包含的系数K_{WF}。

但是，在每次距离测量中估计MC非线性参数并在工作模式中考虑它的可能性具有实际意义。在这种情况下的测量距离/t_{del}是未知的。权宜之计是确定这样一个估计K_{WF}的公式，其中没有t_{del}。FM的范围值ΔF包含在式(5.45)的分母中。利用式(5.1)，将FM范围与非线性参数连接起来，有

$$\Delta F = K_{MC} U_{mod} + a U_{mod}^2 + \sum_{n=1}^{M} b_n \{\sin[d_n(U_{mod} + U_{init,n})] - \sin(d_n U_{init,n})\} \tag{5.52}$$

将该方程代入式(5.45)，用式(5.47)到式(5.51)的估计作为MC非线性的参数，可以为K_{WF}得到以下表达式，其中二次和一次MC振荡分量具备以下形式，即

$$K_{WF} = \frac{K_W \overline{F}\left\{A_0(2\overline{f_n} + \overline{k_f}) + 2\overline{F}\Delta \overline{F}_{osc}[\sin(\overline{F} + \varphi) - \sin\varphi]\sum_{m=0}^{N} \frac{A_m}{\overline{F}^2 - (2\pi m)^2}\right\}}{\overline{F}(\overline{f_n} + \overline{k_f}) + 2\Delta \overline{F}_{osc}[\sin(\overline{F} + \varphi) - \sin\varphi]} \tag{5.53}$$

式中：$\overline{F} = FT_{mod}/2$；$\overline{f}_{osc} = f_{osc} T_{mod}/2$；$\overline{k}_f = k_f(T_{mod}/2)^2$；$\Delta \overline{F}_{osc} = \Delta F_{osc} T_{mod}/2$为归一化估计。该表达式可用于在每次距离测量中校正结果。

该校正方法的有效性通过仿真进行了验证。图5.12所示为完全已知MC非线性参数的假设情况下，平均误差平方关于归一化距离的对数函数，即根据式(5.46)计算得到的准确的K_{WF}值以及未修正的结果。

5.6.2 仿真条件

仿真条件如下：

①非线性MC参数$K_{MC} = 70\text{MHz/V}$；$a = 2\text{ MHz/V}^2$，$b = 2\text{MHz}$，$d = 2\text{rad/V}$，$U_{init} = 3\text{V}$；

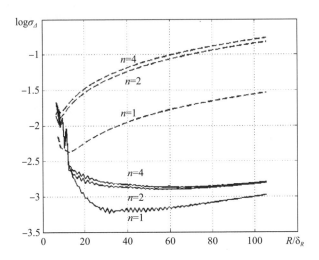

图 5.12 平均误差平方随归一化距离变化的对数函数图
(虚线是未修正误差;实线是修正后误差)

②采用窗函数式(2.19),且取 $n=1$、2 和 4;

③进行每次测量时根据式(5.53)进行 MC 参数估计和 K_{WF} 计算。

可以看到,对于每一个 WF 都存在一个最小距离,从这里可以方便地开始修正。在较远距离处,根据 WF 的类型,误差减小一个单位到几十个单位,实现的误差对应于该设备的要求。

5.7 调制特性非线性的补偿

在对接收到的射频信号进行参数分析[10]的基础上,给出了 SHF 振荡器的 MC 自适应线性化的可能性,并确定了线性化量的定量估计。基于讨论的是近距离的测量这一事实,当信号延迟 t_{del} 与调制周期 T_{mod} 相比是一个可以忽略的量时,这可以得到实现。利用式(1.8),可以将 FMCW RF 混频器输出端的差频信号相位 $\varphi_{dif}(t)$ 写为

$$\varphi_{dif}(t) = 2\pi f_0 t_{del} + 2\pi f(t) t_{del} \tag{5.54}$$

因此,在差频信号相位上存在振荡器频率变化的函数。于是,通过对差频信号的分析,可以揭示出实际频率变化函数与所需函数之间的偏差。然后,根据这个偏差计算校正电压 $u_{corr}(t)$,为了补偿不需要的变化,并提供调制电压的校正 $u_{mod}(t)$,给它加上正确的值。

将振荡器的 MC 表示为线性 $f_l(u)$ 和非线性 $f_{nl}(u)$ 部分的和,即

$$f(u)=f_1(u)+f_{nl}(u)=K_{MC}u+f_{nl}(u) \tag{5.55}$$

因此，调制电压可以表示为

$$u_{mod}(t)=u_1(t)+u_{corr}(t)=K_u(t)+u_{corr}(t) \tag{5.56}$$

式中：$K_u=2U_{mod}/T_{mod}$ 为调制电压线性部分增长的斜率；U_{mod} 为调制电压幅值。

考虑式(5.56)，方程式(5.55)可改写为[10-12]

$$f(u)=\left[K_{MC}u_{corr}(t)+f_{nl}(u)+f'_{nl}(u)u_{corr}(t)\right]+K_{MC}u_1(t) \tag{5.57}$$

在这个方程中，非线性 MC 部分以在点 $u(t)$ 附近级数的一阶展开项的形式给出。为了线性地改变频率，式(5.57)方括号中的表达式必须等于零。由此可以得到

$$u_{corr}(t)=\frac{-f_{nl}(u)}{K_{MC}}+f'_{nl}(u) \tag{5.58}$$

考虑式(1.10)，可以将差频信号 $T_{DFS}(t)$ 的瞬间周期用类似的展开式表示为

$$\begin{aligned}T_{DFS}(t)&=\frac{1}{F_{DFS}(t)}=\frac{1}{\left[f'_1(t)+f'_{nl}(t)\right]t_{del}}\\ &\approx\frac{1}{f'_1(t)t_{del}}-\frac{f'_{nl}(t)}{\left[f'_1(t)\right]^2t_{del}}=T_{DFS,1}+\Delta T_{DFS}(t)\end{aligned} \tag{5.59}$$

式中：$T_{DFS,1}$ 为线性 MC 部分引起的 DFS 周期；$\Delta T_{DFS}(t)$ 为调制特性的非线性引起的 DFS 变化。

使用式(5.55)和式(5.56)，可以将式(5.59)重写为

$$T_{DFS}(t)=\frac{1}{K_{MC}K_u^2t_{del}}-\frac{1}{K_{MC}^2K_u^2t_{del}}\frac{df_{nl}}{dt} \tag{5.60}$$

根据式(5.59)和式(5.60)可以得到

$$\frac{df_{nl}}{dt}=f'_{nl}(t)=-\Delta T_{DFS}(t)K_{MC}^2K_u^2t_{del} \tag{5.61}$$

由此得出

$$f_{nl}(t)=-K_{MC}^2K_u^2t_{del}\int_0^t\Delta T_{DFS}(t)\,dt \tag{5.62}$$

需要注意的是，非线性 MC 部分的电压导数包含在式(5.57)中，时间导数包含在式(5.61)中。将调制电压导数近似替换为等于平均斜率 K 的常数，得到

$$f'_{nl}(t)=-K_{MC}^2K_ut_{del}\Delta T_{DFS}(t) \tag{5.63}$$

将式(5.61)和式(5.63)代入式(5.57)，可以得到

$$u_{\text{corr}}(t) = \frac{K_{\text{MC}}K_u^2 t_{\text{del}} \int_0^t \Delta T_{\text{DFS}}(t)\,dt}{1 - K_{\text{MC}}K_u t_{\text{del}}\Delta T_{\text{DFS}}(t)} \tag{5.64}$$

由这个方程可知，要形成校正电压，需要知道所需的平均 MC 斜率、调制电压增加的平均斜率和测量距离。考虑当前距离的必要性会使这一过程复杂化；但是，如果引入差频周期 $\eta(t)$ 的不规则性的归一化值，则可以将其消去，根据式(5.58)和式(5.59)，它可以被改写为

$$\eta(t) = \frac{\Delta T_{\text{DFS}}(t)}{\Delta T_{\text{DFS},1}} = K_{\text{MC}} K_u t_{\text{del}} \Delta T_{\text{DFS}}(t) \tag{5.65}$$

在这种情况下，式(5.64)可以被简化为

$$u_{\text{corr}}(t) = \frac{K_u \int_0^t \eta(t)\,dt}{1 - \eta(t)} \tag{5.66}$$

量 $\eta(t)<1$，对于小的不规则值，可以忽略式(5.66)分母中的第二项。这些方程是根据公认的假设近似得到的。由于这个原因，无法通过一次计算 $u_{\text{corr}}(t)$ 来补偿 MC 非线性。

调制电压形成的过程是重复的，是通过多次迭代来完成的。随着差频信号周期不规律降低时，式(5.66)的精度提高。因此，提供了以下功能的最小搜索，即

$$S = \max[\eta(t)] \tag{5.67}$$

在 $\Delta F = \text{const}$、$T_{\text{mod}} = \text{const}$ 的限制条件下，调制电压形成为

$$u_{\text{mod},k}(t) = u_1(t) + a u_{\text{corr},k}(t) \tag{5.68}$$

式中：$u_1(t) = U_{\text{DC}} + K_u t$；$u_{\text{corr},k}(t) = u_{\text{corr},k-1}(t) + \Delta u_{\text{corr},k}(t)$ 为第 k 次迭代得到的校正电压；$u_{\text{corr},k-1}(t)$ 为第 $k-1$ 次迭代得到的校正电压；$\Delta u_{\text{corr},k}(t)$ 为第 k 阶段根据式(5.66)计算得到的校正电压的增量；$a = 0 \cdots 1$ 是较小的参数。

本过程的实际实现假定了微处理器在加工设备中的应用，并具有一定的特殊性。具体来说，在实际确定函数 $T_{\text{DFS}}(t)$ 时，离散函数 $T_{\text{DFS},i}$ 是通过测量相邻的 DFS 两个零之间的电流时间间隔来确定的，即

$$T_{\text{DFS},i} = T_{\text{zero},i} - T_{\text{zero},i-1} \tag{5.69}$$

为第 i 个瞬时 DFS 周期的持续时间。

由于 DFS 频率是连续变化的，离散样本 $T_{\text{DFS},i}$ 代表了一定的平均值。因此，这些样本和校正电压 $u_{\text{corr},i}$ 的样本，在两个零点之间具有适当的间隔，与校正时刻 $T_{\text{corr},i}$ 相关联是合理的。

$$T_{\text{corr},i} = \frac{T_{\text{zero},i} + T_{\text{zero},i-1}}{2} \tag{5.70}$$

式中：$T_{\text{corr},i}$ 为一个时刻，此时进行电压校正计算。

建议以这种方式进行调制：超出我们感兴趣的时间间隔（称之为分析间隔 T_{an}），形成两个 DFS 零点最小值。这是必要的，因为超过分析区间的限制，至少每一边会有一个修正点将形成。因此，势必要求 SHF 振荡器的 FM 范围大于所需的 FM 范围 ΔF；但是，假设在分析间隔内 FM 范围等于 ΔF。在每个时间清零的时刻，指示分析区间开始，这可以借助介电谐振器[13]所形成的频率标记来实现。因此，离散函数式(5.69)包含 N 个 DFS 零点，即

$$N = \text{Int}\left(\frac{4\Delta FR}{c}\right) + 4 \tag{5.71}$$

在最大距离处，N 的值可以达到 200~300。

对于每个新的第 k 次迭代，当调制电压发生变化时，第 i 个修正点 $T_{\text{corr},k,i}$ 在时间轴上的位置可能与由上 $k-1$ 迭代得到的第 i 个点 $T_{\text{corr},k-1,i}$ 不同。因此，从第二次迭代开始，需要利用插值和外推公式将校正电压由前一步的点转换为当前一步的点。

在修正 $T_{\text{corr},k,i}$ 的新时间点上求和可以得到新、旧总修正电压值，即

$$u_{\text{corr},k}(T_{\text{corr},k,i}) = \hat{u}_{\text{corr},(k-1)}(T_{\text{corr},(k-1),i}) + \Delta u_{\text{corr},k}(T_{\text{corr},k,i}) \tag{5.72}$$

式中：$\Delta u_{\text{corr},k}(T_{\text{corr},k,i})$ 为第 k 次迭代根据式(5.66)计算得到的校正电压，其离散形式为

$$\Delta u_{\text{corr},i} = \frac{K_u \sum_{i=1}^{N} \eta_i T_{\text{DFS},i}}{1 - \eta_i} \tag{5.73}$$

式中：$\eta_i = (T_{\text{DFS},i} - T_{\text{DFS,aver}})/T_{\text{DFS;aver}}$；$T_{\text{DFS,aver}} = \sum_{i=1}^{N} T_{\text{DFS},i}/N$。

每次迭代经过相似的平移后，需要以这种方式提供校正电压的变化，以保持 SHF 振荡器的边界调谐频率。在调制间隔的极值点上，这些调制电压值应保持不变。通过消去校正电压中的常数 $u_{\text{corr},k}(0)$，得到变化率等于电压的值，再乘以校正系数（根据式(5.68)计算得到的），有

$$K_{\text{corr}} = \frac{U_{\text{span}}}{U_{\text{span}} + u_{\text{corr},k}(T_{\text{span}})} \tag{5.74}$$

式中：U_{span} 为调制电压线性部分在时间间隔 T_{span} 的范围。

已经根据新的调制电压形成发射信号，因此，该电压的产生是在插值公式的基础上，采用数/模转换器的数字方法进行的。

修正过程可能不会得到精确的最小值式(5.67)。当差分信号周期不规则地减小到可以接受的值时，它可以被中断，该值是由对所选 DFS 处理方法的

残余非线性的灵敏度级别定义的。调制电压计算的迭代过程可以表示为以下算法。

校正算法如下。

步骤1：线性调制电压是在式(5.3)的基础上形成的。选取节点电压幅值，使 DFS 分析 T_{an} 的时间间隔范围外的每侧各形成两个零点，则校正电压为0。

步骤2：根据接收到的信号，确定 DFS 的零点 $T_{zero,i}$。

步骤3：根据式(5.70)计算修正点，根据式(5.69)计算 DFS 周期。

步骤4：根据式(5.73)计算校正电压的增量。

步骤5：利用插值和外推公式，将之前计算出的校正电压转化为形成的新的校正点。

步骤6：提供调制电压的校正，使用校正系数式(5.74)保持未改变的 FM 范围。

步骤7：确定相对不规则度 η_{max} 的最大绝对值，并与阈值 η_{thr} 相比较。如果 $\eta_{max} > \eta_{thr}$，则返回到步骤2，并重复所有步骤，直到确保 $\eta_{max} < \eta_{thr}$。

随着时间的推移，MC 非线性会随着环境的变化而变化。这就是为什么利用目前的测距结果，定期进行新的非线性校正是有利的。然而，只有当估计函数 $T_{DFS}(t)$ 中有足够数量的离散点(不少于10个)时，才应进行这种校正。建议在 FMCW 射频工作范围内的任何测量距离上都可以进行此操作。为了该目的，需要以这样一种方式选择 FM 范围：在调制周期内的最近距离上可实现必需的 DFS 周期数。

通过对已实现的不规则度测距过程进行仿真，并与未对相同 MC 非线性参数值进行补偿的结果进行比较，验证了这种补偿的有效性及其实际应用的机会。在 $K_{MC} = 70 MHz/V$ 的条件下，对早期使用的 3 个 WF 进行仿真。在相同范围内提供补偿电压的计算，并存储该电压的样本。然后用 1mm 步长模拟 4~23 个离散误差范围内的距离测量。在该仿真中，生成调制电压，对应地利用得到的校正电压样本得到 DFS。仿真结果表明，对于纯二次非线性，进行补偿是不方便的，因为校正电压的混沌非线性不再是平滑非线性，而是以小幅度、大频率出现，导致误差增大。

在二次非线性和振荡非线性存在的最坏情况下，使用补偿时约有两个阶的增益保持不变，如图5.13所示。因此对于不同的 WF，存在一个相对距离，这个距离是因情况而异的，如果小于这个距离就不能保证增益。

FM 范围增加2倍会导致总错误级别减少4倍。

因此，计算结果验证了本书提出的 MC 非线性补偿算法的有效性。

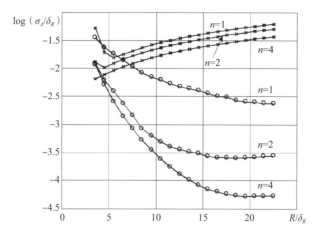

图 5.13　$b=10\text{MHz}$、$a=2\text{MHz/V}^2$ 时均方根误差对数与非线性补偿（圆标记）和不补偿（十字形标记）的归一化范围的关系

5.8　距离计算时对非线性调制特性的考虑

通过对调制周期内某些 DFS 典型点出现时刻的观测，可以在距离计算时考虑 MC 非线性的影响。为此，需要额外提供对应发射参考频率下界 F_{st1} 和上界 F_{st2} 出现时刻的 2 个脉冲同步信号（频率标志），以及需要测量它们各自的对应位置 t_{s1} 和 t_{s2}。参考频率的设定可借助高品质因数的介电谐振器[13]。调制电压的控制可通过使其中一个典型点超出分析区间即 $T_{an}=t_{st2}-t_{st1}$ 而实现。有两种可能的修正方法能用于处理这些测量结果[11-12]。

5.8.1　极端周期部分估算

根据文献[14]中描述的方法，可以提出距离计算时考虑 MC 非线性影响的第一种修正算法，根据公式计算距离，即

$$R=\frac{c}{2\Delta F}(k+x) \tag{5.75}$$

式中：k 为分析间隔内的整数 DFS 周期数；x 为对 DFS 半周期的一个补充修正。

与文献[14]相比，DFS 半周期的整数之和与附加修正量为[11-12]

$$k+x=\frac{2}{K_{WF}}\sum_{j=0}^{k}a\left(\frac{2\pi t_{cal,j}}{T_{an}}\right) \tag{5.76}$$

式中：$t_{cal,j}=(j+1-x_1)T_{aver}$ 在 DFS 典型点出现的第 j 个时刻计算，平均周期 T_{aver}

从分析区间开始计算；$T_{aver}=T_{an}/(k-x_1+x_2)$ 为 DFS 的平均周期；$T_{an}=t_{st2}-t_{st1}$ 为分析的时间间隔；x_1 和 x_2 为分析间隔的极值点关于 DFS 半周期左边界的归一化位置；K_{WF} 为取决于权重函数的类型的常系数。

让我们指定 t_0，t_1，$\cdots$，t_N 和 t_{N+1} 这些测量位置的典型点，假设 t_{st1} 位于 $t_0 \sim t_1$ 之间，且 t_{st2} 位于 $t_N \sim t_{N+1}$ 之间。使用这些名称，边界点 x_1 和 x_2 的归一化位置便可以根据 t_{st1} 和 t_{st2} 的值用不同的方法计算得到：

①采用最接近文献[15]中使用的低频和高频标记的两个典型点位置的线性外推法；

②利用两个典型点位置进行线性插值，其上标和下标位于两个典型点位置之间；

③利用 3 个典型点位置进行二次插值，其上标和下标位于 3 个典型点位置之间；

④3 次样条插值。

利用数值模拟对这些变量进行比较。仿真采用 500MHz 的 FM 扫频，$K_{MC}=70MHz/V$，典型的曲线如图 5.14 所示。

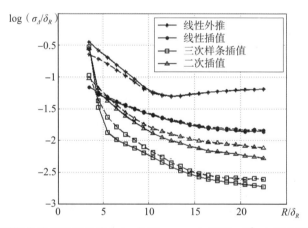

图 5.14 不同相位修正计算变量在 $b=1MHz$、$a=-1.5MHz/V^2$ 时不同 WF（实线曲线 $n=4$、虚线曲线 $n=1$）的归一化均方根误差对数与归一化范围的曲线

可以注意到，对于所有的相位修正计算变量，当距离增大时绝对误差水平减小。对这些修正，当采用线性外推法时得到的结果最差。随着非线性参数的变化，由各个相位修正计算变量保证的总体误差水平可以改变一个数量级。3 次样条插值方法对非线性参数十分敏感；但是，它保证了平均最佳结果。二次插值变量具有较低的灵敏度，线性插值没有明显变化。

在大多数情况下，WF 形状的复杂性会导致误差减少。减小的幅度从 2 到

3 再到 10 和 15 倍振荡，取决于相位修正计算变量和二次非线性参数的符号。大多数改进是在样条插值和二次非线性参数为正值时取得的。

因此该方法使得基于 DFS 典型点位置在调制周期内的测量结果进行距离计算时，考虑了 MC 的非线性，而不考虑 FMCW RF 结构的本质复杂性。

5.8.2 信号周期时间函数的近似

在该变量中，我们认为在固定测量距离和任何外部条件下，发射机在保持一样频率信号的任何相邻典型点的时间内，被调谐到相同的频率值 Δf_m[11-12]。DFS 相位增量 $\Delta \phi$ 在从一个典型点到另一个（邻点）的过渡时等于 π，即经过一个半周期且对于经过 m 个周期的变换，有

$$\Delta\phi = 2\pi\Delta f_m t_{\text{del}} = 2\pi m \Delta f_1 t_{\text{del}} = m\pi \tag{5.77}$$

因此，得到测量距离的计算公式为

$$R = \frac{vm}{4\Delta f_m} \tag{5.78}$$

式中：v 为被监测表面下电磁波的传播速度。

在 DFS 的基础上，可以利用传递信号的时间函数的近似来计算 Δf_m。如果使用 n 阶多项式进行 $F(t)$ 近似，可以得到最终形式的解。

$$F = \sum_{i=0}^{n} a_i t^i \tag{5.79}$$

式中：$n+1$ 为计算时使用的调制周期内的典型 DFS 点数；a_i 为常系数。

使用典型 DFS 时间点出现时刻 t_i 的函数的测量结果和当参考和辐射频率吻合时得到的两个脉冲信号的时间位置 t_{st1} 和 t_{st2}，可以形成关于第 $n+1$ 个未知系数 a_i，出现 DFS 第一个典型点 F_1 的频率，以及两个相邻 DFS 典型点之间的 FM 扫频 Δf_1 的 3 个线性方程组成的系统。

该系统的矩阵形式为

$$\begin{Vmatrix} 1 & 0 & -1 & -t_0 & \cdots & -t_0^n \\ 1 & m_1 & -1 & -t_{m_1} & \cdots & -t_{m_1}^n \\ 1 & m_2 & -1 & -t_{m_2} & \cdots & -t_{m_2}^n \\ 1 & m_3 & -1 & -t_{m_3} & \cdots & -t_{m_3}^n \\ & & & \vdots & & \\ 1 & m_n & -1 & -t_{m_n} & \cdots & -t_{m_n}^n \\ 0 & 0 & 1 & t_H & \cdots & t_{\text{st1}}^n \\ 0 & 0 & 1 & t_B & \cdots & -t_{\text{st2}}^n \end{Vmatrix} \times \begin{Vmatrix} F_1 \\ \Delta f_1 \\ a_0 \\ a_1 \\ \vdots \\ a_{n-2} \\ a_{n-1} \\ a_n \end{Vmatrix} = \begin{Vmatrix} 0 \\ 0 \\ 0 \\ 0 \\ \vdots \\ 0 \\ F_{\text{st1}} \\ F_{\text{st2}} \end{Vmatrix} \tag{5.80}$$

式中：m_1，m_2，$\cdots$，m_n 为计算中使用的典型点的数量。

从这个系统中可以得到

$$\Delta f_1 = \frac{A_{n-1,2} F_{st1} + A_{n,2} F_{st2}}{\Delta} \tag{5.81}$$

式中：Δ 为系数矩阵式（5.80）的行列式；$A_{i,j}$ 为合适的伴随矩阵。

为了形成方程组并求出 FM 范围 Δf_1，可以使用来自测量的任何典型点。随着测量范围的增大，从可能的最小值开始，一些典型点从最小值等于 2 开始不断增加。因此，如果考虑式（5.80）所有典型点，则方程系统的维数也会不断增加。可以明确的是，测量精度也应提高。然而，仿真结果表明，式（5.80）中包含的二次矩阵随着维数的增加而变得不可控。因此，建议用某个值来限制这个矩阵的维数，在这个值上这种现象不明显。仿真结果表明，考虑连续定位的典型点的个数为 14，在这些点上仍然可能得到式（5.80）的可靠解。这对应于矩阵维数等于 16 的情况。在更大范围内，增加矩阵维数是保持不变的权宜之计。

图 5.15 显示了当矩阵维数不超过 14 时，通过对基于方程系统式（5.80）的测量过程进行仿真得到的归一化 MSD 关于归一化距离的对数函数。在模拟中，采用 FM 为 500MHz。因此，假设以下非线性参数：$K_{MC} = 70$MHz/V，$b = 10$MHz，$d = 1$rad/V 以及 $U_{init} = 0$V。a 的值是变化的。通过 Matlab 系统内的标准函数提供式（5.80）中的系统解。可以看到，随着范围的增大，在任意非线性参数下，误差是单调减小的。

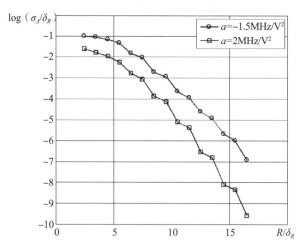

图 5.15 当矩阵维数不超过 14 时的归一化 rms 误差与归一化距离的对数函数

在实际实现中，可以将矩阵维数限制为 10 来加速计算。误差水平可以可靠地达到符合这类设备的典型要求。

5.9 小　结

用所提出的 MC 模型及其根据实验信号确定参数的方法,使得可以分析 MC 非线性对测距结果的影响。

在此模型的基础上,利用计数测量法,为估算由 MC 非线性引起的计数测量法的测距最大误差,得到了公式。结果表明,FM 范围仅对近距离有严重的影响。在测量距离处,误差水平的增加完全由 MC 参数决定。

书中给出了降低误差水平的 3 个变量,它们均由 MC 非线性影响引起。所有变量都是基于对 DFS 瞬时周期的非线性程度的分析,并在测量过程中直接执行。

利用尺度系数的变化对非线性影响进行补偿,包括 MC 非线性参数的确定、系数的计算和使用该系数的距离计算。该计算可以在一定的时间间隔内充分进行,期间它的非线性程度基本不变。例如,当每个 FMCW RF 激活,或当环境温度发生显著变化时,非线性程度随着温度变化而改变。

基于 DFS 周期非线性度估计的 MC 非线性补偿方法,可以可靠地将距离测量误差减小到可接受的范围内,它包括调制电压中引入的预失真的确定、将这些预失真存储在器件存储器中以及考虑这些值的测量性能。补偿电压提升的周期性与前一点相同。

当基于极值点位置或所有典型点进行距离测量时,每次测量中都要考虑 MC 非线性。

参考文献

[1] Levin, O. A., V. N. Malinovskiy, and S. K. Romanov, Frequency Synthesizers with the System of Pulse PLL, Moscow: Radio i Sviaz Publ., 1989, 232 pp. [in Russian.]

[2] Sventkovskiy, R. A., "Super-Resolution of Signals: Possibilities, Restrictions, NonAutoregression Approach," Radiotekhnika i Electronika, Vol. 43, No. 3, 1998, pp. 288-292. [in Russian.]

[3] Baranov, I. V., and V. V. Ezerskiy, "Digital Spectral Analysis of the Polyharmonic Signal," Proceedings of 10th Intern. Conf. "Digital Signal Processing and Its Applications" (DSPA2008), 2008, pp. 500-502. [in Russian.]

[4] Baranov, I. V., V. V. Ezerskiy, and A. Y. Kaminskii, "Measurement of the Thickness of Ice by Means of a Frequency-Modulated Radiometer," Measurement Techniques, Vol. 51, No. 7, 2008, pp. 726-733.

[5] Korn, G., and T. Korn, Mathematical Handbook for Scientists and Engineers, New York,

Toronto, London: McGraw Hill Book Company, 1961.

[6] HYPERLINK. http://link.springer.com/search? facet-author=%22S.+A.+Labutin%22. Labutin, S. A., HYPERLINK http://link.springer.com/search? facet-author=%22M.+V.+Pugin%22. Pugin, M. V. HYPERLINK http://link.springer.com/article/10.1007/BF02503928 " Noise Immunity and Speed of Frequency Measurements of Short Harmonic Signals, Measurement Techniques, Vol. 41, No. 9, 1998, pp. 837-841.

[7] Ezerskiy, V. V., B. V. Kagalenko, and V. A. Bolonin, "Adaptive Frequency-Modulated Level Meter. An Analysis of Measurement Error Components," Sensors and Systems, No. 7, 2002, p. 44. [in Russian.]

[8] Vinitskiy, A. S., Essay on Radar Fundamentals for Continuous-Wave Radiation, Moscow: Sovetskoe Radio Publ., 1961, 495 pp. [in Russian.]

[9] Gradstein, I. S., and I. M. Ryzhik, Tables of Integrals, Sums, Series and Products, New York: Academic Press, 1965.

[10] Ezerskiy, V. V., I. V. Bolonin, and I. V. Baranov, "The Algorithm of Modulation Characteristic Non-Linearity Compensation for FMCW Range Finders," Vestnik RGRTA, Ryazan, No. 10, 2002, pp. 38-42. [in Russian.]

[11] Patent 2234716(Russian Federation), INT. CL. G01 S 13/34. Method of Transmitted FMCW Signal Generation for the Range Finder with Periodic Frequency Modulation./B. A. Atayants, I. V. Baranov, V. A. Bolonin, V. M. Davydochkin, V. V. Ezerskiy, B. V. Kagalenko, V. A. Pronin. No 2003105992/09; Filed 04.03.2003; Published 20.08.2004, Bull. 23.

[12] Atayants, B. A., V. V. Ezerskiy, V. A. Bolonin, I. V. Baranov, V. M. Davydochkin, and V. A. Pronin, "Influence of Modulation Characteristic Non-Linearity of the Transmitter on Distance Measurement in Short-Range Radar," Information-Measurement and Control Systems, Vol. 1, No. 2-3, 2003, pp. 50-56.

[13] Ezerskiy, V. V., "Problems of Optimization of Modulation Voltage Control for FMCW Range Finder," Vestnik RGRTA, No. 12, 2003, pp. 44-49. [in Russian.]

[14] Marfin, V. P., V. I. Kuznetsov, and F. Z. Rosenfeld, "SHF Level-Meter," Pribory i Sistemy Upravlenia, No. 11, 1979, pp. 28-29. [in Russian.]

[15] Komarov, I. V., and S. M. Smolskiy, Fundamentals of Short-Range FMCW Radar. Norwood, MA: Artech House Publishers, 2003, 289 pp.

第6章
干扰存在条件下距离测量误差分析

6.1 引 言

有用回波信号携带需要测量的目标散射体(UR)距离信息,任何干扰有用信号处理的其他反射体回波都称为杂波。各种伪反射体(SR)产生的杂波信号是制约距离测量精度的重要因素,它们既可能来源于FMCW雷达测距仪作用范围内客观存在的伪反射体,也可能来源于其他方面。当该FMCW雷达测距仪被用作液位计时,典型的伪反射信号来自容器各结构部件、边墙和底面的反射,也包括待测液面和容器顶部的多径反射。因此,不同目标材料电特性的多样性、实际容器的结构特点以及待测液体距离的不同,共同决定了有用信号的强度既可能大于干扰信号,也可能小于干扰信号。一种典型的杂波强于有用信号的情况是观测较浅的、透波性好而反射能力弱的液体的同时,接收到来自容器底部的强烈反射干扰。

例如,图6.1所示为某次液位测量数据的DFS幅度谱,测量时液位计安装

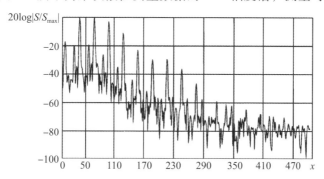

图6.1 液位计安装在容器顶部金属平板时典型的DFS谱

在容器顶部金属平板处，可接收(金属或水面)强平面反射信号。图中有用DFS分量的归一化频率为35。从谱估计结果来看，有用谱信号被各种频率不同、幅度或高或低的其他谱信号所包围，而且所有谱信号都被一些频域无法分辨的成分所浸透。图中所示信号谱说明了确保较低误差距离估计问题的复杂性。

注意到，容器的尺寸有限性会引起两种额外的可导致误差的谱信号。对于那些大型垂直放置容器，工业自动化设备一般安装在靠近容器垂直边墙的位置，此时，在待测液体表面和容器边墙组成的夹角方向上，雷达天线辐射和接收电磁波时，会受到强大的干扰。第二种谱信号源于待测液体表面尺寸的有限性引起的边缘效应。这两种谱信号的差拍频率与有用信号一致，无法在频域上得到有效分辨，而且会随着有用信号同步变化。

当发射和接收通道隔离不充分时，接收回波信号会对工作状态下的激励信号振荡器产生具有频率依赖性的影响，引起激励信号振荡器产生寄生调制，最终导致测量误差。需要综合考虑上述影响和具体的激励信号振荡器特性，才能消除这种测量误差或是将其削减到可接受的水平。

另一种重要的误差源是天线波导路径(AWP)上各种不规则性引起的对发射信号能量的反射。待测容器一般都需要密封包装，在结构上不可避免地形成AWP特性，因此，在宽带信号工作时，AWP不可能实现电波传播的完全匹配，来自其结构部件的反射将经常存在，由此将会产生参数相对稳定的干扰信号。然而，经过一段时间工作以后，待测介质和水蒸气会凝结在天线和AWP密封部件上，从而导致先前设计达到的匹配度降低，在FMCW射频混频器中引起各种新的联合性干扰。

在AWP中还有可能会出现谐振反射问题，这是高阶电磁波所激发的，并将引起DFS中脉冲杂波强度的上升。AWP的密封性要求优先使用会构成圆形波导的各类部件，这将导致设备工作时在绝缘插入件上发生蒸发物沉积，使波导参数变化，从而增强高阶电磁波。

例如，图6.2给出了某液位计的DFS图，其中密封绝缘插入件上附着有露水。

从图中可以看出，作为有用DFS分量(高频正弦波)的背景信号，由AWP部件反射引起的脉冲或准正弦(慢变)干扰也被同步接收，并且受FMCW射频信号产生过程中寄生幅度调制(PAM)的作用，整个接收信号出现了失真。PAM也可因待测目标和SR的频率依赖性散射引起，对这种情况，不同目标的PAM特性函数是不同的。

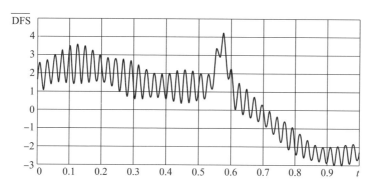

图 6.2 存在由 AWP 部件反射引起脉冲和准正弦干扰时的 DFS 图

容器内有多少个结构部件就会产生多少种散射电磁波（EMW）及其相应的 DFS 分量。仅对一些简单几何体（如球、圆盘或振子等），可以建立与实际散射场较一致的散射电磁波数学模型；但与此同时，在延迟时间 $t_{\text{del},i}$ 与发射信号频率无关的假设下，SR 干扰的规律是可描述的。在上述假设下，可将信号建模为随机幅度调制下有用信号和伪反射体信号分量之和，即

$$u_{\text{res}} = U_{\text{us}}(t)\cos[\omega(t)t_{\text{del,us}} - \varphi_{\text{us}}(t)] + \sum_{i=1}^{M} U_i(t)\cos[\omega(t)t_{\text{del},i} - \varphi_i(t)] + \xi(t) \quad (6.1)$$

式中：M 为由 SR 产生干扰信号的数量；下标"us"是指有用反射体；$U_i(t)$ 为所分析局部时间 DFS 内 PAM 特征函数；$\xi(t)$ 为高斯白噪声。

需要特别指出的是，第 i 个谱分量随时间变化的幅度函数 $U_i(t)$ 可使用一个起始时刻为 t_p、持续时间为 T_p 的脉冲信号表示；在 $t_p \leq t \leq t_p + T_p$ 时 $U_i(t) \neq 0$，其他时刻 $U_i(t) = 0$。此时，射频脉冲 $U_i(t)\cos[\omega(t)t_{\text{del},i} - \varphi_i(t)]$ 的载频取决于第 i 个反射源与雷达之间的电距离，而相位取决于该反射源依赖于频率的反射系数。

虽然上述模型并未覆盖能够引起 FMCW 雷达测距误差的所有杂波源，但通过该模型可以看出使用 DFS 处理方法的必要性，即 DFS 拥有足够的分辨力，并具备对传统或是改进差频估计方法进行改进的潜力。

任何信号的频谱在频域均包含大量较弱的旁瓣（SL）分量，这些旁瓣插入有用信号谱的主瓣中，使其谱形失真、谱峰位置畸变，甚至在特定场合下还可能完全掩盖住有用信号。因此，不管采用何种频率估计方法，测量误差均会额外增加。当 SL 幅度较低和 UR 与 SR 距离较大时，SL 的影响较小。

伪目标信号对 DFS 时域处理的影响，还表现为不可避免出现的 DFS 零点失衡的增加甚至是出现新的零点，由此引起测距误差的增加，误差增加的程度

取决于 SR 的强度以及 UR 和 SR 之间的距离。

在上述各种场合下，一个重要的问题是估计各种干扰因素使测距精度恶化的程度和提出可接受 SR 水平的标准要求。

接下来，将讨论经典的平面目标探测情况，在这种情况下，雷达方程可得到以下的极度简化形式，即

$$P_{\text{rec}} = P_{\Sigma} |\dot{\Gamma}|^2 \frac{G^2 \eta_{\text{rec}} \eta_{\Sigma} \lambda^2}{(4\pi R)^2} \tag{6.2}$$

式中：P_{rec} 为接收信号功率；P_{Σ} 为发射信号功率；$\dot{\Gamma}$ 为待探测表面材料对电磁波的反射系数；G 为天线增益（假设收、发两种情况下该参数相等）；η_{rec}、η_{Σ} 分别为接收和发射时天线波导传播路径效率；λ 为载波波长。

6.2 单个伪目标引起的差频估计误差

6.2.1 采用 DFS 谱峰位置估计法时的误差

现在研究使用加权函数（WF）$w(t)$ 处理差拍信号而引起的测距误差问题。考虑所有可能的窗函数类型，包括那些无法由初等函数表示但可由 AWF 描述或是近似的加权函数。使用 AWF 及其谱密度基本方程式（A.15）至式（A.18）进行具体分析，分析过程中尽可能使用广泛接受的方式对这些近似函数进行命名。

现在分析单个伪目标对距离估计误差的影响，暂不考虑噪声和其他干扰源。随后依据信干比（SIR）的大小，分别选择式（3.14）与式（3.15）或者式（3.16）与式（3.17），以确保测距误差理论计算过程中所忽略因素对精度确定的影响可忽略。

图 6.3 给出了两种 SIR 下的雷达测距仪距离估计误差计算结果，该雷达测距仪扫频带宽 1000MHz，载频 5GHz，使用的加权函数为 WF 式（2.19），其中 $n=1$。

在图 6.3 中，分别使用实细线和实粗线给出 $q_{s/i} = 20$dB 和 $q_{s/i} = 30$dB 两种条件下测距误差 ΔR 随 UR 与 SR 之间距离间隔 $R_1 - R_2$ 的变化情况。由图可知，在 SR 附近对称分布两个误差激增区（IEZ），IEZ 的宽度与所用加权函数 WF 的频域主瓣宽度有关。该误差曲线的振荡特性与图 3.2 给出的结果类似，但无论是快振荡分量，还是慢振荡分量，其周期都是图 3.2 结果的 2 倍多。其中，快振荡分量的周期等于辐射信号平均波长的一半，并且其零点位置取决于 UR 和 SR 各自材质反射系数的相位差；慢振荡分量的周期与 UR、SR 的材质均无关，

它取决于DFS谱分析时所使用WF旁瓣的周期特性。在高SIR情况下,估计误差并不随干扰强度线性降低。假设 $\cos[\omega_0(\tau_2-\tau_1)-(\varphi_2-\varphi_1)]=\pm 1$,基于式(3.14)至式(3.17),可以获得快振荡(EE)误差的包络曲线,分别在图6.3中以虚细线和虚粗线的形式给出。这些曲线可表征当前测量误差,这里主要关注图中EE的变化情况。

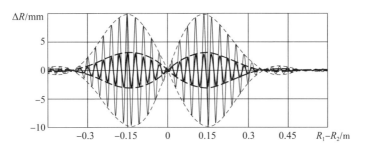

图6.3 使用 $n=1$ 的WF式(2.9)时测量误差随UR与SR间隔的变化关系曲线

为描述不同加权函数WF和扫频带宽对EE形状起伏的影响,图6.4给出了在 $q_{s/i}=10\text{dB}$ 和扫频带宽 $\Delta f=500\text{MHz}$ 时,分别使用Blackman窗(实粗线)和Hamming窗(虚线)进行加权处理后,归一化测量误差包络对数模值 $\log|\Delta x_{EE}|$ 随目标杂波距离间隔 R_1-R_2 变化情况的计算结果。

Δr_{EE} 和 $\log|\Delta x_{EE}|$ 曲线由两个主瓣和一系列旁瓣组成,这两个主瓣是由信号功率谱主瓣和杂波功率谱主瓣相互作用而形成。在UR和SR之间的那些等距离点上,也就是 $R_1-R_2=0$ 时,测量误差为0。在SIR不变的条件下,主瓣峰值位置和峰值幅度、主瓣宽度以及EE旁瓣幅度等都由所使用加权窗函数的主瓣宽度及其EE旁瓣幅度决定。需要指出的是,通过收窄加权窗函数的谱主瓣宽度可以降低EE主瓣峰值幅度,但是与此同时必然带来EE旁瓣幅度的增长,通过比较图6.4和图6.5即可看出这一点。

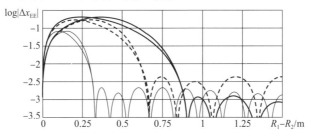

图6.4 $\log|\Delta x_{EE}|$ 随UR与SR距离间隔变化曲线
($\Delta f=500\text{MHz}$ 时的Blackman窗(实粗线)和Hamming窗(虚线)
以及 $\Delta f=1000\text{MHz}$ 时的Hamming窗(实细线))

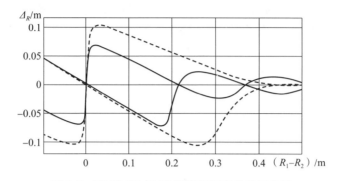

图 6.5　EE 随 UR 与 SR 距离间隔变化关系曲线

（$q_{s/i}$ = 0.4455dB、Δf = 1000MHz 时矩形窗函数（实线）和 Blackman 窗函数（虚线））

受信号谱主瓣和杂波谱主瓣交互作用的待测区，其 EE 关于横坐标非对称。EE 的这种非对称性在弱 SIR 条件下更加明显，这点从图 6.5 中可得到确认。图 6.5 给出了 $q_{s/i}$ = 0.4455dB、Δf = 1000MHz 时，采用矩形窗（实线）和 Blackman 窗（虚线）时的计算结果。

比较图 6.3 和图 6.5 可以发现，随着 $q_{s/i}$ 的增加，这种非对称性不断衰减，并且当 $q_{s/i} \gg 1$ 时，EE 实际上关于横坐标就比较对称了，且此时最大误差随 $q_{s/i}$ 的增加而成比例衰减。扫频带宽的增加会引起最大误差和 EE 主瓣及旁瓣宽度的反比降低，但在扫频带宽变化过程中，EE 的形状保持不变，仅尺度随扫频带宽的变化而变化。但是，瞬时测距误差函数的形状在此期间却是变化的，因为在不同包络周期内大量的振荡误差信号随之反向变化。

6.2.2　采用时域信号处理法时的误差

现在讨论使用加权平均法估计差拍频率时 SR 的影响，这里考虑文献［2］提出的关于 SR 对差拍频率计数估计方法影响的相关研究结果。该文献指出位于 UR 附近的 SR 会造成 DFS 零点位置失衡，UR 远处的 SR 在某些情况下也会引入额外虚假零点。这些零点的出现将引起较大的误差输出，因此，无论是从理论观点还是实践观点来看都是有害的。需要在 DFS 滤波处理时采取必要措施降低 SR 干扰对测量结果的影响。因此，接下来仅考虑干扰导致零点位置失衡的情况。

由第 2 章可知，DFS 零点失衡引起的测量误差可由式（2.46）描述。为应用这一公式，需要首先确定由干扰造成的 DFS 零点失衡。假设 SIR 足够大，零点失衡较小，在 DFS 零点时刻 t_i 对信号函数 $u_s(t)$ 和干扰函数 $u_{int}(t)$ 进行泰勒级数展开，这样关于零点失衡 Δt_i 方程可写为

$$u_s'(t_i)\Delta t_i + u_{int}(t_i) + u_{int}'(t_i)\Delta t_i = 0 \tag{6.3}$$

式(6.3)的解为

$$\Delta t_i = \frac{-u_{\text{int}}(t_i)}{u'_s(t_i) + u'_{\text{int}}(t_i)} \quad (6.4)$$

关于信号和干扰函数的瞬时值,可以写为

$$\begin{cases} u_s(t) = A_s \cos[\omega_0 t_{\text{del},s} + \omega(t) t_{\text{del},s} + \varphi_s] \\ u_{\text{int}}(t) = A_{\text{int}} \cos[\omega_0 t_{\text{del,int}} + \omega(t) t_{\text{del,int}} + \varphi_{\text{int}}] \end{cases} \quad (6.5)$$

式中:A_s、φ_s 和 $t_{\text{del},s}$ 分别为 UR 信号的 DFS 幅度、初始相位和时延;A_{int}、φ_{int} 和 $t_{\text{del,int}}$ 分别为 SR 信号的 DFS 的幅度、初始相位和时延。

对式(6.5)求导并代入式(6.4),变换后可得

$$\Delta t_i = \frac{\cos\psi_{\text{int}}(t_i)}{\omega'(t)\{q_{s/i} t_{\text{del},s} \sin\psi_s(t_i) + t_{\text{del,int}} \sin\psi_{\text{int}}(t_i)\}} \quad (6.6)$$

式中:$\psi_s(t_i) = \omega_0 t_{\text{del},s} + \omega(t_i) t_{\text{del},s} + \varphi_s$;$\psi_{\text{int}}(t_i) = \omega_0 t_{\text{del,int}} + \omega(t_i) t_{\text{del,int}} + \varphi_{\text{int}}$;$q_{s/i} = A_s / A_{\text{int}}$。

接下来可结合式(2.9)给出的窗函数对式(6.6)进行展开计算。假设 FM-CW 雷达采用对称三角调制信号形式,可以得到以下由干扰引起的测距误差分量计算公式,即

$$\Delta_{S,\text{int}} = -2\pi K_W \sum_{m=1}^{K} m A_m \sum_{i=1}^{N} \sin(2\pi m t_{\text{norm},i}) \Delta t_{\text{norm},i} \quad (6.7)$$

其中:

$$\Delta t_{\text{norm},i} = \frac{\cos\psi_{\text{int}}(t_{\text{norm},i})}{2\pi \Delta F \{q_{s/i} t_{\text{del},s} \sin\psi_s(t_{\text{norm},i}) + t_{\text{del,int}} \sin\psi_{\text{int}}(t_{\text{norm},i})\}}$$

$$\psi_{\text{int}}(t_{\text{norm},i}) = t_{\text{del,int}}(\omega_0 + \Delta\omega t_{\text{norm},i}) + \varphi_{\text{int}}$$

$$\psi_s(t_{\text{norm},i}) = t_{\text{del},s}(\omega_0 + \Delta\omega t_{\text{norm},i}) + \varphi_s$$

图 6.6 中实粗线所示为干扰源相对距离 $10\delta_R$,$q_{s/i} = 20\text{dB}$,载频 10GHz,扫频带宽 2GHz 时依据该公式绘出的误差计算结果。

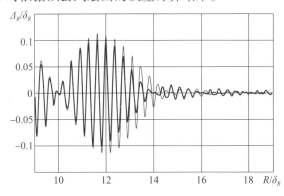

图 6.6 $n=1$ 时归一化干扰误差分量随干扰源相对距离的变化关系曲线

作为对比，图中使用细曲线给出了相同参数条件下 DFS 谱域处理时的归一化误差。由图可知，使用相似窗函数分别在谱域和时域进行 DFS 处理，所获得归一化误差曲线形状类似，但两者之间仍存在可量化的差异性，较时域 DFS 加窗处理，谱域 DFS 处理时 EE 特性曲线主瓣峰值要高 10%，且其零点宽度要更大些，但好处是 EE 的旁瓣幅度要更低些。

对这两种方法而言，要将干扰引起的误差控制在实际应用中可忽略的水平，需要 SIR 至少为 40~45dB。

6.3 天线波导路径和测距仪工作区伪反射体干扰误差分析

6.3.1 AWP 和 FMCW 测距仪工作区非频率依赖性伪反射体的影响

假设 DFS 信号的幅度与 AWP 输入端接收射频 SHF 信号强度成正比，现在分析 AWP 上单个非频率依赖性奇异点和 FMCW 测距仪工作区 SR 的影响。考虑到 FMCW 测距仪波导传播路径的长度一般不超过数十厘米，波导传输损耗对 SIR 的影响可忽略。由此可以得出 AWP 中奇异点产生的 DFS 信号，其幅度正比于该奇异点反射系数的模值 $|\dot{\Gamma}_{AWP}|$，即

$$U_{AWP} = G_{s1} |\dot{\Gamma}_{AWP}| \sqrt{P_{inc}} \tag{6.8}$$

式中：G_{s1} 为比例系数；P_{inc} 为 AWP 入射电磁波功率。

由式(6.1)可得，有用反射体 DFS 信号幅度为

$$U_s = G_{s1} \sqrt{(1-|\dot{\Gamma}_{AWP}|^2)P_{rec}} = \frac{G_{s1} G |\dot{\Gamma}| \lambda \sqrt{(1-|\dot{\Gamma}_{AWP}|^2)\eta_{rec}\eta_\Sigma P_\Sigma}}{4\pi R_{ant}} \tag{6.9}$$

式中：R_{ant} 为天线相位中心与 UR 的距离。考虑 AWP 为一个良好匹配传输路径，因此 $(1-|\dot{\Gamma}_{AWP}|^2)\eta_{rec}\eta_\Sigma P_\Sigma \approx P_{inc}$，由此 $\text{SIR}_{s/i,ant}$ 可写为

$$q_{s/i,ant} = \frac{G |\dot{\Gamma}| \lambda}{4\pi R_{ant} |\dot{\Gamma}_{AWP}|} \tag{6.10}$$

工业级 FMCW 雷达设备的 $|\dot{\Gamma}_{AWP}|$ 一般在 0.05~0.1 之间。显然，当目标距离取最小值（受天线尺寸限制）时，天线可完全接收目标反射信号，此时 $q_{s/i,ant}$ 取最大值，$q_{s/i,ant} \approx |\dot{\Gamma}|/|\dot{\Gamma}_{AWP}|$。通常情况下，$|\dot{\Gamma}|$ 在 0.17~1 取值，具体值取决于可实现的 AWP 匹配水平以及 UR 的反射强度，由此 $q_{s/i,ant}$ 的峰值在 4.6~26dB 之间。但是，在弱反射液体（如很多低温液体）液位测量等场合

下，在天线至罐底间的所有距离上，$q_{s/i,\text{ant}}$ 很可能会小于 0dB。

由于 $q_{s/i,\text{ant}}$ 随 UR 距离增加而衰减，这必将导致从某个特定距离开始，模拟信号处理电路输入端会出现 $q_{s/i,\text{ant}} \ll 1$ 的情况。由此可知，随着距离的变大，虽然有用信号和杂波仍可分辨，但在对各种 DFS 处理方法进行分析时必须考虑杂波干扰的影响。

众所周知，强 SD 旁瓣背景中检测可分辨微弱信号，可采用窗函数 $w(t)$ 加窗处理的方法加以实现[3]。然而，当前所研究问题存在着一定的特殊性，尤其是当进行容器剩余液位测量时，式(6.2)给出了此时回波信号强度随距离的变化关系公式，它与传统雷达探测存在明显区别。这也是那些在传统雷达中广泛得到应用的 WF，就旁瓣谱衰减速度 C_s 而言，它们并非最优的原因，冗余的 C_s 会不可避免地增加干扰存在条件下的测距误差。

图 6.7 给出了当天线孔径上存在单个奇异反射点且探测对象为液面时，归一化测距误差包络与归一化距离之间变化关系的计算结果。其中假设：相对 AWP 长度为 4；天线相位中心与天线孔径重合；奇异点反射系数模值为 0.2，待探测液面反射系数模值为 1。当天线孔径恰巧接触待测液面时 SIR 等于 5。计算所用 AWF 为 $N=2$ 时的窗函数式(A.13)和式(A.14)，式(A.13)的两个 AWF 和式(A.14)的一个 AWF，其零点参数分别取($b_1=2.014044$，$b_2=2.628$)($b_1=2.06438$，$b_2=2.06438$)($b_1=1.15122228$，$b_2=\infty$)。误差包络旁瓣电平衰减速度保持相同，分别为 6dB/oct(虚线)、12dB/oct(实粗线)和 18dB/oct(实细线)。

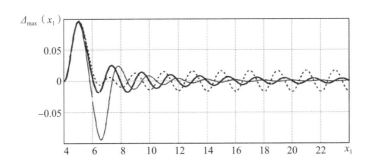

图 6.7 天线表面不规则反射体引起的归一化测距误差包络图

由图 6.7 可知，使用 $C_s=6$dB/oct 的 WF 时误差包络特性曲线的旁瓣未出现阻尼衰减，第一旁瓣取值最小。当使用 $C_s=18$dB/oct 的 WF 时，EE 特性曲线的旁瓣快速衰减，但第一旁瓣幅度与主瓣相当。之所以出现如此之大的第一旁瓣，其原因在于当 $C_s=18$dB/oct 时，误差包络的峰值衰减值最高可达 1.25，由此导致需要压窄 WF 频谱主瓣，从而引起频谱第一旁瓣和 EE 曲线第一旁瓣急剧增长。使用 $C_s=12\text{dB/oct}$ 的 WF，可使 EE 特性曲线旁瓣阻尼衰减到一个相对较小的初始水平。

当使用 $C_s=6\text{dB/oct}$ 的 WF 时，天线波导路径奇异点反射引起误差包络，由于其特性曲线随距离增加而无衰减的特性，远离天线测量区的 SR 会叠加在测距误差之上。这一点从图 6.7 中可以看出，同时图 6.8 所示结果也对此进行了表示，在图 6.8 中测量区 SR 的相对距离为 20，在 UR 和 SR 距离相等时，$\text{SIR}q_{s/i}=10$。

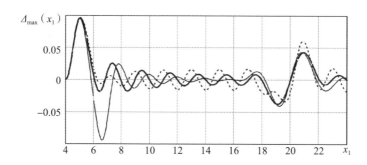

图 6.8　天线表面奇异点和测量区 SR 引起的归一化测距误差包络图

由图 6.8 可知，非阻尼衰减传输而来的误差是测量过程中最大的额外误差源，当使用 $C_s=12\text{dB/oct}$ 和 $C_s=18\text{dB/oct}$ 的窗函数时，这种额外误差要明显小得多。

特定 WF 参数的选取通常需要在 EE 主瓣宽度、误差峰值电平和 EE 旁瓣电平之间做出权衡。需要指出的是，式(A.14)给出的 AWF 集在针对平面液位距离测量的大多数场合下均能获得显著的误差性能改进优势，其原因在于这些 AWF 能够在确保 EE 峰值不是很大的前提下保持中等的 SD 旁瓣和 EE 旁瓣电平恶化性能。雷达探测目标时，接收信号功率与距离的-4次方成正比[1]，为保证目标探测上的优势，可能需要使用 $C_s=18\text{dB/oct}$ 的 WF。这些 WF 可以通过使用式(A.13)给出的 AWF 集并令窗函数参数中的一个零点为无穷大而得到。总之，目标探测几何位置关系以及空间电磁波衰减因子影响接收信号功率随距离变化的关系，就此而论，针对式(A.13)和式(A.14)中的 AWF，C_s 的合理取值需根据接收信号功率衰减的实际情况确定。

6.3.2　脉冲性伪反射体的影响

这里主要关注脉冲参数而不是脉冲干扰自身对测距误差的影响，因此，使用脉冲干扰近似来进行分析,就可以得到关于 SAD(幅度谱)的解析公式。使用正弦函数和 AWF 的乘积作为信号的数学模型,由此,射频脉冲信号可表示为

$$u(t) = \begin{cases} q_{s/i} \cos\left[(\omega_0 - \omega_{\text{dev}})\tau_{\text{wg}} + 2\omega_{\text{dev}}\tau_{\text{wg}}\dfrac{t}{T_{\text{an}}} - \varphi_{\text{wg}}(t) \right] \times \\ \left\{ 1 + \displaystyle\sum_{n=1}^{N} C_{sn}(b_{11}, \cdots, b_{1N}) \cos\left[2\pi n \left(\dfrac{t - t_p}{T_p} - 0.5 \right) \right] \right\} & t_p \leq t \leq t_p + T_p \\ 0 & t \leq t_p,\ t > t_p + T_p \end{cases}$$

(6.11)

式中:$\omega_{\text{dev}} = \Delta\omega/2$ 为频率的导数。

式(6.11)所示信号的 CSD 为

$$S(x) \frac{1}{q_{s/i}} = e^{-j\Omega\left(t_p + \frac{T_p}{2}\right)} \frac{T_p}{2} \times \left\{ e^{j\varphi_{\text{wg}}} \text{sinc}(\pi x_-) \left[1 + \sum_{n=1}^{N} C_{sn}(b_{11}\cdots b_{1N}) \cos\left(n\pi \frac{x_-^2}{x_-^2 - n^2} \right) \right] + \right.$$

$$\left. e^{-j\varphi_{\text{wg}}} \text{sinc}(\pi x_+) \left[1 + \sum_{n=1}^{N} C_{sn}(b_{11}\cdots b_{1N}) \cos\left(n\pi \frac{x_+^2}{x_+^2 - n^2} \right) \right] \right\} \quad (6.12)$$

式中:$\varphi_{\text{wg}} = (\omega_0 - \omega_{\text{dev}})\tau_{\text{wg}} - \varphi_{\text{wg,irr}}(t) + \Omega_{\text{wg}}(t_p + T_p/2)$;$t_p$ 为脉宽为 T_p 的脉冲的起始时刻;$x_- = (x - x_{\text{wg}})/Q_{\text{off}}$ 为波导传播路径上奇异点的归一化距离且 $x_{\text{wg}} = \Omega_{\text{wg}} T_{\text{an}}/2$;$Q_{\text{off}} = T_{\text{an}}/T_p$ 为脉冲信号的占空比;T_{an} 为待分析周期(对三角波调制而言,等于半个调制周期);$\text{sinc}(\pi x) = \sin(\pi x)/\pi x$;$\tau_{\text{wg}}$ 和 $\varphi_{\text{wg,ref}}(t)$ 分别为发射电磁波往返波导奇异点的时延和波导中反射波信号的相位延迟;$\Omega_{\text{dif}} = 2\omega_{\text{dev}}\tau_{\text{wg}}/T_{\text{an}}$ 为具有脉冲包络特性差拍信号的频率;$b_{11}, \cdots, b_{1N}$ 为 AWF 的待定零点,射频脉冲信号的包络形状由其决定。

我们需要关注脉冲假目标在时域及其复频谱上的具体特性,如式(6.11)和式(6.12)所示。由于脉冲干扰的周期 T_p 远小于调频周期,且其幅度谱主瓣明显宽于有用信号,以及 AWP 的长度一般在数十厘米以下,大部分情况脉冲干扰的幅度谱峰值十分靠近零频。因此,由于 $w>0$ 和 $w<0$ 区域幅度谱分量间的相互作用,AWP 长度对脉冲干扰幅度谱值具有重要影响,图 6.9 描述了这种影响结果,其中式(6.7)所示 CSD 模值取为 $Q_{\text{off}} = 20$、式(6.6)所示射频脉冲信号数学模型参数取 $N = 2$,$b_{11} = b_{12} = 2$。分别以实线、点线和点画线给出当 AWP 相对电尺寸分别为 1.3827、1.395 和 1.40741 时的谱密度函数模值。

由图 6.9 可知,这些射频脉冲 SAD 最大值的变化范围较归一化距离为 0.02471 的奇异点的变化范围超出 10 倍以上,之所以选择这样的一个奇异点归一化位置,是因为此时它具有最强的影响。若双程相对电距离小于由脉冲宽

度和形状决定的分辨力时，SAD 脉冲的峰值位于零频处。但是，存在相对奇异点距离较小的一些区域，在这些区域里 CSD 相关分量在 $w>0$ 和 $w<0$ 时反相且 CAD 极值位于零频并具有正的二阶导数。图中细实线给出的曲线表示相对电长度为 40 的一个 AWP 上奇异点所产生脉冲干扰信号的 SAD。对于该脉冲干扰，$w>0$ 和 $w<0$ 区域 CSD 分量的相互作用较微弱，其 SAD 模值谱的最大值较稳定。

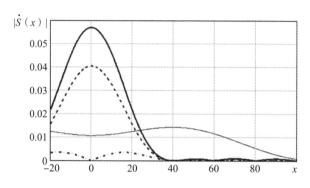

图 6.9　射频脉冲信号的 SAD

现在讨论式(6.11)所给出射频脉冲对测距误差的影响。

考虑到脉冲干扰的增强是由 FM 振荡器输出频率和 AWP 奇异点谐振频率的一致性所决定的，与调制周期 T_{an} 内部信号波形无关。由于 DFS 处理过程所采用的乘法运算和对平滑窗函数的求和运算，当脉冲干扰在窗函数取最大值时增强，也即在 T_{an} 中心时刻时，信号处理端输出中干扰的影响最大。由此，假设脉冲干扰增强时刻在 T_{an} 中心时刻，给出干扰效果的计算结果。

输出信号由式(A.13)所定义 AWF 所平滑处理，该窗函数的 $F_{env,max} = 1.25$，$b_1 = 2.014044$，$b_2 = 2.628$，具有最优的 EE SLL 性能。基于信号和干扰幅值定义的信干比 SIR 为 $q_{s/i} = -6dB$。有用反射面的归一化距离为 20，AWP 上伪反射奇异点的归一化距离为 1。干扰脉冲的宽度为 $T_p = 0.1 T_{an}$。脉冲形状为钟形，具体参数为 $N=2$，$b_{11} = \sqrt{28/3}$，$b_{12} = \infty$。

图 6.10 所示干扰信号、有用信号 DFS 以及处理后信号的 SAD 均示于图 6.11 中。

对窄脉冲，DFS 处理中的加窗处理并不会对脉冲形状产生实质性影响，因此也就不会影响 SAD。WF 参数发生变化时有用信号分量的 SAD 谱形则可能发生较大的变化。

第6章 干扰存在条件下距离测量误差分析

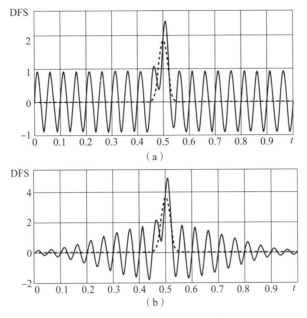

图 6.10 脉冲干扰及其 DFS 结果

（a）加窗处理前；（b）加窗处理后。

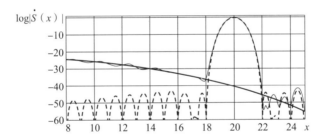

图 6.11 脉冲干扰（曲线 1）、有用信号 DFS（曲线 2）和处理后信号（曲线 3）的 SAD

在上述条件下使用式(3.17)和式(6.12)，对 1GHz 调频带宽和 10GHz 载频时，可计算得到随相对 UR 距离变化的测量误差函数以及该误差函数的包络，如图 6.12 所示。

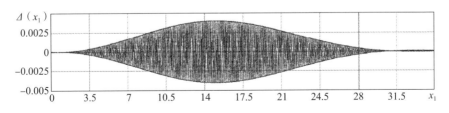

图 6.12 测量误差及其包络随相对 UR 距离变化曲线

与前述情况一致，该变化曲线包括快振荡分量和慢振荡分量两个部分。快振荡分量的周期等于射频信号平均周期的一半，且零误差的取值位置由有用反射液面和奇异点物体反射系数的相位差所决定。慢振荡分量的周期则与脉冲干扰信号 SAD 的旁瓣周期性有关，具体由其持续时间和脉冲形状所决定。整个信号包络取得峰值的位置，主要由脉冲信号 SAD 一阶导数最大值位置决定，它与脉冲干扰的持续时间以及形状均有关系。该算例用于干扰脉冲波形近似的窗函数采用了式(A.13)所定义的参数为 $N=2$、$b_{11}=\sqrt{28/3}$、$b_{12}=\infty$ 的 AWF，它具有小于 -58dB 的 SLL，如此之低的窗函数旁瓣电平，在图中已无法显现。

这里着重考察为何在甚至 $q_{s/i}=-6$dB 这样低的信干比下仍能获得较低的测距误差以及为何它们的误差曲线的主瓣会如此之宽。两者均源于伪反射信号成分 SAD 的宽主瓣特性，也就是它们与脉冲持续时间及其形状特性有关。脉冲持续时间对频率估计误差的影响示于图 6.13，图中极限误差函数曲线 $\Delta x_{\text{EE,max}}$ 对应 DFS 处理时分别采用布莱克曼窗(实线)，式(2.13)所定义最优 EE SLL 特性 AWF 窗(虚线，参数为 $F_{\text{env,max}}=1.25$、$b_1=2.014044$、$b_2=2.628$)以及归一化窗函数(点画线)的情况。

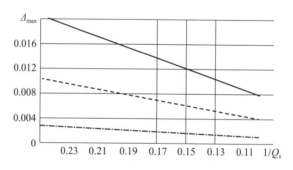

图 6.13　最大误差随脉冲持续时间变化曲线

脉冲干扰波形对误差函数值及其包络的重要影响可通过图 6.12 和图 6.14 的对比看出。图 6.14 给出采用上述条件但脉冲波形为矩形时的误差包络，其中 DFS 处理时采用布莱克曼窗的结果以虚线形式给出，而式(A.13)所定义、参数为 $b_1=1.1512$、$b_1=\infty$ 的 AWF 则以实线形式给出。对矩形脉冲，EE 函数表现出较窄主瓣的非衰减变化特征。无论 DFS 处理时采用何种窗函数，误差包络函数的特性都得以保留，但误差值的尺度却有显著变化。取定零值点，AWF 较布莱克曼窗函数，主瓣宽度降低 2.6 倍且误差降低 6.6 倍。

上述结果表明，对某些脉冲干扰背景下的精确距离估计任务而言，可以通过有效选择窗函数实现既定的误差指标值。

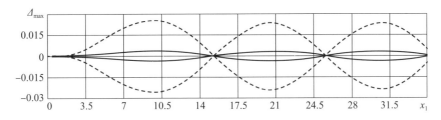

图 6.14 脉冲干扰引起的归一化测距误差包络

6.4 容器垂边与液面夹角反射所引起的误差

接下来研究天线辐射和接收来自容器垂边与页面夹角方向电磁波所引起的误差分量。此时，UR 和 SR 通常不能在距离上被分辨。另外，考虑到 UR 和 SR 来自相同液体不同部分的反射，信干比 SIR 可能会低于 1。

在安装测距仪时，一般会保持天线方向图指向与待测液面垂直。假设容器底部半径远大于 FMCW 测距仪与边墙之间的距离，由此，仅需要考虑由容器边墙垂直切面与液面组成的二面角的反射干扰。进一步假设在所有的距离上，几何光学近似方法均适用于有用和干扰信号幅度相位反射特性的确定，由此得到，有用信号的幅度主要由雷达液面间距离以及法向入射时待测液体的反射系数所决定；而伪反射信号幅度则由容器垂边和液面组成二面角的距离、雷达测距仪天线在该二面角方向的增益特性、入射平面内电场强度矢量方向以及斜入射条件下电波的反射系数所共同决定。电磁波在该二面角存在的独特反射特性是：当入射波电场强度矢量 E_{inc} 与二面角边缘既不平行也不垂直时，反射电磁场包含交叉极化分量[4]。当线极化波电场矢量 E_{inc} 与二面角边缘夹角小于 $\pi/4$ 时，反射场极化方向正交于入射波场，此时会导致雷达测距仪收发天线无法接受回波。也就是说，此时干扰信号幅度为零。同理，通过采用圆极化方式，可有效抑制干扰回波信号。总之，在上述条件下，信干比 SIR 的取值范围可从接近于 1 变化至无穷大。

首先，分析当 SIR 接近于 1 的情况，也就是电场强度方向平行于二面角棱边。误差随离液面距离的变化关系特性由 UR 和 SR 距离差 $\Delta r = \sqrt{R^2 + h^2} - R$ 以及天线方向图特性决定。在上式中，h 为 FMCW 测距仪天线相位中心到容器垂边的距离，R 为该天线相位中心至液面的距离，由此，在不考虑噪声影响的前提下，DFS 可计算为

$$u_{dif} = U_0(t) \mid \dot{\Gamma}_{ref}(0) \mid \{\cos[\omega(t) t_{del,int} - \varphi_s] +$$

$$\frac{|\dot{\Gamma}_{ref}(\Theta)|}{|\dot{\Gamma}_{ref}(0)|}\frac{F^2(\Theta)}{F^2(0)}\frac{R^2}{R^2+h^2}\cos[\omega(t)(t_{del,int}+\Delta t_{del})-\varphi_s]\} \quad (6.13)$$

式中：$F(\Theta)$ 为天线方向性函数；$\dot{\Gamma}_{ref}(\Theta)$ 为电波入射角为 Θ 时待测液面的发射系数；$\dot{\Gamma}_{ref}(0)$ 为电波入射角为 $0°$ 时待测液面的发射系数；$\Delta t_{del}=2\Delta r/c$。对于当前所考虑的应用场景，即入射电场矢量 E_{inc} 的方向与二面角棱边平行时，有

$$|\dot{\Gamma}_{ref}(\Theta)|/|\dot{\Gamma}_{ref}(0)|\approx 1 \quad (6.14)$$

由于在 6.2 节已讨论过窗函数对测距误差的影响，这里不再关注因 WF 变化而引起的测距误差问题，而是在接下来的所有讨论中均使用一种 SAD 归一化半功率主瓣宽度 $b_1=2$ 的 AWF。

图 6.15 所示测距仪距边墙距离分别为 $h=0.4m$ 和 $h=2m$ 时，测距误差随雷达液面距离 R 的变化情况，其中测距误差以绝对值形式给出，天线 3dB 波束宽度为 15°，载频为 10GHz。图中实线所示为 FM 信号扫频带宽为 $\Delta f=1GHz$ 的情况，而虚线则对应扫频带宽 $\Delta f=500MHz$。

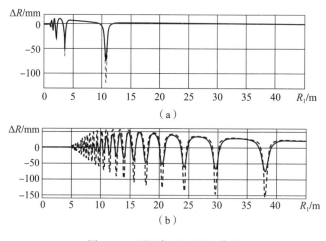

图 6.15 测距仪测距误差曲线

(a) 安装位置距离边墙为 0.4m 和 (b) 安装位置距离边墙为 2m。

由图 6.15 可知，测距误差具有振荡特性，在少数区域测距误差较大，测量中液位距离被低估；而在大部分区域测量误差较小，测量结果被高估。对比两图可以发现，实际中高误差区域的出现次数及其占比情况与调频带宽无关，而是由测距仪到容器边墙的距离决定。缩短 FMCW 测距仪至容器边墙的距离可有效降低测距误差，尤其是在那些液位距离被高估的广大区域，对于图中逐渐远离测距仪的那些具有较大误差的部分区域，测距误差单调递减直至为 0。

在距离边墙较近的那些区域,测量误差也与扫频带宽无关,$\Delta f = 1000\text{MHz}$ 和 $\Delta f = 500\text{MHz}$ 条件下的测距误差在图 6.15 中基本毫无区别,而在高误差区域,测距误差值在实际上是与调频带宽成正比的。

可以考虑利用二面角发射电磁波的正交极化特性来消除干扰信号的影响。采用该方法在实际应用中可削减幅度高于有用信号 5~10 倍的干扰信号,由此,必然带来测量精度的改善。图 6.16 所示为在上述条件基础上再采用极化抑制技术时测距误差随雷达液面距离变化的关系曲线,其中干扰信号被抑制了 14dB。

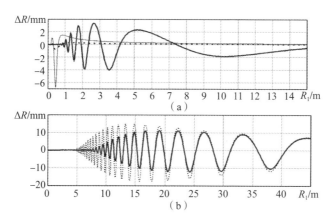

图 6.16 测距误差随测距仪至容器边墙距离变化曲线
(a) 0.4m 和 0.8m;(b) 2m。

作为这种极化抑制处理的结果,不仅测距误差得到了很好的降低,误差随距离的变化特性也发生了改变。高估和低估液面距离的那些区域在比例上更加均衡,对于小边墙距离(如 0.4m 或更小)的场合,测距误差对调频带宽的依赖性实质上已经消失不见。对于 FMCW 雷达测距仪安装位置距离边墙 2m 的应用场合,在初始距离上,误差值依赖于调频带宽,但随着液位距离的逐渐增加,$\Delta f = 1000\text{MHz}$ 和 $\Delta f = 500\text{MHz}$ 两种条件下的幅度误差也实质性接近相等。图 6.16(a)中实细线所示为 FMCW 雷达测距仪紧贴容器边墙安装时的测距误差曲线,此时,前述 3dB 波束宽度为 15°的雷达天线,其孔径半径为 0.075m,安装位置距离容器边墙 0.08m,仅在极近的距离上出现了一些无关紧要的测距误差。

上述结果已为那些临近光滑容器边墙安装且容器边墙无奇异性伪反射体的实验结果所证明。在这些场合中,降低测距误差的一个根本方法就是将雷达测距仪天线紧贴容器边墙安装。

6.5 待测物体尺寸有限引起边缘效应的影响

式(6.1)第一项给出的待测物体 DFS 表达式基于一个基本假设,就是该物体为无限大平面反射体。然而,现实中待测物通常都具有有限尺寸,这也将导致测量误差的出现。

首先假设该平板反射体(待测液面)位于垂直于 FMCW 测距仪天线指向,垂直距离为 R_1(图 6.17),现在讨论该平板反射体结构的影响。假设由 FMCW 测距仪位置看去角反射体的尺寸足够小,但其线性尺度远大于电波波长。此时,忽略入射角对反射系数的影响,任取一点 A,基于标量 Kirchhoff 近似方法计算反射场的复幅度值为

$$\dot{U}_{\text{ampl}} = \dot{U}_0 \frac{jk}{2\pi} \int_{s_0} F(\Theta) \frac{e^{-j2kr_s}}{r_s^2} \cos(\boldsymbol{n}, \boldsymbol{r}^0) \, ds \tag{6.15}$$

式中:$F(\Theta)$ 为天线方向特性函数;$\dot{U}_0$ 为角反射体入射波复幅度;$k = 2\pi/\lambda$。其他参数由图 6.17 表明。

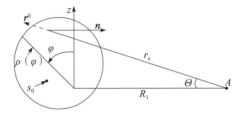

图 6.17 有限尺寸平板反射面反射场的计算

式(6.15)可渐进展开为

$$\dot{U}_{\text{ampl}} = \dot{U}_0 F(0) \frac{e^{-j2kR_1}}{2R_1} \left\{ 1 + \frac{R_1^2}{F(0)} e^{j2kR_1} \sum_{m=1}^{N-1} \left(\frac{1}{j2k}\right)^m \frac{d^m}{dr^m}\left[\frac{1}{R_1^2} \cdot F(0)\right] \right\} - \dot{U}_0 \frac{R_1}{4\pi} \int_0^{2\pi} F(\Theta) \frac{e^{-j2kr}}{r^2} \left\{ 1 + \frac{r^2}{F(\Theta)} e^{j2kr} \sum_{m=1}^{N-1} \left(\frac{1}{j2k}\right)^m \frac{d^m}{dr^m}\left[\frac{1}{r^2} \cdot F(\Theta)\right] \right\} d\varphi$$

(6.16)

式中:$r = \sqrt{R_1^2 + \rho^2(\varphi)}$;$\rho(\varphi)$ 为反射面的结构。

当 $kR_1 \gg 1$ 时,可取式(6-16)的一阶近似,得到

$$\dot{U}_{\text{ampl}} = \left[\frac{\dot{U}_0 e^{-j2kR_1} F(0)}{2R_1} - \dot{U}_0 \frac{R_1}{4\pi} \int_0^{2\pi} F(\Theta) \frac{e^{-j2kr}}{r^2} d\varphi\right] \tag{6.17}$$

第6章 干扰存在条件下距离测量误差分析

式中，$(\dot{U}_0 e^{-j2kR_1}F(0))/2R_1$ 项对应无限大平面反射体的反射波复幅度且其电动力学距离与液面距离吻合。因此，无限大平面反射体和有限尺寸引起干扰的叠加场的反射场为

$$\dot{U}_{\text{int}} = \dot{U}_0 \frac{R_1}{4\pi} \int_0^{2\pi} F(\Theta) \frac{e^{-j2kr}}{r^2} d\varphi \tag{6.18}$$

基于无限大反射体对干扰场复幅度进行归一化，可以得到

$$\dot{U}_{\text{int,norm}} = \frac{\dot{U}_{\text{int}}}{\dot{U}_\infty} = \frac{1}{2\pi} \int_0^{2\pi} \frac{F(\Theta)}{F(0)} \frac{R_1^2}{r^2} e^{-j2k(r-r_0)} d\varphi \tag{6.19}$$

通常，干扰场分布由反射体的形状和距离以及载波频率决定，测量误差取决于反射场的场强分布、雷达天线尺寸和信号处理方法。无法针对上述所有情况获得一个误差分析的通用解析性解决方案。针对上述干扰类型对测距误差的影响，采用一个半径为 h 的圆盘进行分析，其中 FMCW 雷达测距仪波束指向圆盘中心且天线方向图关于指向轴轴对称。假设待测液面距离和圆盘尺寸足够大，足以保证天线指向轴附近区域场分布恒定。在该假设条件下，可将上述干扰场归一化复幅度公式简化为

$$\dot{U}_{\text{int,norm}} = \frac{F(\Theta)}{F(0)} \frac{R_1^2}{r^2} e^{-j2k(r-R_1)} \tag{6.20}$$

干扰场由角反射体产生的环形波所生成。可以假设天线输出的干扰信号复幅度与角反射体棱边方向上的天线方向增益成正比，即

$$\dot{U}_{\text{ant,int}_{\text{norm}}} = \frac{F^2(\Theta)}{F^2(0)} \frac{R_1^2}{r^2} e^{-j2k(r-R_1)} \tag{6.21}$$

因此，在不考虑噪声影响的情况下，其DFS表达式为

$$u_{\text{dif}} = U_0(t) \times \left\{ \cos\left[\omega(t) t_{\text{del,int}} - \varphi\right] + \frac{F^2(\Theta)}{F^2(0)} \frac{R_1^2}{R_1^2+h^2} \cos\left[\omega(t)(t_{\text{del,int}} + \Delta t_{\text{del}}) - \varphi\right] \right\} \tag{6.22}$$

式中：$\Delta t_{\text{del}} = 2\Delta r/c$；$\Delta r = \sqrt{R_1^2+h^2} - R_1$。

式(6.22)所给出的简化条件下的半径为 h 的圆盘被照射情况下的DFS计算公式在结构形式上和式(6.13)完全一致。因此，对圆盘形液面的测距误差性能也必将和前述测距仪天线距离垂直边墙 h 时的半无限大待探测液面时一样，且由图6.15可知，它们有时可取得较大的值。后续在第9章中还将给出针对圆盘形液面测距误差的理论和实验分析结果。

6.6 反射回波对 FM 测距仪测量误差的影响

6.6.1 回波信号对 SHF 振荡器工作状态的影响

众所周知，导波系统(DS)的负载实配会引起发射电磁波的反射，由此引起 FM 振荡器工作状态的波动以及信号调频率的失调[4]。因此，无论是目标回波还是伪反射体回波都必将导致 FMCW 雷达测距仪测距误差的增加。

考虑一般情况[7]，即 FM 振荡器直接与 DS 系统发射天线相连接，且该 DS 系统包含信号隔离设备(如隔离器、缓冲放大器之类)，这些隔离设备对回波信号的隔离度为 D。振荡器产生信号的频率由相位均衡条件决定[6,8]，即

$$\mathrm{Im}\left(\dot{Y}_{\mathrm{osc,s}} + \eta^2 \sum_{i=1}^{M} \dot{Y}_{\mathrm{in},i}\right) = 0 \tag{6.23}$$

式中：$\dot{Y}_{\mathrm{osc,s}} = G_{\mathrm{res}}[1+j(\omega^2-\omega_{\mathrm{res}}^2)Q/(\omega\omega_{\mathrm{res}})]$ 为无回波信号时连接了主动和调制单元的振荡系统负载的导纳；G_{res} 为相对应振荡器电路在谐振频率下的等效导纳；Q 为该电路的 Q 值因子；ω_{res} 为谐振频率；$\eta^2 = Y_{\mathrm{in}}/G_{\mathrm{res}} \ll 1$ 为电路中负载的占空比；M 为回波可达发射天线输入端的反射体总数量；$\dot{Y}_{\mathrm{in},i} = Y_{\mathrm{ch}}(1-\dot{\Gamma}_{\mathrm{in},i})/(\dot{\Gamma}_{\mathrm{in},i})$；$Y_{\mathrm{ch}}$ 为振荡器输出端传输线的特征导纳；$\dot{\Gamma}_{\mathrm{in},i}$ 为负载输入的第 i 个反射波的反射系数。现在假设 $i=1$ 对应有用信号 UR，其他值对应伪反射体；当然，也可能不存在 SR。

假设 FM 过程中谐振电路的谐振频率依据特定的调频率 $\omega_{\mathrm{res}}(t)$ 变化，由于回波信号的影响，实际的频率会依据下式发生变化，即

$$\omega(t) = \omega_{\mathrm{res}}(t) + \sum_{i=1}^{M} \delta\omega_i(t) = \omega_{\mathrm{res}}(t) + \delta\omega(t) \tag{6.24}$$

由此，相位均衡性条件可改写为

$$\frac{QG_{\mathrm{res}}[\omega^2(t)-\omega_{\mathrm{res}}^2(t)]}{[\omega(t)\omega_{\mathrm{res}}(t)]} + \frac{2Y_{\mathrm{ch}}\eta^2 \sum_{i=1}^{M} \Gamma_i \sin[\tau\omega(t)+\varphi_i]}{D} = 0 \tag{6.25}$$

考虑到 $D \gg 1$ 且当 $|\dot{\Gamma}_{\mathrm{in},i}| \ll 1$ 时有 $\delta\omega(t) \ll \omega_{\mathrm{res}}(t)$ 成立，可以得到关于 FM 调制率失真的计算公式为

$$\delta\omega(t) = \omega_{\mathrm{res}}(t) A \sum_{i=1}^{M} \Gamma_i \sin[\tau_i \omega_{\mathrm{res}}(t) + \varphi_i] \tag{6.26}$$

式中，系数 $A = Y_{\mathrm{ch}}\eta^2/G_{\mathrm{res}}QD$ 仅依赖于发射接收模块(TRM)自身的特性。通常对 FMCW 雷达测距仪所用的工业级 TRM，A 的取值不超过 0.0005。式(6.26)

所示调制率误差是时间和距离两个变量的周期性函数。

需要注意的是,式(6.26)中的时间变量 τ_i 和式(6.1)中的延迟时间 t_{del} 乍看起来似乎是一回事,但却有着本质的区别,必须使用不同的命名方式标记。例如,SHF 振荡器和产生本地振荡信号的定向耦合器之间的距离变化会导致 τ_i 的变化,但并不会影响 t_{del} 的取值。

由于接收信号和发射信号的比值已包含在反射系数计算方程中,因此,电波传播条件、待测物体的尺寸形状及其电气特性参数对振荡器输出频率的影响无须额外考虑。后续章节主要讨论自由空间典型待测物体(通常以平板和一系列点反射体表示)和天线指向系统反射的影响。

假设天线增益在设计的调频测距距离上与信号工作频率无关,由文献[1]可知,在天线垂直指向待测平板反射面时,有

$$\Gamma_i = \frac{c\Gamma_{mat,i}G_{ant}}{4\omega(t)R_{free,i}} \tag{6.27}$$

式中:G_{ant} 为天线增益;$\Gamma_{mat,i}$ 为材料反射系数模值;$R_{free,i}$ 为待测液面距离。

当探测平板反射面时,有

$$\Gamma_i = \frac{cG_{ant}F^2(\xi,\zeta)\sqrt{\dfrac{\sigma}{\pi}}}{4\omega(t)R_{free,i}^2} \tag{6.28}$$

式中:σ 为点反射体的有效散射面积;$F(\xi,\zeta)$ 为天线的归一化方向图;ξ、ζ 为以天线相位中心为原点、极值与天线方向图指向轴一致的极坐标系下的反射体的角坐标。

当待探测反射物体位于指向系统(DS)中时

$$\Gamma_i = \Gamma_{i0}\exp\{-\alpha[\omega(t)]2L_i - j[\beta(\omega)2L_i + \varphi_i]\} \tag{6.29}$$

式中:Γ_{i0} 为 DS 中待探测反射物体反射系数的模值;L_i 为该反射物体的纵向坐标;$\beta(\omega)$ 和 $\alpha(\omega)$ 分别为依赖于频率变化的相位迁移和幅度衰减因子。

6.6.2 有用反射信号对测距误差的影响

为计算获得距离 R,一般需要使用式(1.17)。此时,在信号处理时,由于式(6.26)所示失真效应的存在,实际可用测距调频频差 $\Delta\omega$ 与瞬时值 $\Delta\omega_{inst}$ 并不总是相等,而是满足以下关系,即

$$\Delta\omega_{inst} = \Delta\omega + \delta\omega\left(\frac{T_{mod}}{2}\right) - \delta\omega(0) \tag{6.30}$$

式中:$\delta\omega(T_{mod}/2)$、$\delta\omega(0)$ 为频率分析周期内最边缘位置上振荡器的输出频率偏差。

综合式(6.30)、式(6.26)和式(1.17)，归一化误差可计算为

$$\frac{\Delta R_{int}}{\delta R} = \frac{R_{int}}{\delta R} A \times \left\{ \left(1 + \frac{\Delta\omega}{\omega_0}\right) \Gamma_{int,T} \sin\left[\tau_{int}(\omega_0 + \Delta\omega)\right] + \varphi_{int}\right] - \Gamma_{int,0} \sin(\tau_{int}\omega_0 + \varphi_{int}) \right\}$$
(6.31)

式中：$\Gamma_{int,T}$、$\Gamma_{int,0}$ 由式(6.27)至式(6.29)定义，对应频率分别为 $\omega_0 + \Delta\omega$ 和 ω_0。

考虑到 $(\omega_0 + 0.5\Delta\omega)\tau_{int} = 4\pi R_{int}/\lambda_{aver}$，其中 λ_{aver} 为 FM 扫频期间的载波平均波长，且对自由空间中的两类反射体有 $0.5\Delta\omega\tau_{int} = 4\pi R_{int}/\delta_R$ 成立，可以得到相对测量误差为

$$\frac{\Delta R}{\delta_R} = \frac{G_{ant} A}{\pi} V \cos\left(4\pi \frac{R}{\lambda_{aver}} + \varphi_{int}\right) \sin\left(\pi \frac{R}{2\delta_R}\right) \quad (6.32)$$

式中：对平板类反射体 $V = \Gamma_{int,0}$；而对点反射体 $V = F^2(\xi,\zeta)\sqrt{\sigma/\pi}/R$。

类似地，对 DS 中距离为 L 的反射体，可以得到

$$\frac{\Delta L}{\delta_R} = \Gamma_{int,0} \frac{L}{k\delta_R} A \left[B\sin\left(4\pi \frac{L}{\lambda_2} + \varphi_{int}\right) - \sin\left(4\pi \frac{4L}{\lambda_1} + \varphi_{int}\right) \right] \exp(-\alpha_0 2L) \quad (6.33)$$

式中：$k = \Delta\omega/\omega_0$；$B = (k+1)\exp(-\alpha k 2L\gamma)$；$\lambda_2$ 和 λ_1 分别对应测距边缘上、下边界振荡器输出载波信号的波长。

图 6.18 所示为上述 3 种典型反射体情况下相对测距误差随相对距离 R/δ_R 或 L/δ_R 的变化情况，相关参数条件为 $G_{ant} = 21\text{dB}$，$A = 0.0003$，$k = 0.1$，$\Gamma_{int,0} = 0.2$，$\gamma = 1$，$\lambda_{aver} = 0.03\text{m}$，$\Delta F = 1\text{GHz}$，$\sigma = 0.01\text{m}^2$，$F(\xi,\zeta) = 1$ 和 $\alpha = 0.2\text{dB/m}$。

由图可知，在所有的 3 种情形下，测距误差随着测量距离的变化呈现振荡特征，且振荡具有双重周期性。对平板类反射体，测距误差极值与距离无关(图6.18(a))；对点状待探测物体，测距误差极值随距离的增加而不断减小(图6.18(b))；对 DS 中的反射物体，测距误差极值首先随着距离增加而不断增大(图6.18(c))，直到最大误差值为

$$\frac{\Delta L}{\delta_R} \approx \Gamma_{int,0} A \frac{(B+1)}{(k\delta_R 2\alpha_0 e)} \quad (6.34)$$

对应距离为 $L \approx 1/2\alpha_0$；然后再单调地减小。由于衰减因子 α_0 值较小，在图6.18(c)中误差幅度不断减少直到图中右侧边界之外才会显现。

6.6.3 同时存在有用反射和伪反射回波对测距误差的影响

现实工作环境中存在这样一种极为重要的应用场景，即自由空间中距离 R_{int} 处的待测反射体和 AWP 中距离振荡器 R_{ant} 处的单个奇异点反射体同时存

在。产生这种场景的原因在于分离元件(如 AWP 中的封装设备)之间的非良好匹配。此时,由式(6.26)可以得到对应相对测距误差为

$$\frac{\Delta_R}{\delta_R} = \frac{G_{\text{ant}}A}{\pi}V\cos\left(4\pi\frac{R_{\text{int}}}{\lambda_{\text{aver}}}+\varphi_{\text{int}}\right)\sin\left(\pi\frac{R_{\text{int}}}{2\delta_R}\right) - \\ \frac{R_{\text{int}}}{\delta_R}\frac{2\Gamma_{\text{AWP}}A}{k}\exp(-\alpha_0 2L)\cos\left(4\pi\frac{R_{\text{ant}}}{\lambda_{\text{aver}}}+\phi_{\text{AWP}}\right)\sin\left(\pi\frac{R_{\text{ant}}}{2\delta_R}\right) \quad (6.35)$$

式中:Γ_{AWP} 和 ϕ_{AWP} 分别为 AWP 中奇异点反射体反射系数的模值和相位,对平面反射体 $V=\Gamma_{\text{mat}}$,对点反射体 $V=\sqrt{\sigma/\pi}/R_{\text{int}}$,对 DS 则 $V=2\pi\Gamma_{\text{int},0}x_{\text{int}}\exp(-\alpha_0 2R_{\text{int}})/k$。

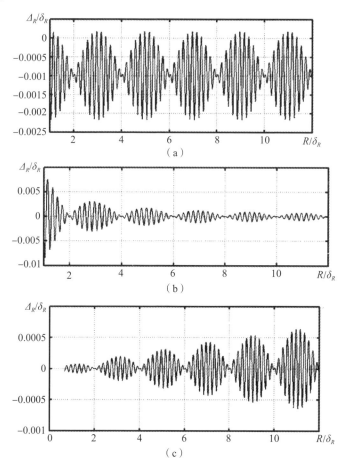

图 6.18 归一化测距误差随相对距离变化图
(a)平面反射体;(b)点反射体;(c)DS 中的反射体。

此时的测距误差由两部分组成。式(6.35)中第二项描述了该误差的快速振荡分量,该式的第一项则给出了由 UR 位置及其反射系数相位决定的测距误差直流静态分量。

当 UR 位置变化而 R_{ant} 保持不变时,式(6.35)中第二项的和仅随 SR 产生分量线性变化。线性变化分量的斜角正切值由 AWP 中奇异反射点反射系数的模值 Γ_{AWP} 和相位 ϕ_{AWP},以及它在极坐标系中的角度坐标所决定,并且和系数 $k=\Delta\omega/\omega_0$ 成反比。当 AWP 中奇异点的坐标 R_{ant} 发生变化时,它将导致一个在扇区 $\pm\dfrac{R_{int}}{\delta_R}\arctan\left[\pi\dfrac{\Gamma_{AWP}}{k}\exp(-\alpha_0 2R_{ant})\right]$ 内线性变化的测量误差的出现。图 6.19 所示为特定参数下两种不同 SR 位置上的归一化测距误差随 UR 的变化曲线。随着距离的增加,这种误差分量可能超过其他所有的误差来源。

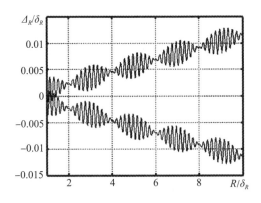

图 6.19 AWP 中存在 SR 时归一化测距误差随自由空间有用反射体相对距离的变化关系曲线

当 AWP 中 SR 参数固定时,由相关反射体引起的这种测距误差分量也是稳定的。因此,该误差可在设备校准过程中消除。但是当 SR 参数不稳定时,如温度或是尘雾沉淀等因素的影响,这种误差分量也会发生变化。

6.7　FMCW 雷达测距仪混频器交调分量对测距误差的影响

6.7.1　虚拟反射体

实际存在的各式各样的杂波将进一步干扰雷达测距仪的测量效果,这些杂波来源于 FMCW 雷达测距仪混频器中的各种耦合分量,它们的幅度与各类伪反射信号幅度以及有用信号幅度均有关联。

通常，大量来自 AWP 各奇异反射点和容器结构部件的反射回波，以及它们的多重反射回波都会输入到 FMCW 雷达测距仪的输入端。当然，随着反射次数的增加，多重反射回波的幅度急速衰减，研究中可以忽略它们的影响，仅考虑待探测物体一次反射以及由 AWP 各奇异点单次反射回波组成的伴随干扰波流（AFW）的影响。

本振信号也可能产生一系列的杂波干扰，它们来源于混频器输入端和本振信号提取电路输出端之间因失配而产生的各种反射信号。这些杂波分量也会干扰测量结果。

作为输入信号交互作用的结果，在混频器输出端，其信号形式既包含承载待测液面距离信息的乘积项 $\cos[\tau_s\omega(t)-\varphi_s]$，也包含一系列形如 $\cos[(\tau_s\pm n\tau_{int})\omega(t)]$ 的乘积项，前者称为信息项，后者也具有一定的强度，并且其时间延迟与信息项相差无几，是干扰项。

由于 τ_{int} 通常小于 FMCW 雷达测距仪的分辨力，故同为低频分量的信息项和干扰项通常难以被区分开来。它们会以和信号 $A_s\cos[\tau_s\omega(t)-\varphi_s]+A_{n,int}\cos[(\tau_s\pm n\tau_{int})\omega(t)]$ 的形式被提取出来，其中 $A_{n,int}\cos[(\tau_s\pm n\tau_{int})\omega(t)]$ 可视为虚拟的伪反射体信号，且这些虚拟反射体的数量远超 AWP 以及天线邻近区域的奇异点数量。由此，可以假设待测物体被许多密集分布的虚拟反射体所覆盖，且虚拟反射体数量不仅与 AWP 中奇异点数量有关，也和混频器结构特性有关。

需要注意的是，对于那些延迟时间等于 $2\tau_{int}$ 的虚拟杂波，即使使用具备理想对称性的平衡式混频器（即该平衡式混频器两臂上的通过信号可严格同相叠加），它们也可不受抑制地通过。但是对于延迟时间在 $\tau_{int}\sim 3\tau_{int}$ 之间的虚拟干扰，则会被平衡式混频器所完全抑制。这一结论告诉我们，无法将虚拟干扰对测距误差的影响完全消除。

这些虚拟反射体分布在 SR 两侧且它们所产生的 AFW 会造成额外干扰，一般情况下干扰信号的频率都会高于信息项的信号频率。因此，在高出信息项频率的频段上，交调干扰和 AFW 干扰必须要考虑。

虚拟反射干扰的幅度和相位由有用信号和干扰信号的幅度所决定，因此，也必然与测量距离有关。即使是在 AWP 上的不变奇异点反射体和激励信号参数稳定的前提下，对虚拟干扰 SIR 也和回波信号幅度以及待测距离有关，并且这种关联度由辐射信号功率水平所决定。

虚拟杂波导致该种干扰信号呈现热依赖的幅度、相位特性，它们对温度的依赖源于非线性器件伏安特性随温度而变化。受温度变化影响的程度是由接收信号与本振信号功率之比所决定的。对商用级应用场景，当混频器工作时，接收信号与本振信号的功率水平足够导致测距误差与温度变化强相关。

位于有用反射体附近的虚拟反射体会引起信号频谱失真，因此也将产生测距误差。

6.7.2 虚拟杂波对测距误差的影响

第3章给出的研究结果可应用于本小节针对虚拟干扰的误差分析。若AWP中存在唯一的奇异反射体，频率估计误差随奇异点位置的变化曲线分快振荡分量和慢振荡分量两部分，其中快振荡分量的周期由辐射信号平均波长决定，而慢振荡分量的周期则由所使用窗函数的特性所决定。

对于虚拟干扰，明显不同之处在于测距误差振荡曲线存在一个偏离零值的常量，该常量由 SR 和虚拟发射体之间的距离以及相关信号幅度和相位比值所决定。

图 6.20 给出了归一化测距误差随虚拟反射体与 UR 间距离变化的曲线，该 UR 相对混频器和 AWP 奇异点的距离完全相等。

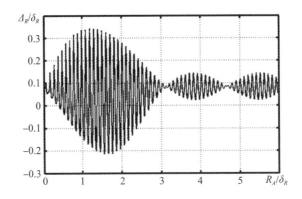

图 6.20 归一化测量误差随虚拟发射体 UR 间相对距离变化的关系曲线

由图可知，变化曲线的周期特性得以保留，不同之处在于存在一个常数的偏移量，其值等于对应分析距离上的截断测量误差。

当天线反射特性保持不变时，虚拟反射体所产生测量误差分量可在设备校准阶段加以考虑。当反射条件发生变化或者有用信号回波功率以及虚拟反射体回波信号发生变化时，则需要对该项测量误差分量进行消除处理。

6.8 小　结

在雷达测距仪的工业化应用中，综合考虑信号、干扰和噪声的功率水平，对测距误差影响最大的是仪器设备自身或是测量区域产生的各种干扰信号。由此也将导致，在大多数实际场景下，误差水平超过了可接受水平，且无法采用通用方法加以消除。

本章给出了作用于 FMCW 雷达测距仪的一些最典型的干扰类型。在大多数场合，雷达测距仪工作在交调干扰环境下，大量交调干扰分量的存在加剧了它们对测距误差的负面影响。通过选择合适的混频器工作模式，交调干扰的强度可在一定程度上得到抑制和削减。

针对单个 SR 测距误差影响的分析结果表明，该情况下测距误差随 UR、SR 之间距离差呈现振荡起伏变化特征，且同时具备快、慢两种振荡周期。快振荡的幅值包络由慢振荡分量确定。通过对干扰信号造成误差特性的类比推理，可以优化得到最小化测距误差的方法。尽管如此，仍需要基于干扰状态分析结果，对该类误差的可能性进行预先估计。

测量误差特性曲线关于 UR、SR 零距离差位置对称分布。误差包络曲线存在两个主瓣分量以及一系列旁瓣分量。测距误差的 SLL 与 SIR 以及所用窗函数谱密度函数的 SLL 成正比。在大信干比条件下，误差包络曲线主瓣的幅值也会与该 SIR 以及窗函数谱密度函数主瓣宽度成正比。压窄 WF 谱密度函数的主瓣可有效降低测量误差曲线的主瓣幅度，但作为必须付出的代价，其旁瓣电平会增加，在交调干扰存在时，这将引起测量误差的增大。因此，在进行 WF 参数选择之前，需要事先对干扰环境进行充分分析。

测量误差随 UR、SR 之间距离差的变化特性还表明，当距离差小于分析周期（QI）的 0.3 倍时，由包络线确定的测距误差极值仅和信干比有关，不依赖于 FM 带宽以及窗函数类型等其他因素；而当距离差大于 QI 时，测距误差极值则显著依赖于 FM 带宽和所使用窗函数类型。在后一种情况下，对于实际应用中的大部分干扰信号，通过扩展 FM 带宽可有效降低测距误差。

当然，通过大幅扩大 FM 带宽以削减干扰引起测距误差的方法不仅面临工程实现上的困难，同时也会存在电磁兼容性方面的难题。基于这个原因，研究误差削减的信号处理方法仍是十分必要的。

参考文献

[1] Cherenkova, E. L., and O. V. Chernushov, Radio Wave Propagation, Moscow: Radio I Sviaz Publ., 1984, 272 pp. [In Russian.]

[2] Levin, O. A., and S. K. Romanov, Frequency Synthesizers with the System of Pulse PLL, Moscow, Russia: Radioi Sviaz Publ., 1989. [In Russian.]

[3] Parshin, V. S., "Estimation of Pulse Interference Influence on Stationary Signal Recognition in

the Spectral Domain," Radio Elektronika, Vol. 42, No. 3, 1999, pp. 73-79. [In Russian.]

[4] Kobak, V. O., Radar Reflectors, Moscow: Sovetskoe Radio Publ., 1975, 248 pp. [In Russian.]

[5] Born, M., and E. Wolf, Principles of Optics. 4th edition. Oxford, London, Edinburgh, New York, Paris, Frankfurt: Pergamon Press, 1968.

[6] Dvorkovich, A. V., "Once More About One Method for Effective Window Function Calculation at Harmonic Analysis with the Help of DFT," Digital Signal Processing, No. 3, 2001, pp. 13-18. [In Russian.]

[7] Davydochkin, V. M., and V. V. Ezerskiy, "Influence of Reflected Waves upon the Distance Measurement Error by FMCW Range Finder," Vestnik RGRTA, Ryazan, No. 17, 2005, pp. 32-39. [In Russian.]

[8] Ezerskiy, V. V., I. V. Bolonin, and I. V. Baranov, "The Algorithm of Modulation Characteristic Non-Linearity Compensation for FMCW Range Finders," Vestnik RGRTA, Ryazan, No. 10, 2002, pp. 38-42. [In Russian.]

[9] Goldshtein, L. D., and N. V. Zernov, Electromagnetic Fields and Waves. 2nd edition. Moscow: Sovetskoe Radio Publ., 1971, 664 pp. [In Russian.]

[10] Atayants, B. A., V. M. Davydochkin, and V. V. Ezerskiy, "Consideration of Antenna Mismatching Effects in FMCW Radio Range Finders," Antennas, No. 12(79), 2003, pp. 23-27. [In Russian.]

[11] Davydochkin, V. M., "Virtual Interference Influence on the Error of Difference Frequency Estimation in FMCW Range Finder," Vestnik RGRTU, Ryazan, No. 20, 2007, pp. 47-54. [In Russian.]

第7章
干扰存在条件下基于自适应窗函数的测量误差削减

7.1 引 言

工业用 FMCW 雷达测距仪在应用中的一个重要特点是不存在人为遮掩或更换的干扰源。大部分干扰源的位置及其特性在测量开始前均已知,因此,可根据该测距仪所安装平台的工程说明书预测或估计可能存在的干扰源。

这些关于 FMCW 雷达测距仪工作区干扰环境的先验信息经常被用来进行有用反射体测距误差的削减。安装在特定平台上的 FMCW 雷达测距仪在开始测量工作之前,人们总是可以首先对干扰源的幅度和频率进行估计,并将它们存储到测距仪计算设备中。多数情况下,仅在信号和干扰数学模型的基础上获取必要数据,相关数学模型需要能够反映当前环境状态信息。可以明确的是,对干扰参数的精确估计将使得完全消除测距误差成为可能;但这种完全精确的估计难以工程实现,且干扰参数具有非平稳性,不能为式(6.1)所示的有限数量正弦信号级数和这样一种数学模型所充分表述,因此测距误差的削减程度严重依赖当前的干扰状态。

当一部雷达测距仪在干扰环境下工作时,需要回答下列问题。
①是否存在干扰的影响?影响程度有多大?
②应该如何确定干扰导致的测距偏差?
③应如何基于误差估计值修正测距结果?

此外,十分重要的是,基于对第①个问题的解答,在安装阶段可对 FMCW 雷达测距仪安装位置进行修正方向的选择。

实践表明,取决于不同的假目标干扰源类别,信干比 SIR 可在相当大的范围内变化取值。比如，当采用 FMCW 雷达测距仪对靠近容器底部液体进行液位测量时，$q_{s/i}$ 值将远小于 1（具体取决于容器材质的介电特性）；较容器其他组成部件，其边墙可使得 $q_{s/i}$>0dB；当对满载容器进行液位测量时，反射在容器顶部、测距仪自身以及液体反射面之间发生，此时 $q_{s/i}$ 可大于 6~20dB。

假目标干扰源的存在将导致两种额外的测量误差：

①确定回波差拍信号频率时不可避免地产生误差，由第 6 章相关知识可知，该误差分量的大小取决于有用信号和干扰信号频谱中主、旁瓣频率分量的相互作用结果；

②假目标干扰源可能被当成有用信号，这将造成明显异常的测量误差。

因此，在假目标存在背景下进行距离测量，必须要解决以下两个问题：

①在式（6.1）所示信号频谱分量集合中，如何正确选择有用信号频率分量；

②考虑 DFS 处理对有用信号的影响，并尽可能弱化 DFS 处理后 SR 的影响。

解决上述两个问题，通常采用的方法是最小化某类全局函数 $F\{S(t), S_M(t)\}$，其中 $S_M(t)$ 是模型函数。在 $3M$ 维参数集（M 个差拍频率分量的时延、相位和幅度）上对 $F\{S(t), S_M(t)\}$ 进行最小值优化，需要使用多参数优化方法，这将导致巨大的计算代价且难以确保获得无模糊的唯一确定解。因此，在本章以及后续的第 8 章和第 9 章中，将介绍各种不同工作条件下最小化 SR 影响的原理方法和具体算法。这些方法总体上可分为两大类。

第一类方法采用经典技术路径，通过控制窗函数的形状来抑制 SR 频谱及其旁瓣对有用信号的影响或者基于对不同形状窗函数影响的分析，以实现对距离测量误差的削减，并提出校正方法。这类方法将在本章详细讨论。

第二类方法指的是基于建立模型和应用模型参数调整以估计待测距离的各种方法，其中包括有用信号和伪目标信号无法分辨的情况，这类方法称为参数类方法，将在第 8 章中进行讨论。

7.2 对干扰源状态的估计

削减测量误差的软件类方法需要在对 FMCW 雷达测距仪工作区干扰状态进行分析的基础上进行，因此，需要在伪反射源背景中检测有用 DFS 信号。这项工作的挑战性在于有用目标与伪反射源 DFS 在信号结构上完全相同，其区别仅表现在幅度和频率上。当有用目标 DFS 在幅度上强于伪反射源时，实现检测没有什么问题；但当有用信号弱于伪反射源信号时，事情就变得复杂了。实现从伪反射信号 SAD 旁瓣背景中的有用 DFS 检测，主要利用的是谱分辨能力和伪反射源位置先验信息，在某些干扰影响抑制算法中，甚至还需要一些伪反射体的其他信息。因此，在工作区无有用目标时启动 FMCW 雷达测距仪自学习十分重要。具体来说，就是首先确定 SR 的具体位置及其各自对应的 $SIRq_{s/i}$。这将有助于确定强误差区域边界以及最适宜的 DFS 处理方法，从而最小化距离估计误差。显然，对于 FMCW 雷达测距仪，这一问题可在频谱域得到最简洁的处理和解决。

在学习模式下，对 SR 进行检测，需要完成下列任务：

①由于对 SR 的检测处于噪声背景之中，需要尽可能减小噪声引起过门限检测的问题（即最小化检测过程的虚警概率）；

②消除邻近伪目标回波旁瓣过门限造成虚警的概率；

③在此基础上估计每个伪目标的位置；

④估计每个伪目标的频谱幅度。

建议采用有限时间间隔内分离谐波分量频域检测的经典方法来完成 SR 的检测任务。该类任务已可使用窗函数法得到成功解决[1]，其中使用了强背景信号下微弱目标信号检测的标准流程。

通常在 FMCW 雷达测距仪自噪声水平远低于待测微弱目标信号时，该类方法可得到需要的距离测量精度。所选择窗函数需要满足在给定主瓣宽度和旁瓣衰减速度条件下，其幅度谱旁瓣电平最低（即采用最优加窗函数）。当检测一个紧邻强伪目标信号的微弱有用目标信号时，假设有用目标差拍频率为 x_1，伪目标差拍频率为 x_2，x_1 处有用信号 SAD 分量明显弱于 x_2 处伪目标信号 SAD 分量，且由于频率 x_2 和 $-x_2$ 处伪目标 SAD 旁瓣分量值 S_2 的干扰，频率 x_1 处有用信号 SAD 谱分量会出现畸变失真。但负频率区域频率 $-x_1$ 处 SAD 旁瓣电平分量 S_1 的影响几乎可忽略不计。众所周知，选择增大窗函数主瓣宽度 C_s 值意味着不可避免地导致邻近主瓣区域旁瓣电平的增大。对于本应用场合，旁瓣电平的增加将使得有用目标信号幅度谱主瓣出现较大失真。因此，在进行加窗处理时应选择具有最小 C_s 值的那些 WF，以保证给定主瓣宽度的前提下具有最小的旁瓣电平。

近程 FMCW 雷达测距中十分常见的一种伪反射源来自天线波导传输路径。长期处于灰尘和高湿度环境，日积月累的沉淀使得它们对电磁波的反射强度可能接近全反射。由式(6.2)可知，对增益为 20dB 的常用天线，当目标距离达到天线距离的 3 倍时，SIR 可降至 -40dB 以下；若在频率进行分析计算（当 FM 带宽大于 500MHz 时），SIR 将衰减更多。众所周知，SIR 越高信号检测越容易，在接下来的分析讨论中均取 SIR 值等于 -40dB。

用于 UR、SR 距离初始估计的窗函数旁瓣电平和主瓣宽度，它们之间的关系由待测目标谱分量强度之比以及 UR 与 SR 之间的距离差所决定。例如，对 Dolph-Chebyshev 窗函数，旁瓣电平 Q^{-1} 和半零点主瓣宽度 x_0 具有以下的解析关系，即

$$x_0 = \sqrt{\frac{0.25 + \ln^2(Q + \sqrt{Q^2-1})}{\pi^2}} \tag{7.1}$$

已有研究证明，在强干扰背景下对 SR 进行检测并粗略估计其参数，所用 WF 在正负频域的累加旁瓣电平必须远小于最小可检测 SIR；就本例来说，需要 SLL 小于 -46dB。Q 的取值受到给定 WF 主瓣宽度的限制，由 SR 和 UR 之间最小可允许距离决定。对于 $x_0 = 0.625\cdots0.69(x_1-x_2)$ 的 Dolph-Chebyshev 窗函数，在 x_1 取任意值时，理论上在 $x_1-x_2 \geq 4$ 时，信号之间已能够完全被分辨，且此时 x_1 和 x_2 之间的频率上信号 SAD 沉降最小，主瓣外信号 SAD 谱分量较中心处微弱信号下降超过 6dB。

当采用 AWF（见附录）中提供的最优窗函数重新审视上述问题时，应该设定相关 WF 的参数为 $C_s = 6\text{dB/oct}$。由附录可知，在给定 AWF 主瓣宽度的前提下，增大 N 值可实现 SL 的削减。SL 削减的极限就是达到与 Dolph-Chebyshev 窗旁瓣电平相等的水平。尽管如此，对于 $C_s = 6\text{dB/oct}$ 的 AWF，在保证 Q 值足以超过 46dB 的前提下，即使采用最小的 N，较 DC 窗旁瓣电平，其损失也仅有 3~6dB。因此，在强干扰背景下检测 SR 并粗略估计其相关参数，可使用与参数 $b_1 = 0.625\cdots0.69(x_1-x_2)$ 的 DC 窗相同主瓣宽度的从 $N = 2$ 开始的一系列 AWF 窗函数。

例如，图 7.1 中实线所示即分别为 DC 窗和 $C_s = 6\text{dB/oct}$ 的 AWF 窗时输出信号 SAD 的比较。其中有用信号相对频率 $x_1 = 7$，伪目标信号相对频率 $x_2 = 3$，有用信号在幅度上低于伪目标信号 40dB。$\omega > 0$ 区域有用信号的 SAD 波形以实细线表示，因坐标尺度的限制，负频率区 $x_1 = -7$ 处伪目标的 SAD 旁瓣分量未在图中加以显示。$\omega > 0$ 和 $\omega < 0$ 时伪目标 SAD 分量分别以虚点线和点画线的形式在图中给出。两种窗函数具有相同半零点主瓣宽度，其值等于 5.5。DC 窗 SAD 的旁瓣电平值为 -67.67dB，而对应参数 $C_s = 6\text{dB/oct}$、$N = 2$、$b_1 = 2.75$ 和 $b_2 = 4.2111$ 的 AWF 窗的 SAD 旁瓣电平则为 -61.7dB。

由图 7.1 可知，两种窗函数均能确保强干扰背景下的微弱信号提取能力，上述窗函数参数的选择结果可保证微弱 DFS 信号分量的主瓣远远超出强干扰分量的旁瓣。假设在相对频率 6~8 之间存在一个微弱有用反射体，则对该反射体进行检测后使用算法式(3.4)进行距离估计，可得到归一化相对测距误

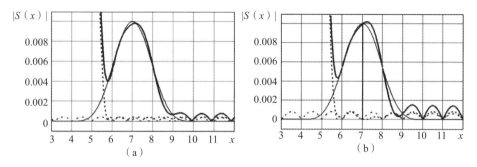

图 7.1 相对频率 $x_1=7$(a) 和 $x_2=3$(b) 时输出信号及其相关分量的 SD 模值

差,当采用 DC 窗函数时其值为 0.136,而当采用 $N=2$ 和 $C_s=6\text{dB/oct}$ 的 AWF 窗时其值为 0.2078。

在 FMCW 雷达测距仪工作区检测 SR 具有一定的独特性。考虑 SR 位置已知的情况,假设可在无 UR 或是 UR 位置远超测距仪探测范围的前提下获取 SR 的 DFS 幅度谱。显而易见的是,此时所有 SR 的谱分量均将在测量所得的 SAD 中呈现,包括 AWP 中那些奇异点的反射信号。

假设对所有的 SR,其信噪比 $q_{i/n,i} = G_{\text{int}}(\omega_i)/N_0$ 均足够高 ($q_{i/n,i} > 30 \sim 40\text{dB}$),它们均能以概率 1 被检测到,且对应虚警概率等于 0。该假设对应那些 SR 的幅度和有用信号可比拟的应用场景。

针对学习模式下微弱强度 SR 检测问题,保证可接受检测性能的获得以及防止将 AWP 反射信号谱密度函数的旁瓣误判为 SR 十分必要。为此,可基于文献[2]中的最优检测器进行适当改进,使用式(3.49)给出的分布律并假设白噪声谱密度函数服从参数为 N_0 的指数分布,可以得到对第 i 个谱分量的检测似然比函数为

$$\Lambda_i = \exp\left[\frac{-G(\omega_i)}{N_0}\right] I_0\left(\frac{\sqrt{\hat{G}(\omega_i)G(\omega_i)}}{N_0}\right) \quad (7.2)$$

式中:$\hat{G}(\omega_i)$ 为第 i 个频率单元上 DFS 谱分量 $G(\omega_i)$ 的估计值。

由于函数 $I_0(z)$ 和 $\sqrt{z}$ 均为单调函数,采用式(7.2)给出的检测算法,可以得到检测门限应该为

$$\hat{G}(\omega_i) \gtrless h \quad (7.3)$$

式中:h 为基于莱曼-皮尔逊准则确定的比较门限[3],其取值为

$$h = \frac{h_0 N_0}{q_{i/n,i}} \quad (7.4)$$

式中：$h_0 = \ln(1/F)/q_{i/n,i}$ 为依据方程 $\int_{h_0}^{\infty} W_1(x)\,dx = F$ 求解得到的归一化门限；$W_1(x)$ 为噪声功率谱的概率密度分布函数；F 为所要求的虚警概率。

为了消除将 AWP 的旁瓣反射信号误判为 SR 的可能性，一种合理化的建议方案是基于计算得到的 AWP 功率谱和所用窗函数确定的 AWP 功率谱旁瓣检测门限 h_{SLL}。然后对最小和最大可能距离内的所有谱分量，同时基于式(7.3)和下式进行判决，即

$$\hat{G}(\omega_i) \geq h_{SLL} \qquad (7.5)$$

所有通过检测的谱分量均可被视为 SR。

为了计算 SR 的检测性能，推荐首先将白噪声谱分量与确定性变量 DFS 谱分量 $G(\omega_i)$ 相乘，确定性谱分量 $G(\omega_i)$ 可取 SR 谱估计的平均值。经过这样的函数转换后，白噪声功率谱值服从指数分布，且具有式(3.56)的形式，由此可将 SR 存在或不存在时的概率密度函数重写为

$$\begin{cases} W_1(x) = q_{i/n,i} \exp(q_{i/n,i} x) \\ W_2(x) = q_{i/n,i} \exp[-q_{i/n,i}(x+1)] I_0(2 q_{i/n,i} \sqrt{x}) \end{cases} \qquad (7.6)$$

图 7.2 给出了不同虚警概率 F 值下检测概率 D 与信噪比 $q_{i/n,i}$ 之间的对应关系。由图可知，在 SR 的强度超出噪声基底不小于 18dB 时，SR 接近 1 的发现概率和 $F = 10^{-10}$ 的虚警概率被检测出来。

图 7.2 中给出的虚警概率是针对检测过程每个 SR 的 DFS 谱分量独立计算得到的。对于 I 个频率分别为 ω_i 且 $1 \leq i \leq I$ 的多 SR 检测问题，最终的输出虚警概率 $F_{fa} = 1 - (1-F)^I$。假如对以 DFS 分量表示的时域 1024 个采样单元中 $F = 10^{-12}$，若所有谱分量均用于 SR 检测，则此时最终的 $F_{fa} = 5.12 \times 10^{-12}$。显然，这种(与采样单元有关的)虚警概率指标是无法使用的。

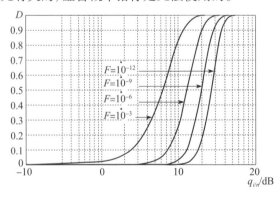

图 7.2 SR 的检测性能曲线

当FMCW雷达测距仪用于液位测量这种特殊应用场合时，随着液位逐渐降低乃至接近容器底部时，SIR会变得小于1。例如，待测液体为矿物油时，在液位仍有2~3m时，有用信号的反射强度就开始小于容器底面反射（载波频率为10GHz时）。当然，若有用信号和干扰在频率上无法分辨时，DFS频率测量过程中出现这种低SIR现象也没有什么严重影响。应用中，通常容器底部的电距离一定会大于待测液位，这就使确定该类反射源变得十分简单，即有用信号DFS谱分量对应频率位置一定小于容器底部反射信号DFS谱分量所在频率位置。只有当有用信号和干扰的谱相互之间无法分辨时才会给DFS频率测量造成困扰和挑战。

在完成SR检测之后，需要确定IEZ的具体大小。当谱分量检测门限超过IEZ边界（见第6章）时，可选择IEZ的大小（折算到距离）为$R_{\text{int},i} \pm 9\delta_R$，其中$R_{\text{int},i}$为满足判决准则式(7.3)和式(7.5)的第$i$个谱分量对应SR的距离。当存在多个紧密相邻谱分量满足式(7.3)和式(7.5)时，可将IEZ的大小确定为存在已检测谱分量的频率区域左右各延拓$9\delta_R$个距离。

在SR存在的情况下进行UR距离测量，对那些超出UR的强度信号，以与式(7.3)和式(7.5)相同的算法进行检测，不同之处在于此时检测仅在IEZ以外区域进行。

7.3　单个可分辨干扰下基于微弱信号 幅频估计的误差最小化方法

7.3.1　引言

尽管干扰信号的特性（见第6章）存在显著的差异性，但最为重要的是估计它们距离待测液面的距离、考察它们与待测物体的可分辨性以及确定特定情况下的误差优化方法。因此，忽略干扰类型的不同，主要考虑在误差包络谱主瓣超出干扰旁瓣电平的前提假设下，基于谱峰估计法测量时如何最小化可分辨干扰信号带来的测距误差问题。DFS估计时，保留式(6.1)中与单个干扰背景相关的两项有用参数项。

当使用FMCW雷达测距仪进行微弱反射特性液体液位测量时，有用信号回波幅度可能远小于天线封装插入物或是罐底反射。此时，比较明智的是同时针对UR和SR分析降低测距误差的可行性。基于对SR的距离估计以及伪目标谱分量幅相特性，可以对UR距离测量值进行修正或者设备工作进行估计（如估计天线的干燥度[4]）。估计AWP中SR的大致位置可在设备校准或是自学习阶段进行。

由于容器可能会发生形变，罐底距离及其估计值可能是变化的。这种形变可能由温度变化、容器内部压力变化、液体材料对容器边墙的机械力等多种因素引起。此外，待测液体的介电常数也可能发生变化，由此也会引起液面至罐底电距离的变化。

任何时候，由于强干扰信号的存在，在对 UR 进行测距前，上面讨论的关于有用目标和伪目标 SAD 离散傅里叶谱分量检测以及参数粗估计问题必须事先得到解决。在此基础上，位于频率 $\hat{x}_1$ 和 $\hat{x}_2$ 处的有用和伪目标 SAD 峰值谱分量 $\hat{S}_1$ 和 $\hat{S}_2$ 将会得到成功检测。

7.3.2 微弱反射液体测距误差的最小化

本小节所涉及任务来源于 AWP 中封装插件引起的强干扰环境。假设 AWP 中 SR 的概略位置是已知的，由容器的工作条件参数，所装载液体及其最大装载液位通常也可以得到。从这些条件出发，FMCW 雷达测距仪的最小安装高度可由 DFS 谱的频域分辨力确定，该分辨力应能确保容器满载时在 DFS 中分辨出 AWP 反射信号和液面回波信号。由此，最小可测距离、液面电磁波反射系数以及由式（6.2）可得到的最小可能 SIR 均可随之得到。因此，基于对其他 DFS 分量的参数估计，确定性干扰信号的表达式即式（6.1）中每一项均得到确定。测距误差仅与噪声以及 3 种 DFS 谱分量的旁瓣有关，这 3 种谱分量包含一个位于 $\omega>0$ 区域的伪反射信号分量以及另外两个位于 $\omega<0$ 区域的其他谱分量。

假设 DFS 谱分量检测以及参数估计问题已预先完成，且位于频率 $\hat{x}_1^{(0)}$ 和 $\hat{x}_2^{(0)}$ 处的伪目标和有用信号 SAD 峰值谱分量 $\hat{S}_1^{(0)}$ 和 $\hat{S}_2^{(0)}$ 已被检出。

现在利用与第 3 章所分析的最小化截断误差算法相类似的算法，研究削减归一化距离 x_1 和 x_2 测量误差的可能性。假设测量数据 DFS 包含两种信号分量：一种分量的归一化频率为 $x_1=3$ 且幅值为单位幅值；另一种分量对应有用信号回波，其幅值较前者低 40dB，归一化频率 $x_2=10$。

可用窗函数参数的确定需要通过迭代完成，即通过多轮的重复计算和求解得到 b_1，b_2，$\cdots$，b_n 的最终值。每轮迭代计算均以不断降低当前 $\hat{x}_1^{(n)}$、$\hat{x}_2^{(n)}$ 与上一轮 $\hat{x}_1^{(n-1)}$、$\hat{x}_2^{(n-1)}$ 之间的差值为目标，直至 $|\hat{x}_1^{(n)}-\hat{x}_1^{(n-1)}| \leq \Delta x_1$ 和 $|\hat{x}_2^{(n)}-\hat{x}_2^{(n-1)}| \leq \Delta x_2$ 为止，Δx_1 和 Δx_2 为预先设定值且通常不相等。

由于 SAD 中谱分量之间的相互作用，针对模型式（6.1）中所有 SAD 谱分量参数的频率估计必然出现位置偏移问题。为使所有谱分量的频率估计误差实现最小化，在谱分量极大值估计位置差值对应的 4 个频率上，所应用 AWF 应能确保二阶以上 SAD 谱的谱值为 0。因此，首先 SAD 的所有谱分量必须是可分辨的。在接下来所讨论的实例中，上述算法可以保证，无论 x_1 取何值，UR 和 SR 谱分量相互作用引起的误差分量恒为 0，除了 $\Delta \hat{x}_1^{(0)} = \hat{x}_2^{(0)} - \hat{x}_1^{(0)} \geqslant 6.5$ 以外。

图 7.3 以实细线给出了频率 $x_1 = 10$ 的有用信号 DFS，以粗实线给出了采用参数为 $C_s = 6\text{dB/oct}$、$N=8$ 且 $b_1 = b_2 = 6$、$b_3 = b_4 = 7$、$b_5 = b_6 = 13$ 以及 $b_7 = b_8 = 20$ 的 AWF 窗处理后的输出信号 DFS，其中伪反射信号分量位于 $x_2 = 3$ 处；有用信号和输出信号 SAD 谱的差值(放大 1000 后)以点虚线的形式在图中给出。

由图 7.3 可知，在 $x_1 - x_2 = 7$ 处，具备上述参数的 AWF 可确保即使存在强干扰背景，对微弱目标的幅度和频率精确估计也可得到实现，原因在于干扰分量在这个频率上不会造成 SAD 失真。

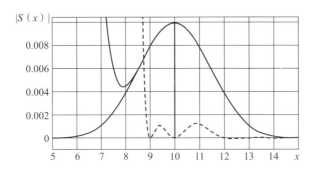

图 7.3　相对频率 $x_1 = 10$ 的有用信号 SAD(细实线)，附带频率 $x_2 = 3$ 干扰的加窗处理后信号(粗实线)，放大 1000 倍并处理后信号与有用信号 SAD 的差值(虚线)

7.3.3　天线附近区域微弱反射材料液位测量操作流程

操作流程如下所述。

步骤 1：依据记录在存储空间中的信号采样样本，采用选定 AWF 窗计算其 SAD，确定 SAD 模值谱极大值对应的频率坐标位置，得到 UR 和 SR 频率坐标初始近似估值 $\hat{x}_1^{(0)}$ 和 $\hat{x}_2^{(0)}$ 以及它们对应幅度的比值。

步骤 2：基于初始频率坐标估值，计算 $\Delta \hat{x}_1^{(0)} = \hat{x}_1^{(0)} - \hat{x}_2^{(0)}$、$\Delta \hat{x}_2^{(0)} = 2\hat{x}_1^{(0)}$、$\Delta \hat{x}_3^{(0)} = 2\hat{x}_2^{(0)}$、$\Delta \hat{x}_4^{(0)} = \hat{x}_1^{(0)} + \hat{x}_2^{(0)}$ 的零次估计。

步骤 3：令 $b_1 = b_2 = \Delta \hat{x}_1^{(0)}$，$b_3 = b_4 = \Delta \hat{x}_2^{(0)}$，$b_5 = b_6 = \Delta \hat{x}_3^{(0)}$，$b_7 = b_8 = \Delta \hat{x}_4^{(0)}$。

步骤 4：对给定 AWF，令其参数为 $b_i^{(n-1)} = b_{i+1}^{n-1} = \Delta \hat{x}_{(i+1)/2}^{(n)}$，对存储空间中的信号样本，重新计算确定频率坐标的 n 次近似估值 $\hat{x}_i^{(n)}$。

步骤 5：重复步骤 2 至步骤 4，直至 $|\hat{x}_1^{(n)} - \hat{x}_1^{(n-1)}| \leqslant \Delta x_1$ 和 $|\hat{x}_2^{(n)} - \hat{x}_2^{(n-1)}| \leqslant \Delta x_2$

得到满足为止。

步骤6：进行相关谱分量的幅度和相位估计。

当 $N=8$ 时，所有的 SAD 谱分量均可在频域得到分辨，且它们必定位于 SAD 谱极大值对应的4个差值频率位置上，可确保在这4个频率之处二阶以上 SAD 谱取得零值。对于前述具体实例，不考虑噪声影响的前提下，上述算法可保证在 $2 \leq x_1 \leq 4$ 和 $x_1-x_2 \geq 6$ 时无误差。当 $x_1>4$ 时，只要 $x_1-x_2>6.5$ 的条件满足，该算法也可确保误差最小化。

然而，当需要估计靠近天线且反射能力微弱的液位距离时，很多问题将会随之而来。此时，有必要忽略 $\omega<0$ 区域坐标为 $-x_1$ 的微弱 SAD 分量对 $\omega>0$ 区域坐标为 x_1 的谱分量误差估计的影响，以便提高坐标为 x_2 的谱分量在 $x=x_1$ 区域取得零值的要求。由附录可知，对那些 $b_1<N-1$ 且 $b_1-b_2>1$ 的特定 AWF 函数，随着 N 值的增加，旁瓣电平在区间 $[b_1,b_2]$ 上会增强，相对来说，测量估计误差也会变大。尤其是当微弱 DFS 分量差频估计的背景是存在一个距离分辨单元边缘的强干扰分量时，情况更是如此。此时，当采用上述算法进行精确频率估计时，十分重要的是在最小可能距离至 $\Delta \hat{x}_1^{(0)} = \hat{x}_1^{(0)} - \hat{x}_2^{(0)} \geq 6.5$ 的距离范围内，通过最小化 N 削减误差或是确定一个可接受误差水平下的 N 值。接下来，仅考察如何在区间 $4 \leq \Delta \hat{x}_1^{(0)} = \hat{x}_1^{(0)} - \hat{x}_2^{(0)} \leq 7$ 内确定 N 值的问题。

不断地改变 N 的取值，研究确定针对归一化距离 x_1 和 x_2，基于 DFS 的参数估计能够达到的可接受误差水平究竟为多少，其中一个谱分量取定归一化频率为 $x_2=3$，对应天线产生的反射信号；另一个谱分量在幅度上较前面的 SR 低 40dB，归一化频率在 $x_1=7$ 和 $x_1=10.5$ 之间取值。

考虑到前期已经证明在当前应用条件下理论结果与仿真试验的一致性，这里仅给出仿真试验结果。在所有已知窗函数中，当 x_1 不断增加时对分辨两个信号以及信号参数估计而言，KB 窗是最优窗函数。因此，本节基于已开发的可确保误差最小化的迭代估计算法，比较分别使用 AWF 和 KB 窗函数后的结果。图7.4所示为上述仿真计算的一个代表性结果，其中对 AWF 窗，N 在 3~8 之间取值，且所设计的零值分布各有不同。

采用较少可变参数项 $N=3$ 的 AWF 窗函数（图7.4(a)），较 KB 窗，其在频率估计误差方面仅当 $x_2-x_1<6$ 时具有显著优势。两种窗函数下微弱谱分量频率的增加对 DFS 频率估计的实质性影响结果是一致的。AWF 窗可变参数项 N 的增加（图7.4(b)），可使估计误差进一步降低。综合比较图7.4(a)和图7.4(b)可知，当 N 由 3 变为 8 时，微弱回波信号频率估计误差在分辨单元 $x_2-x_1 \approx 4.5$ 处约降低超过 3 个数量级。注意到和前述讨论一致的是，在图7.4(b)出现 AWF 零阶频率区共有 4 个，对应 $b_1=b_2=b_3=b_4=\hat{x}_1-\hat{x}_2$；$2\hat{x}_1$ 对

应可变零点在图中未能显示。在可靠信号分辨($x_2-x_1 \approx 7$)的条件下,可变参数项的增加可带来 1.5 倍数量级的误差削减收益。

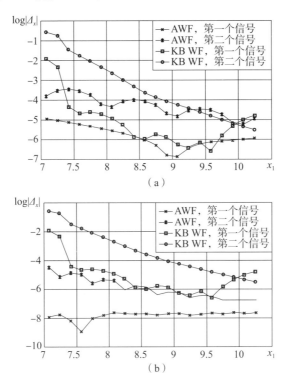

图 7.4 基于 KB 窗和 AWF 窗加窗处理的归一化 MSD 算法 DFS 估计误差

(a) $N=3$ 且 $w_s(\hat{x}_1-\hat{x}_2, \hat{x}_1-\hat{x}_2, \hat{x}_1+\hat{x}_2)$;

(b) $N=8$ 且 $w_s(\hat{x}_1-\hat{x}_2, \hat{x}_1-\hat{x}_2, \hat{x}_1-\hat{x}_2, \hat{x}_1-\hat{x}_2, 2\hat{x}_2, 2\hat{x}_2, \hat{x}_1+\hat{x}_2, \hat{x}_1+\hat{x}_2)$。

信号中存在的噪声不会改变 KB 窗和 AWF 窗对估计误差的自适应改善。但是,在信号分辨单元附近以及可靠信号分辨区域 $x_1-x_2>6$,最小可获得的误差削减水平却是不同的。因此,依赖于具体的噪声强度,不同可调参数项下 AWF 窗的应用效果是不同的(图 7.5)。在较高噪声强度条件下(对微弱信号分量,$q_{s/i}=20\text{dB}$),AWF 窗函数的优势在较小可调整参数项($N=3$)时已得到证明(图 7.5)。在信号分辨单元附近可获得 100 倍左右的误差削减增益,而当信号分量频率差 $x_2-x_1 \approx 5$ 时,该削减增益下降至 1 倍左右,随着频率差进一步增加到 7 时,误差削减增益又缓慢增长到 1.25 左右。在这些条件下,采用可调参数项为 8 的 AWF 窗函数,较 KB 窗函数,仅会在 $x_2-x_1 \leq 4.5$ 附近分辨单元内具有优势。

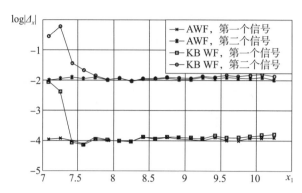

图 7.5 采用 KB 窗和 AWF 窗 $w_s(\hat{x}_1-\hat{x}_2, \hat{x}_1-\hat{x}_2, \hat{x}_1+\hat{x}_2)$ ($N=3$) 时的 DFS 差频估计归一化 MSD 对数均方差 ($q=20\text{dB}$)

测量误差之所以出现这一结果,其原因在于小频率差时截断误差起主导作用而在大频率差时则是由噪声分量起主导作用。当噪声电平相对微弱 DFS 谱分量降低至 -60dB 时,AWF 窗函数的优势得以进一步显现,尤其是在那些邻近信号分辨界限的区域。

当需要顾及信号分量的幅度信息时,使用 AWF 窗函数,即使采用较小的可调参数项 $N=3$,在邻近分辨界限的频率上也可较 KB 窗将误差截断分量降低 6 个量级以上(图 7.6(a))。可调参数项的增加将进一步扩大 AWF 窗的优势。在较强噪声电平存在(对微弱信号分量,$q_{s/i}=20\text{dB}$)的条件下,对应频率差从信号分辨单元内变化至 $x_2-x_1 \approx 4.5$,噪声使 AWF 窗的误差降低优势从 10 倍至 1 倍,此后,随着 DFS 谱分量差拍频率的进一步增大,该值缓慢变化至 1.1 左右。

7.3.4 罐底强反射背景下的距离测量

由第 6 章关于强罐底反射背景下微弱反射特性透明液体表面距离测量的研究结论可知,确保 $C_s=12\text{dB/oct}$ 的窗函数是最佳的选择,它可以显著降低 $\omega<0$ 区域频率为 $-x_2$ 和 $-x_1$ 处 SAD 谱分量的旁瓣电平。此时,简化信号参数估计以及减少可调参数项的数量是可行的,原因在于当 $x_1 \gg 1$ 和 $x_2 \gg 1$ 时,$\omega<0$ 区域谱分量的 SLL 会自然衰减。例如,给定一个最优窗函数,它具有以下的参数:$C_s=12\text{dB/oct}$,$N=2$,$b_1=2.75$ 和 $b_2=3.37145$,对于一个最大 SAD 旁瓣电平为 -60.7dB 的谱信号,加窗处理以后可以确保相应频率的旁瓣电平在 -98dB 左右。

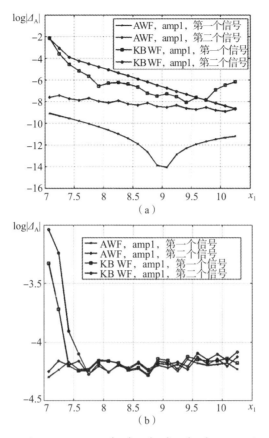

图 7.6 KB 窗和 $N=3$ 且 $w_s(\hat{x}_1-\hat{x}_2,\ \hat{x}_1-\hat{x}_2,\ \hat{x}_1+\hat{x}_2)$ AWF 窗 DFS 加权处理的归一化 MSD 算法幅度分量误差

(a) 无噪声; (b) 20dB 噪声。

由于对应本小节的应用场合, $\omega<0$ 区域谱分量的影响可忽略不计, 回波信号分量频率估计可通过噪声背景下最小化距离估计截断误差的相关算法(已在第 3 章给出)来实现。区别主要在于如何确定 AWF 窗函数参数 $b_N^{(0)}=|\hat{x}_2^{(0)}-\hat{x}_1^{(0)}|$ 及其高阶项 $b_N^{(n)}=|\hat{x}_2^{(n)}-\hat{x}_1^{(n)}|$。

如果窗函数的最大旁瓣电平与该窗函数在相对频率差为 $2|x_2-x_1|$ 处的旁瓣电平强度可比拟, 则负频率区域的谱分量的影响不可忽略。此时, 若相对距离远大于 1, 则旧算法的误差可进一步降低, 原因在于依据初始估计结果, 其中一个谱分量的旁瓣会被加入到 $\omega<0$ 区域的谱密度旁瓣分量抑制流程。此时, 随着信号分量频率的增加, 估计误差可得到额外削减, 直至在实际中接近第 3 章中所分析的截断误差水平。由此, 采用 3 组 AWF 可调参数就足够了, 其中

两组均为 $b_1^{(n)}=b_2^{(n)}=|\hat{x}_2^{(n)}-\hat{x}_1^{(n)}|$，第三组参数设置为：当 $x_1 \geqslant x_2$ 时，$b_3^{(n)} \approx \hat{x}_2^{(n)}+\hat{x}_1^{(n)}+|\hat{x}_1^{(n)}-\hat{x}_2^{(n)}|A_1/(A_1+A_2)$ 或者当 $x_2>x_1$ 时，$b_3^{(n)} \approx \hat{x}_2^{(n)}+\hat{x}_1^{(n)}+|\hat{x}_1^{(n)}-\hat{x}_2^{(n)}|A_2/(A_1+A_2)$。

7.4 非可分辨干扰背景下信号差拍频率估计误差的削减

7.4.1 常见的实际应用场景

关于非可分辨干扰背景下的差拍频率估计问题，实际应用中经常遇见的场景描述如下。

（1）在石油化工行业的液位测量应用中，当 FMCW 雷达测距仪安装在容器边墙时，典型的情况是 SR 和 UR 的距离会同步变化。这一点已在第 6 章分析讨论过。

（2）工业 FMCW 雷达测距仪的另一种广泛应用是测量管线或者导向管的液位。它们对于 FMCW 雷达测距仪来说，起到一个多模态波导系统的作用。此时，由于相速度的差异性，高模态电磁波会影响测距，产生误差。在前述例子中已经说明，有用信号时延和多种干扰样式之间的关系可以以一个较小的误差确定，但是，高模态电磁波的相位与幅度仍然会依赖于管线内表面电磁传输环境的稳定性。

（3）干扰源的位置可以在学习阶段被估计和被存储到 FMCW 雷达测距仪的存储器中，但是，测距仪工作期间，干扰参数不会永恒不变，因此，它们的不稳定性也必须认真加以考虑。

7.4.2 削减误差方法

在基于 SAD 最大值对有用物体进行测距时，UR 和 SR 的距离以及窗函数 SAD 干扰的幅度与形状和测距误差的联系已在第 3 章由式（3.16）和式（3.17）给出。这种联系同时也为解决逆问题提供了可能，即在给定 SAD 已知的窗函数参数集以及基于该参数集得到距离估计的基础上，如何确定有用待测物体距离的问题。在该问题中，式（3.16）和式（3.17）给出了该系统的非线性方程，其闭合解无法解析得到。

为了降低误差，需要注意的是式（3.16）和式（3.17）随 UR 及 SR 距离变化的振荡性依赖关系，并尽可能挑选出那些无估计误差的坐标点序列。

图 7.7 所示为距离估计误差及其包络随测量距离的理论变化关系曲线。信

号采用矩形窗(曲线1)和布莱克曼窗(曲线2)加权,误差包络分别示于曲线3和曲线4中。图中,SR的归一化距离为10且$q_{s/i}=14\text{dB}$。

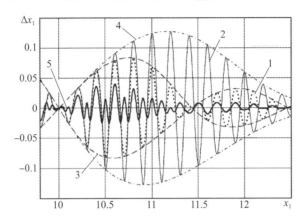

图7.7 距离估计误差及其包络曲线

在高SIR($q_{s/i}$在14~20dB以上)条件下,那些可取得精确距离测量结果距离点的位置实际中与窗函数SAD谱形状无关。在这些无误差距离点之间,测距误差由UR和SR之间的距离差和幅度比,以及所用窗函数的特性共同决定。压窄窗函数SAD主瓣宽度可在SR和UR距离不可分辨时有效降低测距误差,但所付出的代价就是当SR在距离上与UR可分辨时测距误差会增大。

采用不同主瓣宽度窗函数对信号进行处理时,若对应距离估计结果也不同,则意味着距离估计受到干扰的影响。因此,有必要对式(3.16)和式(3.17)得出的距离估计值建立结果修正方程。

窗函数SAD形状变化导致估计结果的变化,变化前、后的距离估计值分别为$x_{est1}(*)$和$x_{est2}(*)$,其差值为

$$\Delta x_{est}(x_1, x_2, b_1, \cdots, b_{2m}, q_{s/i})$$
$$= x_{est1}(x_1, x_2, b_1, \cdots, b_m, q_{s/i}) - x_{est2}(x_1, x_2, b_{m+1}, \cdots, b_{2m}, q_{s/i}) \quad (7.7)$$

式中:$b_1, \cdots, b_m$和$b_{m+1}, \cdots, b_{2m}$为AWF中特定的归一化距离参数集;$x_{est1}(*)$和$x_{est2}(*)$分别为针对有用物体采用第一种和第二种AWF参数集的距离估计结果;x_1和x_2分别为UR和SR的距离。确定AWF参数集的指导性方法随后将具体给出。

得益于那些充分稳定的无误差距离点(在$q_{s/i}$处于14~20dB以上时),测距误差随误差包络而线性变化。

因此,基于不同窗函数下的距离估计误差变化特性,干扰位置先验信息以及关于误差包络的理论变化特性结果,可以得到以下距离估计误差修正的近似

值，即

$$\Delta x_{\text{corr}}(x_1, x_2, \hat{x}_1, \hat{x}_2, b_1, \cdots, b_{2m}, q_{s/i}) \qquad (7.8)$$
$$= \Delta x_{\text{est}}(x_1, x_2, b_1, \cdots, b_{2m}, q_{s/i}) \times K(\hat{x}_1, \hat{x}_2, b_1, \cdots, b_{2m}, q_{s/i})$$

式中：

$$K(\hat{x}_1, \hat{x}_2, b_1, \cdots, b_{2m}, q_{s/i})$$
$$= \Delta \frac{\Delta x_{2\text{est,th}}(\hat{x}_1, \hat{x}_2, b_{m+1}, \cdots, b_{2m}, q_{s/i})}{\Delta x_{1\text{est,th}}(\hat{x}_1, \hat{x}_2, b_1, \cdots, b_m, q_{s/i}) - \Delta x_{2\text{est,th}}(\hat{x}_1, \hat{x}_2, b_{m+1}, \cdots, b_{2m}, q_{s/i})}$$

为修正因子；$\Delta x_{1\text{est,th}}(\hat{x}_1, \hat{x}_2, b_1, \cdots, b_m, q_{s/i})$ 和 $\Delta x_{2\text{est,th}}(\hat{x}_1, \hat{x}_2, b_{m+1}, \cdots, b_{2m}, q_{s/i})$ 分别为采用第一种和第二种 AWF 参数集进行距离估计计算时的理论误差包络值。

误差包络函数关于正负值的非对称性启示我们，需要关注依据估计误差极性选择误差包络。为简化算法，可以妥协至接受一个最小可达误差输出结果，并假设上述修正因子的分母等于包络差值模的平均值，即

$$\Delta x_{\text{est,th}} = 0.5\{|\Delta x_{1\text{est,th}+}(\hat{x}_1, \hat{x}_2, b_1, \cdots, b_m, q_{s/i}) - \Delta x_{2\text{est,th}+}$$
$$(\hat{x}_1, \hat{x}_2, b_{m+1}, \cdots, b_{2m}, q_{s/i})| + |\Delta x_{1\text{est,th}-}(\hat{x}_1, \hat{x}_2, b_1, \cdots, b_m, q_{s/i}) -$$
$$\Delta x_{2\text{est,th}-}(\hat{x}_1, \hat{x}_2, b_{m+1}, \cdots, b_{2m}, q_{s/i})|\} \qquad (7.9)$$

式中：$\Delta x_{1\text{est,th}+}(*)$、$\Delta x_{2\text{est,th}+}(*)$、$\Delta x_{1\text{est,th}-}(*)$ 以及 $\Delta x_{2\text{est,th}-}(*)$ 分别为理论误差包络函数的正负值。由此可得修正因子的近似值为

$$K = \left|\frac{\Delta x_{2\text{est,th}}(\hat{x}_1, \hat{x}_2, b_{m+1}, \cdots, b_{2m}, q_{s/i})}{\Delta x_{\text{est,th}}}\right| \qquad (7.10)$$

最终的估计误差以及归一化距离估计结果也随之确定，分别为

$$\Delta x_\Sigma(x_1, x_2, \hat{x}_1, \hat{x}_2, b_1, \cdots, b_{2m}, q_{s/i})$$
$$= \Delta x_{\text{est}}(x_1, x_2, b_1, \cdots, b_{2m}, q_{s/i}) - \Delta x_{\text{corr}}(x_1, x_2, \hat{x}_1, \hat{x}_2, b_1, \cdots, b_{2m}, q_{s/i}) \qquad (7.11)$$

$$\hat{x}_1 = \Delta x_{\text{est}}(x_1, x_2, b_{m+1}, \cdots, b_{2m}, q_{s/i}) - \Delta x_{\text{corr}}(x_1, x_2, \hat{x}_1, \hat{x}_2, b_1, \cdots, b_{2m}, q_{s/i}) \qquad (7.12)$$

误差削减的示例如图 7.7 中曲线 5 以及图 7.8 中曲线 1 所示，前者对应 $q_{s/i}=14\text{dB}$，后者对应 $q_{s/i}=34\text{dB}$，其中均假设固定干扰源的位置信息已在学习阶段预先获知。

距离估计误差修正的典型特征是随着 $q_{s/i}$ 的提高，估计误差不断下降，这一点从图 7.7 和图 7.8 的对比观察中即可发现，其中对图 7.8 来说，曲线 2 给出了未修正前的距离估计误差结果。

第7章　干扰存在条件下基于自适应窗函数的测量误差削减

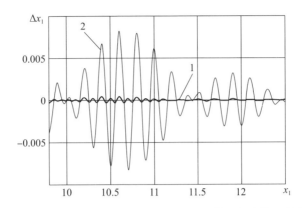

图7.8　$q_{s/i}=34\text{dB}$ 时采用矩形窗加权处理信号的未修正距离
估计误差（曲线2）和修正后距离估计误差（曲线1）

这种噪声存在条件下的修正方法并不能完全消除干扰对距离估计误差的影响，原因在于它在UR和SR等距点附近区域工作性能不稳定，此时距离估计结果并不依赖WF的形状。而且，距离估计可能和真值区别较大。因此，如前所述，此时的误差削减严重依赖以下这些干扰情景。

状态1：容器中液位变化使得UR和SR距离同步发生变化，此时两者测距误差之间的差别较小。若忽略天线PC失真的影响，UR和SR之间距离估计的差值可由下面的证明方程给出，即

$$\Delta x \approx \frac{(x_L+\Delta x_L)^2}{2(x_1+\Delta x_1)} \tag{7.13}$$

式中：x_L 和 Δx_L 为天线至容器边墙的归一化距离及其估计误差。

此时，修正因子确定过程中的误差是很小的，它由容器边墙测距误差 Δx_L（典型应用中是个很小的值，因为 x_L 是可测的）和UR距离估计误差 Δx_1 所共同决定。假如不考虑天线DP的影响，其影响结果较图7.7和图7.8所示SR距离已知情况的测量误差来说，基本上是不可见的。

状态2：高模态电磁传播对测距误差的影响也是可忽略的，因为在实际应用中，主模态和高阶模态电磁波时间延迟之间的联系是确定的。

状态3：在干扰存在状态下，距离估计值 $\hat{x}_1$ 和 $\hat{x}_2$ 是有误差的，且最终会影响到估计误差修正项 $\hat{K}$。图7.9给出了 $\hat{K}$ 随UR距离 x_1 的变化关系，其中 $x_2=10$，$q_{s/i}=14\text{dB}$（实线）或 $q_{s/i}=34\text{dB}$（虚线）。

由图可知，修正因子的确定误差随着UR和SR的靠近而增加且由此呈现尖锐的振荡特性。作为这种现象的结果，由于在距离上干扰的影响并不收敛，

故无法确定 UR 距离估计误差修正值。图 7.10 中在 $x_1 < 10.55$ 的区域多次出现距离估计误差的窄尖峰起伏,对应图 7.9 中误差修正因子在该区域的多次窄尖峰输出;只有当 $x_1 - x_2 \geqslant 0.55$ 时才能开始得到较稳定的距离估计输出。

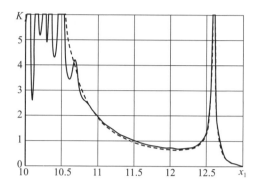

图 7.9　修正因子估计值随含误差有用物体距离 x_1 的变化关系曲线($x_2 = 10$ 且 $q_{s/i} = 14\text{dB}$(实线)或 $q_{s/i} = 34\text{dB}$(虚线))

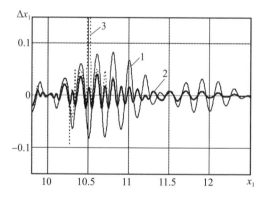

图 7.10　矩形窗加权处理后的非修正距离估计误差(曲线 1)以及采用确定 K 值(曲线 2)和估计 K 值(曲线 3)进行修正后的估计结果(对应 $q_{s/i} = 14\text{dB}$)

修正因子确定误差限制了本节估计结果修正方法在 UR 和 SR 距离差 $\Delta x \leqslant 0.55$ 时的适用性要求,即在相关区域 $q_{s/i} \leqslant 26\text{dB}$ 时该修正方法误差较大;而当 $q_{s/i} \geqslant 32\text{dB}$ 时,相关限制性要求不复存在。进一步考察可以注意到,若对 K 进行一定的限制,则在较大的干扰强度下,对距离估计结果的误差修正仍然是可用的。针对试验数据进行处理(第 9 章),即使在 $q_{s/i} = 14\text{dB}$ 时,采用误差修正技术也能取得较积极的效果。此时,对于 $\Delta x \leqslant 0.55$ 距离区间内非修正估计值对那些修正后的异常大误差进行限制,将修正因子限定在 2.5~4 之间取值。

由理论分析结果可知,由于在各种干扰条件下,修正方法对 SIR 确定误差的低敏感性,尤其是在第一种和第二种干扰状态,距离估计误差的削减足以保证后续处理的顺利进行。

7.4.3 估计误差削减算法具体流程

降低距离估计误差的具体算法流程如下。

步骤1:基于第一种 AWF 参数集,依据谱最大值,估计归一化距离 $x_{est}(x_1, x_2, b_1, \cdots, b_m)$。

步骤2:基于第二种 AWF 参数集,依据谱最大值,估计归一化距离 $x_{est}(x_1, x_2, b_{m+1}, \cdots, b_{2m})$。

步骤3:确定距离估计差值 $\Delta x_{est}(x_1, x_2, b_1, \cdots, b_{2m}, q_{s/i}) = x_{est}(x_1, x_2, b_1, \cdots, b_m, q_{s/i}) - x_{est}(x_1, x_2, b_{m+1}, \cdots, b_{2m}, q_{s/i})$。

步骤4:基于所用窗函数的理论误差包络函数,确定修正乘积项 $K(\hat{x}_1, \hat{x}_2, b_1, \cdots, b_{2m}, q_{s/i})$。

步骤5:由步骤3、4的结果,依据式(7.8)计算修正因子。

步骤6:由式(7.12)计算得到修正后的距离估计值。

实际的误差修正方法是基于估计结果的动态变化进行的。由于估计距离差值包含在修正乘积因子的分母项中,显然应该选择那些能够最大化距离估计差值的窗函数,对于任意两个不可分辨距离值 x_1 和 x_2,其方法就是最大化它们在窗函数 SAD 主瓣波形方面的差异。由 AWF 窗函数特性可知,给定 N 和 WF 谱密度函数零电平主瓣宽度,SAD 波形上的差异取决于它们的任意非零电平主瓣宽度值。由此可知,选择窗函数的 SL 衰减速度的差别应尽可能最大化,也就是说所选择 AWF 的分布参数应尽可能区别较大。图 7.11 给出的 $N=6$ 的两个 AWF 窗函数的 SAD 对数模值谱就是满足这一要求的例子。第一次测量所使用窗函数的6个可调 AWF 零点位置均设置为归一化频率4;第二次测量所用窗函数的其中一个零点设置为频率4,而其他5个零点均设置为频率无穷大。因此,在给定 $N=6$ 以及零电平 SAD 主瓣宽度等于8的条件下,两者在 SAD 主瓣波形上差别最大。

对于干扰位置固定的应用场合,当 UR 和 SR 之间的归一化距离差 $x_1-x_2 \geqslant 0.5$ 时,使用特定的误差修正算法是可能的。

①干扰是怎样影响到测距结果的?
②应该如何估计干扰引起的测量偏差?
③应该如何基于误差理论计算值修正 FMCW 雷达测距仪给出的距离估计值?
④应该如何基于距离估计误差的极性对 FMCW 雷达测距仪在安装时进行

位置校正?

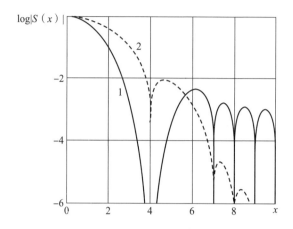

图 7.11 AWF 窗对数模值谱

1—$w_s(t, 4, 4, 4, 4, 4, 4)$;2—$w_s(t, 4, \infty, \infty, \infty, \infty, \infty)$。

问题 1 和问题 4 的解决要求 $q_{s/i} \geqslant 6\text{dB}$,而问题 2 和 3 的解决则要求 $q_{s/i} \geqslant 14\text{dB}$。

7.5 虚拟反射引起测距误差的削减

为了消除虚拟反射引起的额外测距误差,可以使用第 3 章给出的方法,即通过自适应控制调制参数和窗函数,以抵消这些虚拟反射体的影响。图 6.3 也证实了该方法的有效性,其中可以看到随着 UR 与虚拟反射体之间距离的变化存在一些内含快速振荡的误差包络节点。假设这些虚拟反射体在归一化距离轴上的位置处于快速振荡误差节点的诸多反射体之间,可以显著降低这些任意参数虚拟反射体的影响。

基于第 3 章给出的结果,对于本节所讨论的情况,要使得测量误差为 0,要求的条件是旁瓣谱最大值 $S_{\text{WF}}(x_{\Sigma \text{us}}/2)$、$S_{\text{WF}}(x_{\Delta v}/2)$ 和 $S_{\text{WF}}(x_{\Sigma v}/2)$ 与主瓣谱极值 $S_{\text{WF}}(x_\Delta/2)$ 位置一致,即

$$\frac{\text{d}}{\text{d}x} S_{\text{WF}}\left(\frac{x_{\Sigma \text{us}}}{2}\right) \bigg|_{x_{\max}=x_R} = 0 \tag{7.14}$$

$$\frac{\text{d}}{\text{d}x} S_{\text{WF}}\left(\frac{x_{\Delta v}}{2}\right) \bigg|_{x_{\max}=x_R} = 0 \tag{7.15}$$

$$\frac{\text{d}}{\text{d}x} S_{\text{WF}}\left(\frac{x_{\Sigma v}}{2}\right) \bigg|_{x_{\max}=x_R} = 0 \tag{7.16}$$

式中：下标"us"和"v"分别表示有用反射体和虚拟反射体；$x_\Delta = x - x_R$；$x_\Sigma = x + x_R$。

结合特定窗函数展开进一步分析讨论，考虑使用 DC 窗的情况，式(7.14)至式(7.16)可进一步变化为

$$L^2 - (\pi x_{\text{int}})^2 = \pi^2 N_1^2 \qquad (7.17)$$

$$L^2 - [0.5\pi(x_{\text{int}} - x_{\text{ant}})]^2 = \pi^2 N_2^2 \qquad (7.18)$$

$$L^2 - [0.5\pi(2x_{\text{int}} - x_{\text{ant}})]^2 = \pi^2 N_3^2 \qquad (7.19)$$

式中：x_{ant} 为混频器距离天线的归一化距离；N_1、N_2 和 N_3 分别为旁瓣谱 $S_{\text{WF}}(x_{\Sigma\text{int}}/2)$、$S_{\text{WF}}(x_{\Delta v}/2)$ 及 $S_{\text{WF}}(x_{\Sigma v}/2)$ 与谱 $S_{\text{WF}}(x_{\Delta \text{us}}/2)$ 主瓣极值吻合的点数。

可以基于对调频带宽和窗函数参数的控制同步影响上述 3 个条件的满足情况。问题是对应 3 个必要条件，却只有两组可调参数。此时，妥协的方案，要求上述条件中两个得到满足，而接受由第三个条件不满足带来的额外测量误差影响。因此，为了满足上述参数条件下的最优测量性能，选择最易受调控的 $S_{\text{WF}}(x_{\Sigma\text{int}}/2)$ 和 $S_{\text{WF}}(x_{\Delta v}/2)$，也就是条件式(7.17)和式(7.18)。求解方程组，可以得到 ED 的最优解，它与下列因素有关，即

$$\delta_{R,\text{opt}} = \frac{1}{2}\sqrt{\frac{(4R_{\text{PR}}^2 - R_{\text{ant}}^2)}{(N_1^2 - N_2^2)}} \qquad (7.20)$$

且系数 L 的最优值为

$$L = \pi\sqrt{\left(\frac{0.5 R_{\text{PR}}}{\delta_{R,\text{opt}}}\right)^2 - N_1^2} \qquad (7.21)$$

它们与 DC 窗参数 Q 之间的联系由式(3.23)所示方程给出。

式(7.20)和式(7.21)中包含 UR 距离 R_{PR}、天线距离 R_{ant} 以及旁瓣谱数量 N_1 和 N_2。由于在测距过程中，只有 R_{ant} 是已知量，因此，测量过程中必须在每一步重复对相关未知量以及其他必要参数进行估计和计算。

显然，对于 KB 窗函数，类似的方程和公式也可采用相同的方法推导得出，但是，此时不再使用旁瓣数量作为参数，取而代之的是式(3.8)误差包络方程的根的数量。

7.5.1 虚拟反射体影响削减算法流程

虚拟反射体影响削减的具体算法流程如下。

步骤 1：初始扫频带宽设为 ΔF，对调频半周期内信号的 DFS 样本进行测量并存储下来。

步骤 2：采用初始 WF 函数参数，基于 DFS 谱最大值，采用第 3 章所述方

法，得到有用反射体距离 $\hat{R}_{PR}^{(0)}$ 的初始估计。

步骤3：对伪反射信号谱旁瓣数量 $\hat{N}_1$ 和 $\hat{N}_2$ 依据下列计算公式进行估计，即

$$\hat{N}_1 = \text{Int}\left[\sqrt{\left(\frac{\hat{R}_{PR}}{\delta_R}\right)^2 - \left(\frac{L}{\pi}\right)^2}\right]$$

$$\hat{N}_2 = \text{Int}\left[\sqrt{\left(\frac{R_{ant}}{\delta_R}\right)^2 - \left(\frac{L}{\pi}\right)^2}\right]$$

步骤4：依据式(7.20)估计最优 QI 值的零阶近似 $\delta_{R,opt}^{(0)}$，依据下式得到最优 FM 扫频带宽的零阶近似值

$$\Delta F_{opt}^{(0)} = \frac{c}{(4\delta_{R,opt}^{(0)})} \tag{7.22}$$

步骤5：依据式(7.21)计算得到系数的零阶估计值 $L_{opt}^{(0)}$，并基于下式计算 DC 窗相关参数，即

$$Q_{opt}^{(0)} = \frac{[(B_{opt}^{(0)})^2 + 1]}{(2B_{opt}^{(0)})} \tag{7.23}$$

式中：$B_{opt}^{(0)} = \exp(\pi L_{opt}^{(0)})$。

步骤6：基于新的 FM 扫频带宽参数重新进行一次测量并记录 DFS 样本。

步骤7：基于当前的 WF 函数参数对 DFS 进行处理，提取谱最大值，得到当前 UR 距离的估计值 $\hat{R}_{PR}^{(i)}$。

步骤8：基于式(7.20)计算当前最优 QI 值的第 i 阶近似 $\delta_{R,opt}^{(i)}$，并由式(7.22)得到 FM 扫频带宽参数的第 i 阶近似 $\Delta F_{opt}^{(i)}$。

步骤9：基于式(7.21)计算当前系数 L 的第 i 阶近似 $L_{opt}^{(i)}$，并由式(7.23)得到 DC 窗参数的第 i 阶近似 $Q_{opt}^{(i)}$；

步骤10：重复步骤6~9，直到新的估计值或是归一化距离 $\hat{R}_{PR}^{(i)}/\delta_{R,opt}^{(i)}$ 不再满足条件式(3.31)为止。

上述关于最小化虚拟反射体对测距结果影响的算法的仿真结果示于图 7.12。

仿真中，虚拟反射信号与 UR 反射信号幅度之比为 0.3，天线的归一化距离为 $x_{ant} = 4$。

图 7.12 中，未经任何 DFS 产生与处理算法优化时的测量误差均方差结果以粗实线的形式给出，采用给定优化算法后的测量误差 MSD 在图中以实细线的形式给出，针对扫频频率和窗函数优化后结果采用额外的慢调频平滑处理后

的结果以虚线的形式在图中给出。由图可知,随着 UR 距离的增加,第一条曲线未见明显的变化,而另外两条曲线则出现平稳下降直至稳定状态的趋势。采用优化算法流程处理,可使测量误差降低到原来的几分之一到几百分之一,在此基础上,基于慢 FM 对优化结果再进行平滑处理,又可使测量误差下降原来的 1/7 到 1/100。

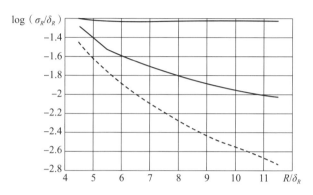

图 7.12　DC 窗下根据谱峰位置估计频率时,归一化测量误差对数均方差随归一化距离的变化关系

综上所述,所提方法和关于 DFS 产生与处理的优化算法可使虚拟反射体特性动态变化条件下的测量误差得到充分的削减。当然,为此需要进行大量的计算以及要求能够对 FM 的载波和扫频带宽进行控制的能力(即要求 FMCW 雷达测距仪具有充足的频率和计算资源)。

7.5.2　回波信号引起误差的削减措施

针对回波信号产生的测量误差,有助于误差削减的方法包括以下几个。

方法 1:最为行之有效的方法包括增大渗透进 FM 振荡器输出端回波信号的抑制度,为此,需要增加相当数量的隔离器,应用乘法电路以及采用 PLL 实现频率同步。

方法 2:本方法可削减 AWP 封装设备反射引起的误差分量。由式(6.28)、式(6.29)和图 6.6 可知,当设定 $R_{ant} = 2n\delta_R (n = 1, 2, \cdots)$ 时该误差分量可得到削弱。此时,各回波干扰信号相互干涉抵消,不会产生测距误差。该方法可在 AWP 均匀分布组件长度的设计时加以考虑。

方法 3:该方法可用于总体测距误差的削减。考虑到 FMCW 雷达测距仪 TRM 中 SHF 路径的结构特殊性,即本振信号是通过采用定向耦合器对发射功率进行部分采样得到的,此时,式(6.6)和式(6.10)中的信号传输时延可表述

为以下3个部分，即

$$\tau_i = \tau_{i(\text{OSC-DC})} + \tau_{i(\text{DC-A})} + \tau_{i,\text{free}}$$

式中：$\tau_{i(\text{OSC-DC})}$ 为 SHF 路径中 FMCW 振荡器至定向耦合器之间的信号传输时延；$\tau_{i(\text{DC-A})}$ 为定向耦合器至天线之间的信号传输时延；$\tau_{i,\text{free}}$ 为信号在自由空间中的传输时延。

当定向耦合器至待测目标之间电距离不变时，测距误差随着 FMCW 振荡器与定向耦合器之间路径的电长度变化而变化（即 $\tau_{i(\text{OSC-DC})}$）。

可以采用以下方法使测量范围内每一点处的误差均得到削减，即针对振荡器与 DC 之间电长度的变化进行两次测量，两次测量时可控移相器使得信号波程变化 1/4 个波长，即 $\lambda_{\text{aver}}/4$，然后对测量结果进行平均。由此，对于式（6.35）所给出的所有分量，测距误差可表述为

$$\frac{\Delta R}{\delta_R} = \frac{G_{\text{ant}} AV}{2\pi} \cos\left(4\pi \frac{R}{\lambda_{\text{aver}}} + \varphi_s\right) \cos\left(\pi \frac{R}{2\delta_R}\right) \sin\left(\pi \frac{\lambda_{\text{aver}}}{8\delta_R}\right) \quad (7.24)$$

测距误差可得到约 $16\delta_R/\pi\lambda_{\text{aver}}$ 倍的削减。在前述 FMCW 雷达测距仪参数下，该值约为 26.7 倍，等价于需要 FMCW 雷达测距仪的 SHF 隔离度提高约 28.5dB。

上述研究结果可用于可接受测量误差约束下的 TRM 和 AWP 参数设计问题。

7.6 小 结

为了有效应对伪反射体的影响，有必要对雷达测距仪工作区存在的干扰环境进行分析。基于这一考虑，雷达测距仪设备在初始阶段一般通过学习感知和确定 IEZ 的位置。

关于 SR 的来源和数量，对液位测量系统主要考虑 AWP 奇异点和罐底的反射，此外还有容器边墙反射的来自定向管的高阶模态电磁波的影响以及 UR 尺寸有限的影响等。

当 UR 和 SR 可分辨时，可以通过选择合适的 AWF 窗参数有效降低测量误差，参数选择的方法是使 SR 谱的旁瓣在 UR 对应距离处取得零值。WF 波形控制算法通过迭代运行，将误差削减到一个小于预先设定值的水平上。

当 UR 和 SR 不可分辨时，通过连续两次测量的结果对距离估计值进行修正。两次测量时所使用的 WF 具有差异较大的 SAD 主瓣波形但是零电平主瓣宽度需保持相等。

通过 FM 和 WF 参数的优化选择，以及将它们应用到 TRM 和 AWP 路径上

得到多次测量结果,可以有效降低因虚拟反射以及回声反射而引起的测量误差,将它们降低到可接受水平。

通过对振荡器和定向耦合器之间电长度的控制,可以将 SHF 振荡器反射信号引起的测量误差降低 26 倍。

参考文献

[1] Harris, F. J., "On Use of Windows for Harmonic Analysis with the Discrete Fourier Transform," IEEE Trans. Audio Electroacoust., Vol. AU-25, 1978, pp. 51-83.

[2] Sosulin, Yu. G., Stochastic Signal Detection and Estimation Theory, Moscow: Sovetskoe Radio Publ., 1978, 320 pp. [in Russian.]

[3] Levin, B. R., Theoretical Fundamentals of Statistical Radio Engineering. In three volumes. 2nd edition. Moscow: Sovetskoe Radio Publ., 1974, 552 pp. [in Russian.]

[4] Atayants, B. A., V. M. Davydochkin, and V. V. Ezerskiy, "Consideration of Antenna Mismatching Effects in FMCW Radio Range Finders," Antennas, No. 12(79), 2003, pp. 23-27. [in Russian.]

[5] Ezerskiy, V. V., "Minimisation of Influence of a Virtual Reflector in a Frequency Range Finder," Vestnik RGRTU, Ryazan, No. 18, 2006, pp. 35-39. [in Russia.]

第 8 章
干扰存在时提高测量精度的参数化方法

8.1 引 言

　　削减干扰影响的传统方法都是基于对 WF 波形的优化而实现的,在信号分量可分辨时可带来测量误差的显著衰减。从干扰背景信号的角度研究误差削减方法,从而使得误差削减不仅在 UR 和 SR 可分辨时进行,而且在两者无法分辨时也可实现,目前已引起众多研究者的兴趣。此时,当我们想要减小 IEZ 的长度以及在该区域将误差降低至可接受水平便值得一试。

　　降低 SR 影响的一种技术方向来自于众所周知的方法,即首先估计干扰信号参数,然后在此基础上产生干扰抵消信号。因此,明确对该干扰信号的参数估计精度以及这种干扰抵消方法的应用限制就变得十分重要了。

　　为了最小化 SR 的影响,一个十分合理的想法是考虑 MLM 方法的应用可行性。

　　在很多应用场合,为了提高谱分析的分辨能力,推荐使用基于参数谱估计模型的频率确定算法[1](如 Prony 法以及其他基于特征矢量的方法)。这就是为何会在 SR 影响削减中考察该类方法应用性能的原因。

　　除了讨论如何清晰表述本地 SR 的纯测量方法外,还可以提出一种方法从工业 FMCW 雷达测距仪自身应用特性出发解决误差削减问题,后者可基于在 UR 进入 IEZ 之前对其偏差速度进行估计而实现。基于 UR 偏差速度估计值得出的距离预测结果即可视为 UR 的距离估计。本章将详细讨论这些问题。

8.2 伪反射信号的抵消

　　削减 DFS 干扰信号分量对测量结果影响的一种方法就是对 SR 产生信号进行

抵消处理。该方法有着最为清晰的工程应用路径，然而，从公开文献看，对SR抵消技术在实际中没有学者进行过研究，文献[2]是唯一的例外，但是它对抵消模式的研究也并不系统和全面，缺乏SR抵消模式的实际应用指示，也没有给出任何关于精度提升的估计和SR抵消模式实际应用中实现条件的讨论。

假设SR距离已知，干扰抵消模式可用于自由空间SR距离的测量。我们将讨论的主题限定在FMCW雷达测距仪对密封容器内注入液体液位测量这一特殊场合中。干扰抵消应用过程中假设SR不会被容器内液体所淹没，但是UR可位于很邻近SR的区域，此时可能导致额外的误差产生。图8.1给出了该场合下在SIR分别等于6dB和20dB时基于算法式(3.4)进行测量的误差结果(对应载频和扫频带宽分别为10GHz和500MHz)。SR位于距离FMCW雷达测距仪3m处。当容器内液位下降至产生SR的结构组件露出液面时，UR和SR谱之间相互作用产生额外的误差。

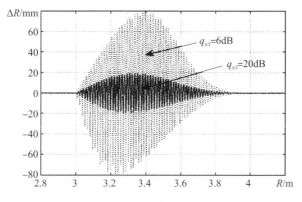

图8.1 测量误差关于距离的函数

启动干扰抵消模式的信号是如下的条件得到满足：FMCW雷达测距仪至容器中待测液位的距离$\hat{R}$大于它到SR的距离。在SR位于距离R_{SR}处且其最大谱分量未超过有用信号最大谱分量的情况下，当待测距离真值$R>R_{SR}$或者$R<R_{SR}$时，距离估计值$\hat{R}>R_{SR}$或$\hat{R}<R_{SR}$也会满足。对于算法式(3.4)或者第3章所述其他频率(也就是距离)估计算法来说，上述条件是成立的。干扰信号抵消算法既可通过时域也可通过频率加以实现。当采用时域干扰抵消时，需要首先估计每个干扰信号的频率、初相位和幅度，然后再产生与它们相互反相的抵消信号。而且，为了能够获得好的抵消效果，还需要估计每个干扰信号的PAM(脉冲幅度调制)深度。由于UR和SR之间相互作用，对干扰抵消信号波形参数的估计需要在DFS谱中进行，采用频率干扰抵消方法看起来更加顺理成章。此时，首先存储SR的谱信号，然后可以无需估计SR参数即可实现干扰抵消。

为了在频谱域进行干扰信号抵消处理,以下的操作程序需要在 FMCW 雷达测距仪的学习阶段加以执行。

步骤 1:对于一个空的容器,需要首先进行 DFS 谱估计,即

$$S_{tr}(j\omega) = S_{bot}(j\omega) + \sum_{l=1}^{L} S_{l,SR}(j\omega) \tag{8.1}$$

式中:$S_{bot}(j\omega)$ 为容器底部反射信号的谱;$S_{l,SR}(j\omega)$ 为第 i 个 SR 反射信号的谱。

步骤 2:检测谱信号 $S_{l,SR}(j\omega)(l=1,2,\cdots,L)$ 的主瓣。这里的关键问题是 $S_{bot}(j\omega)$ 谱的旁瓣可能与 SR 谱的主瓣之间发生混叠效应,从而使那些 SR 谱的主瓣极小化。因此,为了检测 SR,需要对获取的空容器信号谱进行加窗处理(即使用第 7 章所述强干扰信号背景下微弱信号频域检测的标准流程)。

步骤 3:完成 SR 谱分量检测之后,可以基于所用 WF 的主瓣宽度,确定第一个 SR 的频域范围 $\omega_{low,l}$—$\omega_{high,l}$。

步骤 4:对 $l=1,2,\cdots,L$ 和所有频率范围 $\omega_{low,l}$ 到 $\omega_{high,l}$,存储对应的 SR 谱信号的样本,它们将在 FMCW 雷达测距仪工作时被用于干扰抵消。

作为抵消的结果输出,其 DFS 可描述为

$$S_{comp}(j\omega) = S_{PR}(j\omega) + \sum_{l=1}^{L} S_{l,int}(j\omega) - \sum_{l=1}^{L} S_{l,SR}(j\omega) \tag{8.2}$$

式中:$S_{PR}(j\omega)$ 和 $S_{l,int}(j\omega)$ 分别为待测距离 UR 反射信号以及由 DFS 计算得到的第 l 个干扰信号的谱。

在 FMCW 雷达测距仪工作时,SR 对应反射信号的幅度和初相随时可能发生改变。其原因在于工作环境中可能发生各种液体或固态物质的沉淀,而且由于温度引起容器结构组件的变形,FMCW 雷达测距仪至 SR 的距离也可能发生变化。由此,完全意义上的抵消并不会发生,总会存在以下残存未补偿的 SR 谱分量,即

$$\Delta(j\omega) = \sum_{l=1}^{L} S'_{l,int}(j\omega) - \sum_{l=1}^{L} S_{l,SR}(j\omega) \neq 0 \tag{8.3}$$

式中:$S'_{l,int}(j\omega)$ 为考虑工作条件变化的第 l 个 SR 的谱。SR 的谱残余将导致测距误差的抬升,因为 $\Delta(j\omega)$ 谱信号的主瓣和旁瓣分量都会对有用信号谱分量产生影响。

本节将进一步研究利用复值 DFS 谱和功率 DFS 谱进行 SR 干扰抵消的可行性。

8.2.1 基于复值谱的干扰抵消

为了评估干扰抵消的效果,以物质容器液位测量应用为背景,对复值谱干

扰抵消方法进行数值仿真分析。仿真过程中，假设有一个 SR 位于距离等于 3m 处。分析时，取信干比为 $q_{s/i}=6\text{dB}$，信噪比和干扰噪声功率比分别为 70dB 和 64dB。补偿信号的 CSD 谱在雷达测距仪学习阶段获取。雷达载频和扫频带宽分别为 10GHz 和 500MHz。为抑制 DFS 谱旁瓣的影响，采用 Blackman 窗进行加窗处理。

采用一个波长距离范围内的测量均方根误差作为评估指标，即

$$\sigma_{\text{comp}} = \frac{\left[\frac{1}{m}\sum_{i=1}^{m}(\hat{R}_i - R_i)^2\right]^{0.5}}{\lambda} \tag{8.4}$$

式中：$\hat{R}$ 和 R 分别为距离估计结果及其真值；m 为测距范围 λ 内的计算点数。

图 8.2 给出了利用 SR 对应反射信号谱及其补偿谱进行抵消处理后的对数误差 $\log\sigma_{\text{comp}}$ 结果（曲线 1）。计算过程中设置 $m=10$，共采用 500 组 DFS 样本实现结果进行平均处理。

从图中可以看出，SR 的影响被完全消除。距离大于 3m 之后的测量误差的增加是由获取补偿谱过程中的噪声因素所引起的。由图 8.2 可知，此时的测量误差由补偿谱和干扰信号谱参数一致性方面的误差因素所主导。图 8.2 中的其他曲线分别表示无抵消处理时的结果（曲线 2），以及补偿信号和干扰信号相位分别等于 10°和 20°时的处理结果。从图中所示结果可以看出，相位非同相会引起显著的测距误差增长。DFS 谱估计时旁瓣的影响清晰可见：若能在 SR 谱估计中移除造成这种误差的 UR 信号，则测量误差有望降低至噪声基底的水平上。

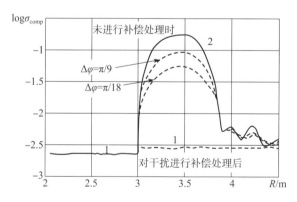

图 8.2 基于复值谱进行 SR 干扰抵消后的测距误差

图 8.3 给出了未进行干扰抵消处理以及干扰补偿信号相位差 $\Delta\varphi$ 等于 20°时的瞬时测距误差估计结果，其中信干比 $q_{s/i}$ 取 6dB。

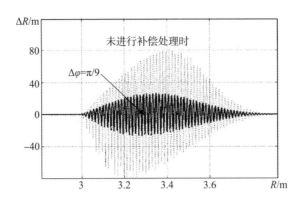

图 8.3　采用复值谱干扰抵消时的瞬时测量误差估计结果

由图 8.3 可知，当待补偿信号和补偿信号相位差等于 20°时，可导致测量误差最高增加 30mm 左右。

由上述图示结果可知，为了基于 CSD 干扰抵消获得低误差测量性能，保持补偿信号和干扰信号的相位一致性十分必要。实际应用中，这意味着需要针对容器的每种卸载（或装载）状态进行预先学习。然而，对于高致密度液体，SR 反射信号的相位是时变的，其原因在于 SR 表面沉积层的厚度在时刻发生变化。

上述误差结果曲线，既可用来确定补偿信号相位差引起测量误差增长的大小，也可用来分析干扰抵消过程中 FMCW 雷达测距仪与 SR 反射体间距离变化的影响，如由于温度变化引起了 SR 距离的变化。当波长等于 3cm 时，SR 距离变化 1mm，等价于补偿信号相位差变化 24°。可以注意到，正是由于补偿信号 DFS 和 SR 信号 DFS 之间的频率差造成了此种测距误差的产生。

综上所述，可以得出这样的结论，基于复值谱进行干扰抵消无法获得足够满意的测量精度结果。主要限制因素在于无法精确获取 CSD 的相位信息（或者说在 FMCW 雷达测距仪工作期间，它的相位是变化的）。

8.2.2　基于功率谱的干扰抵消

首先考虑使用经典表达形式的 DFS 功率谱进行 SR 抵消的可行性。讨论中仅考虑只有一个 SR 干扰源的情况。重新将两个信号（有用信号和 SR 干扰信号）叠加后的功率谱描述为

$$|S(j\omega)|^2 = \frac{2}{T_{\text{mod}}}|S_{\text{PR}}(j\omega)|^2 + \frac{2}{T_{\text{mod}}}|S_{\text{SR}}(j\omega)|^2 + \frac{2}{T_{\text{mod}}}|S_{\text{PR}}(j\omega)||S_{\text{SR}}(j\omega)|\Phi(\omega_{\text{var}}, \Delta t, \Delta\varphi) \tag{8.5}$$

式中：$\Phi(\omega_{\text{var}}, \Delta t, \Delta\varphi) = \cos(\omega_{\text{var}}\Delta t + \Delta\varphi)$；$\omega_{\text{var}}$ 为一系列不同的载波频率值；$\Delta t = t_{\text{del}} - t_{\text{del,SR}}$；$\Delta\varphi = \varphi_1(t_{\text{del}}) - \varphi_2(t_{\text{del,SR}})$；$\varphi_1(t_{\text{del}})$ 和 $\varphi_2(t_{\text{del,SR}})$ 分别为对应时延 t_{del} 的有用信号差拍频率 DFS 相位值和对应时延为 $t_{\text{del,SR}}$ 的 SR 干扰信号差拍频率 DFS 相位值。

作为干扰抵消的结果，假设 $S_{\text{SR}}(j\omega) = S_{\text{tr}}(j\omega)$，可知补偿后的信号功率谱 $|S_{\text{comp}}(j\omega)|^2$ 为

$$|S_{\text{comp}}(j\omega)|^2 = \frac{2}{T_{\text{mod}}}|S_{\text{PR}}(j\omega)|^2 + \frac{2}{T_{\text{mod}}}|S_{\text{PR}}(j\omega)||S_{\text{SR}}(j\omega)|\Phi(\omega_{\text{var}}, \Delta t, \Delta\varphi) \tag{8.6}$$

式(8.6)的第二项指的是有用信号和 SR 干扰信号的互谱。在此又一次发现，该互谱分量与两种信号之间的相位取值有关。

由式(8.6)可知，要求 SR 对测量结果无影响，需要使得下述条件满足，即

$$\Phi(\omega_{\text{var}}, \Delta t, \Delta\varphi) = 0 \tag{8.7}$$

上述条件等价于要求

$$\omega_0(t_{\text{del}} - t_{\text{del,SR}}) + \varphi_1(t_{\text{del}}) - \varphi_2(t_{\text{del,SR}}) = (0.5 + k)\pi, \quad k = 0, 1, 2, \cdots$$

式(8.6)可作为设计 SR 对测量结果影响抵消算法的基础。为此，在允许载波频率有限范围可变化的前提下，需要首先使式(8.7)规定的条件得到满足。对于测量过程中的每一个可允许载波频率 $\omega_{\min} \leq \omega_{\text{var}} \leq \omega_{\max}$（$\omega_{\min}$、$\omega_{\max}$ 即为对于载波变化范围的限制条件），FM 扫频带宽需要保持不变。

为评估干扰抵消效果，可使用以下的指标函数，即

$$A_1[\Phi(\omega_{\text{var}}, \Delta t, \Delta\varphi)] = \int_0^\infty |S_{\text{comp}}(j\omega)|^2 d\omega \tag{8.8}$$

计算结果表明，随着 $\Phi(\omega_{\text{var}}, \Delta t, \Delta\varphi)$ 在 $-1 \sim 1$ 之间变化取值，$A_1[\Phi(\omega_{\text{var}}, \Delta t, \Delta\varphi)]$ 的取值呈现出周期振荡特性。为了抵消 SR 的干扰，需要首先取定式(8.8)最大值 $A_{\max}$ 和最小值 $A_{\min}$ 的对应频率值 ω_1 和 ω_2，然后，求取频率 ω_1 和 ω_2 的近似平均值，即 $\omega_{\text{opt}} = (\omega_1 + \omega_2)/2$，对于这些 ω_{opt} 频率点，使下列等式近似成立，即要求

$$\frac{2}{T_{\text{mod}}}|S_{\text{PR}}(j\omega)||S_{\text{SR}}(j\omega)|\Phi(\omega_{\text{opt}}, \Delta t, \Delta\varphi) \approx 0 \tag{8.9}$$

由此，由式(8.6)可知，SR 的影响得到补偿。

在干扰抵消模式的实际应用中，由于发射机载频可调谐，因此通过接收回波 DFS 谱的幅度谱以及补偿信号的幅度谱表征补偿后信号的功率谱是十分方便的。据此，可以给出以下形式抵消后信号的修正功率谱 $|S_{\text{comp,m}}(j\omega)|^2$ 表达

式，即

$$|S_{\text{comp},m}(j\omega)|^2 = \{|S_{\text{PR}}(j\omega)+S_{\text{SR}}(j\omega)|-|S_{\text{tr}}(j\omega)|\}^2 \quad (8.10)$$

经过公式变换，可以得到

$$\begin{aligned}|S_{\text{comp},m}(j\omega)|^2 = \{&|S_{\text{PR}}(j\omega)|^2+|S_{\text{SR}}(j\omega)|^2+|S_{\text{tr}}(j\omega)|^2-\\&2|S_{\text{tr}}(j\omega)|[|S_{\text{PR}}(j\omega)|^2+|S_{\text{SR}}(j\omega)|^2+\\&2|S_{\text{PR}}(j\omega)||S_{\text{SR}}(j\omega)|\Phi(\omega_{\text{var}},\Delta t,\Delta\varphi)]^{1/2}+\\&2|S_{\text{PR}}(j\omega)||S_{\text{SR}}(j\omega)|\Phi(\omega_{\text{var}},\Delta t,\Delta\varphi)\} \quad (8.11)\end{aligned}$$

由式(8.11)可知，函数

$$A_2[\Phi(\omega_{\text{var}},\Delta t,\Delta\varphi)] = \int_0^\infty |S_{\text{comp},m}(j\omega)|^2 d\omega \quad (8.12)$$

取得最大值，对应要求条件 $\Phi(\omega_{\text{var}},\Delta t,\Delta\varphi)=1$ 得到满足。此时，SR 干扰被抵消。同时，依据式(8.11)，当 $S_{\text{SR}}(j\omega)$ 和 $S_{\text{tr}}(j\omega)$ 完全一致时，可以预期 SR 干扰的影响可被彻底消除。

寻求函数 $A_2[\Phi(\omega_{\text{var}},\Delta t,\Delta\varphi)]$ 的最大值要比求解函数 $A_1[\Phi(\omega_{\text{var}},\Delta t,\Delta\varphi)]$ 容易很多，后者需要将其依据恒等式变换为 $\int_0^\infty |S_{\text{comp}}(j\omega)|^2 d\omega$ 而实现。发射载频的变换范围 Δf 随时延差 $\Delta t_{\text{del}}=t_{\text{del}}-t_{\text{del,SR}}$ 及其对应相位值 $\varphi_1(t_{\text{del}})$ 和 $\varphi_2(t_{\text{del,SR}})$ 而变化。考虑到发射载频变化量 Δf 使函数 $\Phi(\omega_{\text{var}},\Delta t,\Delta\varphi)$ 的相位变化不小于 π，作为 SR 干扰抵消处理的必要参数，可以很容易确定它的具体取值。对 $\Phi(\omega_{\text{var}},\Delta t,\Delta\varphi)$ 进行变换，可以得到

$$\Delta f = \frac{c}{2\Delta l} \quad (8.13)$$

式中：Δl 为 UR 和 SR 之间的距离，在该距离上 SR 的影响被完全消除。由此也可以看出，使用本小节方法，要想在所有距离上实现完全的干扰抵消是无法做到的。我们的目标只能是减小 IEZ。

当 IEZ 的大小等于 2cm 时，要求对应频率变化范围 $\Delta f \approx 7.5\text{GHz}$。在厘米波波段提供如此之大的载频变化带宽是难以想象的。随着 Δl 的增加，如将 IEZ 增加到 20~40cm，对 Δf 的要求对应可降低至 1500MHz 和 750MHz，这一载波变频带宽符合实际应用条件，能够与厘米波波段工作的现代 FMCW 雷达测距仪的 FM 扫频带宽相匹配。

图 8.4 给出了在 SR 和补偿信号一致性得以满足的前提条件下，式(8.4)所示测距误差对数值 $\log\sigma_{\text{var}}$ 变化特性的仿真计算结果。仿真过程中，取 SIR 为 6dB，SNR 为 70dB，扫频带宽 500MHz，载频振荡范围为 ±750MHz。同前面的结果一样，仿真计算的样本数为 500 个 DFS。

第 8 章　干扰存在时提高测量精度的参数化方法

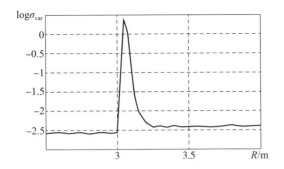

图 8.4　基于功率谱的 SR 干扰抵消方法的误差特性曲线

将图 8.4 与图 8.3 进行对比,可以证实 IEZ 确实得到了减小。且由仿真结果可知,补偿信号和干扰信号相位差并不影响 IEZ 区域的尺寸,起决定作用的是发射机载波频率的变化范围。

$\log\sigma_{var}$ 的误差特性具有重要的实用价值,尤其是当补偿信号和干扰信号的幅度存在差异时。不同幅度差异条件下的 $\log\sigma_{var}$ 误差变化特性示于图 8.5,相关仿真参数和图 8.4 一致。

由于补偿信号和干扰信号之间在幅度上存在差异性,干扰抵消处理的效果会出现恶化(即 IEZ 和测量误差均表现出增大趋势)。

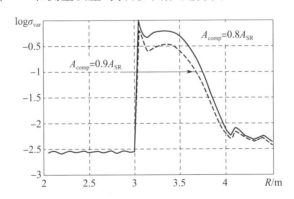

图 8.5　干扰幅度 A_{SR} 和补偿幅度 A_{comp} 非一致时采用 SAD 进行 SR 干扰抵消处理的测量误差

图 8.6 给出了当补偿信号和干扰信号完全一致和存在幅度差异(差异值和图 8.5 相同)时,瞬时测距误差的仿真计算结果。由图可知,IEZ 远小于算法式(3.4)处理后的结果。尽管如此,在干扰和补偿信号幅度存在不同程度差异时,IEZ 的尺寸还是会增加一些。我们知道,补偿信号在雷达测距仪学习模式下建立,因此,可以将干扰和补偿信号之间的这种幅度差异减小至一个很低的值。同时,需要指出的是,即使在幅度差异存在时,本小节方法的测距误差较

227

算法式(2.4)仍降低到原来的 $\frac{1}{4}$ 到 $\frac{1}{8}$。

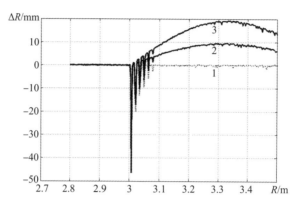

图 8.6　瞬时测距误差（曲线 1 表示补偿和干扰信号幅度一致，
曲线 2 和 3 分别对应存在 10% 和 20% 的幅度差异）

综合图 8.5 和图 8.6，可以得出以下结论，在实际应用中若想采用干扰信号抵消处理技术，只能选择基于功率谱的方法且需要发射机载波频率可调谐变化。而且测量误差增加区域的大小由载频变化范围决定，具体取值可依据式(8.13)计算。假设最大载频变化范围为 ±750MHz，误差增加区域为从 SR 开始后 20cm 以内区域（在干扰和补偿信号波形满足一致性条件且 FM 扫频带宽等于 500MHz 时）。与算法式(3.4)进行对比，此时 IEZ 的宽度降低为原来的 1/5~1/6。在距离 SR 超过 20cm 以后的相关区域，测距误差仅由噪声和 $A_2[\Phi(\omega_{var}, \Delta t, \Delta\varphi)]$ 极值求解精度所决定。

8.3　采用最大似然法降低伪反射体对测距精度的影响

DFS 的对数似然函数是一个振荡函数，振荡周期 $T_{like} = \lambda/2c$。它的包络与以 $T_{mod}/2$ 为周期的单个脉冲信号的谱形状一致（不考虑幅值大小的话）。基于 MLM 进行 DFS 频率估计，在噪声干扰背景下，频率估计方差可取得由 Rao-Cramer 不等式规定的估计方差下限值。因此，研究似然函数类算法在 SR 背景下 DFS 频率估计问题中的可行性，具有重要的现实需求。由于似然函数的快速振荡特性，较仅采用似然函数包络的情况，在 SR 干扰存在时，有理由预期可以寻找到具备明显更小测量偏差的极值点。其方法就是直接通过 DFS 谱极值点位置进行频率测量。

8.3.1 跟踪距离测量系统

在开始本节相关内容介绍之前,首先修改部分变量的标识方式。将 LF 函数的参数 τ 更改为 t,使用 τ_{del} 表示有用反射信号的时间延迟,$\tau_{del,SR}$ 则表示来自 SR 反射信号的时间延迟。

仅考虑存在一个 SR 的情况,将修正似然函数 $\ln l_m(\tau)$ 改写为

$$\ln l_m(\tau) = \frac{1}{N_0}\int_0^{T_{mod}/2}\left\{2y(t)A_{ref}\cos\left[\omega_0\tau_{del,ref}+\frac{2\Delta\omega\tau_{del,ref}t}{T_{mod}}+\varphi_{ref}(\tau_{del,ref})\right]-\right.$$

$$\left. A_{ref}^2\cos^2\left[\omega_0\tau_{del,ref}+\frac{2\Delta\omega\tau_{del,ref}t}{T_{mod}}+\varphi_{ref}(\tau_{del,ref})\right]\right\}dt \tag{8.14}$$

其中:

$$y(t) = A_{dif}\cos\left[\omega_0\tau_{del}+\frac{2\Delta\omega\tau_{del}t}{T_{mod}}+\varphi_s(\tau_{del})\right]+$$

$$A_{SR}\cos\left[\omega_0\tau_{del,SR}+\frac{2\Delta\omega\tau_{del,int}t}{T_{mod}}+\varphi_s(\tau_{del,SR})\right]+\xi(t)$$

式中:A_{ref}、$\tau_{del,ref}$、$\varphi_{ref}(\tau_{del,ref})$ 分别为参考信号的幅度、时延和相位。

函数

$$q_m(\tau_{del}) = \frac{2}{N_0}\int_0^{T_{mod}/2}\left\{A_{dif}\cos\left[\omega_0\tau_{del}+\frac{2\Delta\omega\tau_{del}t}{T_{mod}}+\varphi_s(\tau_{del})\right]+\right.$$

$$\left. A_{SR}\cos\left[\omega_0\tau_{del,SR}+\frac{2\Delta\omega\tau_{del,SR}t}{T_{mod}}+\varphi_s(\tau_{del,SR})\right]\right\}\times$$

$$A_{ref}\cos\left[\omega_0\tau_{del,ref}+\frac{2\Delta\omega\tau_{del,ref}t}{T_{mod}}+\varphi_s(\tau_{del,ref})\right]dt \tag{8.15}$$

可完全表征 SR 存在时的时延测量误差,其精度等于以下的积分结果,即

$$A[\tau_{del,ref},\ \varphi_{ref}(\tau_{del,ref})]$$

$$= \frac{1}{N_0}\int_0^{T_{mod}/2}A_{ref}^2\cos^2\left[\omega_0\tau_{del,ref}+\frac{2\Delta\omega\tau_{del,ref}t}{T_{mod}}+\varphi_{ref}(\tau_{del,ref})\right]dt$$

对式(8.15)中的积分式进行计算并忽略 2 倍频率项,可以得到

$$q_m(\tau_{del}) = q_{dif}(\tau_{del})+q_{SR}(\tau_{del})$$

$$= \frac{T_{mod}}{2N_0}\left\{A_{dif}A_{ref}\cos[\Phi(\omega_0,\ \Delta t_1,\ \Delta\varphi_1)]\frac{\sin\left[\frac{\Delta\omega(\tau_{del}-\tau_{del,ref})}{2}\right]}{\frac{\Delta\omega(\tau_{del}-\tau_{del,ref})}{2}}+\right.$$

$$A_{\text{SR}}A_{\text{ref}}\cos[\Phi(\omega_0,\ \Delta t_2,\ \Delta\varphi_2)]\frac{\sin\left[\dfrac{\Delta\omega(\tau_{\text{del,SR}}-\tau_{\text{del,ref}})}{2}\right]}{\dfrac{\Delta\omega(\tau_{\text{del,SR}}-\tau_{\text{del,ref}})}{2}}\Bigg\} \quad (8.16)$$

式中：$\Delta t_1=\tau_{\text{del}}-\tau_{\text{del,ref}}$；$\Delta\varphi_1=\varphi_s(\tau_{\text{del}})-\varphi_s(\tau_{\text{del,ref}})$；$\Delta t_2=\tau_{\text{del,SR}}-\tau_{\text{del,ref}}$；$\Delta\varphi_2=\varphi_s(\tau_{\text{del,SR}})-\varphi_s(\tau_{\text{del,ref}})$。

函数 $q_{\text{dif}}(\tau_{\text{del}})$ 和 $q_{\text{SR}}(\tau_{\text{del}})$ 分别为有用信号和 SR 反射信号的信号函数。

函数 $q_m(\tau_{\text{del}})$ 的形状由两个相同频率振荡分量之和决定，通常这两个振荡分量的初相位并不相同，而它们的包络幅度具备 $\sin z/z$ 函数形状。

为确定该方法的时延估计精度，首先在 SR 干扰存在时针对不同 $q_{s/i}$ 和 $\varphi_s(\tau_{\text{del}})$、$\varphi_s(\tau_{\text{del,SR}})$、$\varphi_s(\tau_{\text{del,ref}})$ 取值条件，研究确定函数 $q_m(\tau_{\text{del}})$ 的极值点偏差 $\Delta\tau(\tau_{\text{del}})$。函数 $q_{\text{SR}}(\tau_{\text{del}})$ 高频振荡引起 $q_{\text{dif}}(\tau_{\text{del}})$ 相位以同等频率起伏，这是偏差 $\Delta\tau(\tau_{\text{del}})$ 之所以存在的原因。$q_{\text{dif}}(\tau_{\text{del}})$ 的高频振荡同样也会引起 $q_{\text{SR}}(\tau_{\text{del}})$ 相位的起伏，但这并不会引起有用信号测距误差的增长。

需要指出的是，信号函数中的 2 倍频分量也会对 $q_m(\tau_{\text{del}})$ 函数极值点频差产生影响，但是，它所引起的偏差较之于 $\Delta\tau(\tau_{\text{del}})$ 为一个二阶无穷小量，因此可以将其忽略不计。

求偏导数 $\partial q_m/\partial\tau_{\text{del}}$ 并经过必要的公式变换，可以得到当存在 SR 干扰且 $A_{\text{SR}}\leqslant A_{\text{dif}}$ 条件满足时，函数 $q_m(\tau_{\text{del}})$ 的最大偏差（包括主瓣）为[4]

$$\Delta\tau(\tau_x)=\tau_{\text{del}}-\arctan\left\{\frac{A_{\text{dif}}\sin[z_1]+A(\tau_x)\sin[z_2]}{A_{\text{dif}}\cos[z_1]+A(\tau_x)\cos[z_2]}\right\}\frac{1}{\omega_0} \quad (8.17)$$

式中：$A(\tau_x)=A_{\text{SR}}\dfrac{\sin[\Delta\omega(\tau_{\text{del,SR}}-\tau_x)/2]}{\Delta\omega(\tau_{\text{del,SR}}-\tau_x)/2}$ 为信号函数包络 $q_{\text{SR}}(\tau_{\text{del}})$ 在距离 SR $R_x=2\tau_x/c$ 处的取值；$z_1=\omega_0\tau_{\text{del}}+\varphi_s(\tau_{\text{del}})-\varphi_s(\tau_{\text{del,ref}})$；$z_2=\omega_0\tau_{\text{del,SR}}+\varphi_s(\tau_{\text{del,SR}})-\varphi_s(\tau_{\text{del,ref}})$。

在推导式（8.17）的过程中，假设偏差 $\Delta\tau(\tau_x)$ 足够小，以至满足 $\dfrac{\sin[\Delta\omega(\tau_{\text{del}}-\tau_x)/2]}{\Delta\omega(\tau_{\text{del}}-\tau_x)/2}=1$ 条件成立。

当有用反射面和 SR 的距离差等于 $m\lambda/4$（m 为整数）且 $\varphi_s(\tau_{\text{del}})=\varphi_s(\tau_{\text{del,SR}})=\varphi(\tau)$ 条件满足时，测距误差（极值点位置偏差）仅由噪声决定，不受 SR 的影响。这一现象的机理解释是，此时函数 $q_{\text{SR}}(\tau_{\text{del}})$ 和 $q_{\text{dif}}(\tau_{\text{del}})$ 的高频分量会同相或反相相加。条件 $A_{\text{SR}}\leqslant A_{\text{dif}}$ 用于保证所求距离（时延）必然对应函数 $q_m(\tau_{\text{del}})$ 的其中一个极值点。当距离 r_x 不等于 $m\lambda/4$ 的整数倍时，可以观测到测距误差因 SR 的干扰而增大。

依据式（8.17）计算的函数 $q_m(\tau_{\text{del}})$ 的偏差 $\Delta\tau$ 随距离 $R_x=R-R_{\text{SR}}$ 的变化特

第 8 章 干扰存在时提高测量精度的参数化方法

性曲线示于图 8.7 中,其中分别取信干比 $q_{s/i}=2$,6,20dB,FM 扫频带宽为 500MHz,载波频率为 10GHz。

可以看出图中所示偏差变化特性曲线呈现快速振荡特征(周期等于 $\lambda/2$),其包络由单个脉冲信号的谱形状决定,呈现对数似然函数特征。对比图 8.7 和第 6 章相关图像及式(8.24)相关计算结果可以发现,本小节方法的最大 DFS 频率测量误差较算法式(3.4)下降到原来的 $\frac{1}{82}$ 或更低。基于式(8.17)进行计算,可以发现正是 $\varphi_s(\tau_{del})$ 和 $\varphi_s(\tau_{del,ref})$ 之间的相位差导致在式(4.27)所定义测量截断误差的基础上 $q_m(\tau_{del})$ 极值点位置偏差的产生。$\varphi_s(\tau_{del,ref})$ 的相位取值并不影响截断误差的大小且其影响仅涉及图 8.7 所示函数快振荡分量的初始相位,不改变函数的振荡包络特征。

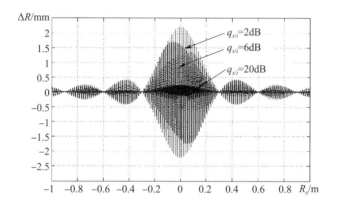

图 8.7 不同 SIR 和扫频带宽 500MHz 下极值偏差函数 $q_m(\tau_{del})$ 随 UR 和 SR 间距离的变化曲线

图 8.8 给出 FM 扫频带宽 $\Delta F=1$GHz 和信干比 $q_{s/i}=2$dB、6dB、20dB 时,重新计算的函数 $q_m(\tau_{del})$ 偏差 $\Delta \tau$ 随距离的变化情况。

比较该图和图 8.7 可知,偏差 $\Delta \tau$ 的最大值在实际中基本一致,IEZ 的宽度随着调频带宽的增加而等比例缩减。

由式(8.17)可以看出,在保持 FM 扫频带宽不变的前提下,载频的变化将导致极值偏差 $q_m(\tau_{del})$ 反比例变化。为了降低偏差,有必要增大 FMCW 雷达测距仪发射机的载波频率。图 8.7 和图 8.8 所示由式(8.17)计算得到的各函数曲线再次验证了上述结果。仿真结果和计算数据完全吻合。后续将不再讨论。

$A_{SR}=0$ 时,函数 $q_m(\tau_{del})$ 的主瓣最大值与似然函数式(4.2)的主瓣最大值相等,其取值对应时延估计值 τ_{del}。SR 的存在将引起 $q_m(\tau_{del})$ 包络发生起伏,由于 $q_{SR}(\tau_{del})$ 和 $q_{dif}(\tau_{del})$ 的幅度、相位和包络特性各不相同,对两者进行求和处理,必然导致 $q_m(\tau_{del})$ 极值点的起伏变化。由此导致 $q_m(\tau_{del})$ 的主瓣最大值无法对应真实的有用信号回波时延。

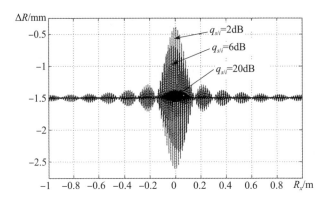

图 8.8 当 FM 扫频带宽 $\Delta F = 1\text{GHz}$ 时，对于不同的 SIR，极值点位置偏差 $q_m(\tau_{del})$ 关于 UR 和 SR 间距离的关系

换句话说，尽管在 SR 的影响下最大值位置的偏移量较小，但是待测距离对应的最大值有可能并不是全局最优的。尤以有用信号和 SR 相互混叠区域，其极值变化起伏最大。

图 8.9 给出了使用函数式(8.16)通过仿真得出的 SR 存在时的测距误差结果。图中给出不同 UR 至 SR 的距离 R_x 下测距误差 $\Delta R = \lambda(n_m - n_{\tau_{del}})/2$，也即 $\Delta \tau_{del} = T_{carr}(n_m - n_{\tau_{del}})/2$ 的计算结果 (n_m 和 $n_{\tau_{del}}$ 分别对应主瓣极值 Z_τ 和回波时延 τ_{del} 所对应的载波数量，T_{carr} 为载波周期)。仿真计算时假定相位一致性条件满足，即 $\varphi_s(\tau_{del}) = \varphi_s(\tau_{del,ref}) = \varphi_s(\tau_{del,SR}) = 0$。

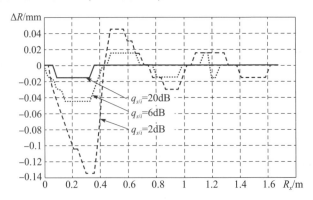

图 8.9 基于 $q_m(\tau_{del})$ 主瓣最大值位置的测距误差随 SR、UR 距离变化的关系曲线

利用图 8.9 可对 $q_m(\tau_{del})$ 主瓣极大值测距误差估计的质量进行定量分析。由图可知，尽管误差偏移量值很小，这一点可由式(8.17)分析得到，但通常

在 SR 存在条件下基于对函数 $q_m(\tau_{del})$ 进行全局最大值搜索获得距离的精确估计却是不可能的事情。此外，在离 SR 较远的距离 R_x 上或是在较小的信干比 $q_{s/i}$ 下，距离测量时会出现明显异常值。因此，为了获得高精度的距离测量结果，需要执行针对待估计时延本地极值点 Z_τ 进行跟踪的程序[4]。

8.3.2 本地极值跟踪流程的主要步骤

跟踪程序的主要步骤列举如下。

步骤1：首先确定一系列的距离区间，在这些区间内 SR 干扰的影响较为显著，即在整个时延区间内确定各 IEZ 的边界($\tau_{del} \in \tau_{del,min}$，$\tau_{del,max}$)。

步骤2：在那些 SR 影响不显著的距离区间内测量时延值，可采用基于 DFS 谱峰位置估计或是类似采用 MLM 技术的算法。

步骤3：在接近包含极值点 Z_τ 的 IEZ 距离区时，基于先前由算法式(3.4)得到的时延测量值 τ_{del} 构建时延间隔 ΔT_{del}；在 IEZ 区内部，时延间隔 ΔT_{del} 由跟踪测量器给出的旧有时延测量值构建。

步骤4：为消除与参考信号、有用信号相位差相关联的测量误差，基于频率相位特性关系，需要对 IEZ 边界距离处理的 DFS 相位值采用第4章所述方法进行估计。

步骤5：针对 Z_τ，对其时延间隔与距离测量值之间的对应关系进行确认。

步骤6：对时延间隔 ΔT_{del}，依据峰值点位置完成时延测量。

在距离跟踪测量器的实际应用中，需要实现确定它的主要参数，如时延间隔 ΔT_{del} 的宽度、异常测量误差(如前所述，当跟踪测量跳跃至相邻最大值点处时，这种异常误差就会发生)以及跟踪丢失(我们认为当跟踪到的 $q_m(\tau_{del})$ 极值点对应 SR 源时即为跟踪丢失)的发生概率都与之有关。显然，ΔT_{del} 应该不大于 $\lambda/2c$，只有这样才能确保不会出现异常测量误差，因为条件 $\Delta T_{del} \leq \lambda/2c$ 可保证一个 ΔT_{del} 间隔不会落进两个相邻极值点。在后文中，该值将运用在相关仿真和实验数据处理中。

在测量 SR 和 UR 间距离的过程中，进行 $q_m(\tau_{del})$ 取极值后的跟踪处理，已有的时间鉴别器和锁相环类技术方法均无法应用[5-6]。原因在于：在溶液注入或排除过程中，尽管 UR 的距离变化速度较为稳定，但是该速度矢量的方向却具有随意性。通常，在任一时刻，UR 的距离增量变化既可能取正值，也可以取负值，甚至还可以等于0。

8.3.3 跟踪模式

跟踪模式的主要节点描述如下。

(1) 基于当前估计值 τ_{del}，依据下式生成时延间隔 ΔT_{del} 的起始位置 $\tau_{\text{del,init}}$ 和终止位置 $\tau_{\text{del,final}}$，即

$$\tau_{\text{del,init}} = \hat{\tau}_{\text{del},(n-1)} \frac{-\lambda}{4c} \tag{8.18}$$

$$\tau_{\text{del,final}} = \hat{\tau}_{\text{del},(n-1)} + \frac{\lambda}{4c} \tag{8.19}$$

当函数 $q_{\text{m}}(\tau_{\text{del}})$ 的（与 Z_{τ} 毗邻）最大值无法落入区间 $\tau_{\text{del,init}} - \tau_{\text{del,final}} = \lambda/2c$ 以内时，就不会有异常误差出现。为达到该目的，很明显需要满足以下条件，即

$$\tau_{\text{del},(n-1)} + \Delta\tau_{\text{del},(n-1)} - \frac{\lambda}{2c} < \tau_{\text{del},n} + \Delta\tau_n < \tau_{\text{del},(n-1)} + \Delta\tau_{\text{del},(n-1)} + \frac{\lambda}{2c} \tag{8.20}$$

式中：$\Delta\tau_{n-1}$ 和 $\Delta\tau_n$ 为当前和下一时刻的测量误差。

(2) 将时延变换成距离，由式(8.20)可得

$$-\frac{\lambda}{4} < \Delta R + \Delta R_n - \Delta R_{n-1} < \frac{\lambda}{4} \tag{8.21}$$

式中：ΔR 为相继两次测量时反射面距离的变化量；ΔR_n 和 ΔR_{n-1} 为两次测量跟踪测量器输出的测量误差。

由式(8.21)可知，下述条件需要得到满足，即

$$|\Delta R + \Delta R_n - \Delta R_{n-1}| < \frac{\lambda}{4} \tag{8.22}$$

当信干比 $q_{s/i}$ 降低时，误差量 $\Delta\tau_{n-1}$ 和 $\Delta\tau_n$ 会增加，此时有必要减小 ΔR。图 8.10（曲线 1）给出了当 $\omega_0 = 10\text{GHz}$ 时，依据式(8.17)和式(8.22)计算得到的可允许 ΔR 随信干比 $q_{s/i}$ 的变化情况。随着 $q_{s/i}$ 的增加，曲线 1 逐渐收敛到 $\Delta R = 7.5\text{mm}$（即曲线 2）。由图 8.10 可知，当 $q_{s/i} = 2\text{dB}$ 时，从一次测量至另一次测量之间可接受的距离测量增量值约等于 3mm。若 SR 的强度更弱一些，适当地增大 ΔR 也是可以的。

FM 扫频带宽的变化在实际中并不会引起曲线 1 发生改变。但是，当载频降低时，可以允许更大的 ΔR。图 8.10（曲线 3）显示了当载频为 5GHz，ΔR 随 $q_{s/i}$ 的变化情况。该曲线显示随着 $q_{s/i}$ 的增加，ΔR 渐进趋于 $\Delta R = 0.015\text{mm}$（即曲线 4）。尽管如此，通过降低载频增大可允许的 ΔR 值，由式(8.17)可知，它必然同时使 $\Delta\tau(\tau_x)$ 成比例增加。

通过对反射液面距离增量信息的应用，可以提高可允许的 ΔR 值，为此，必须要实现存储先前测量过程中获取的数据。在已存储 $n-2$ 次和 $n-1$ 次测量结果的前提下，可以给出以下的类似式(8.28)的约束条件，即

$$-\frac{\lambda}{4} < \Delta R + \Delta R_{n-2} - 2\Delta R_{n-1} < \frac{\lambda}{4} \tag{8.23}$$

第 8 章 干扰存在时提高测量精度的参数化方法

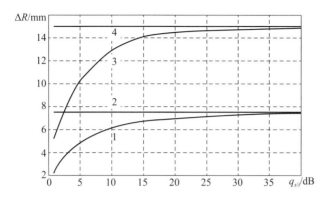

图 8.10 可允许距离增量随 SIR 的变化情况

等价于要求

$$|\Delta R + \Delta R_{n-2} - 2\Delta R_{n-1}| < \frac{\lambda}{4} \qquad (8.24)$$

因此，n、$n+1$、$n+2$ 次测量过程中误差之和不能超过 $\lambda/4$。依据式(8.17)和式(8.24)的计算以及相关仿真结果可以得出，在 UR 匀速运动时，式(8.24)所规定的条件大约在 $q_{s/i} \approx 0\mathrm{dB}$ 时开始得到满足。因此，应在 $\lambda/5$ 左右对 ΔR 进行取值。

8.3.4 相位估计误差对跟踪测量器的影响

跟踪测量器输出时间延迟的测量结果中必然伴随着非精确 PFC 估计所引起的额外误差值 δr。在 IEZ 的起始端，由式(4.27)可知该误差为

$$\delta R_{\mathrm{init}} = \frac{\lambda\left[\hat{\varphi}(\tau_{\mathrm{del,init}}) - \varphi(\tau_{\mathrm{del,init}})\right]}{\left[4\pi\left(1+\dfrac{\Delta\omega}{\omega}\right)\right]} \qquad (8.25)$$

式中：$\hat{\varphi}(\tau_{\mathrm{del,init}})$ 和 $\varphi(\tau_{\mathrm{del,init}})$ 分别为 IEZ 起始端 PFC 的估计值和真值。

在 IEZ 的终止端，该误差值等于

$$\delta R_{\mathrm{final}} = \frac{\lambda\left[\hat{\varphi}(\tau_{\mathrm{del,final}}) - \varphi(\tau_{\mathrm{del,final}})\right]}{\left[4\pi\left(1+\dfrac{\Delta\omega}{\omega}\right)\right]} \qquad (8.26)$$

式中：$\varphi(\tau_{\mathrm{del,final}})$ 为 IEZ 终止端 PEC 真值。

δr_{init} 的值取决于噪声干扰以及 UR 和 SR 信号谱旁瓣相互作用的情况。$\delta r_{\mathrm{final}}$ 的取值则由 IEZ 的起始和终止点信号相位差、噪声干扰以及 UR 和 SR 信号谱旁瓣相互作用等因素共同决定。在 IEZ 内部，使用以下的线性函数对 DFS

相位进行逼近，以期减小误差。

$$\varphi(\tau_{\text{del}}) = \frac{\hat{\tau}_{\text{del}} - \hat{\tau}_{\text{del,init}}}{\hat{\tau}_{\text{del,init}} - \hat{\tau}_{\text{del,final}}} [\varphi(\hat{\tau}_{\text{del,init}}) - \varphi(\hat{\tau}_{\text{del,final}})] + \varphi(\hat{\tau}_{\text{del,init}}) \quad (8.27)$$

为何选择这样的一个线性函数进行近似逼近呢？实际应用结果表明，在IEZ内部区域，相位的变化范围在20°~30°以内，也就是说，对应的额外测量误差不超过0.8~1.2mm。因此，使用更加复杂但逼真度更好的函数有点得不偿失。

8.3.5 跟踪丢失条件的确定

前已述及，函数 $q_m(\tau_{\text{del}})$ 可视为信号函数 $q_{\text{dif}}(\tau_{\text{del}})$ 和 $q_{\text{SR}}(\tau_{\text{del}})$ 的和，对函数 $q_{\text{dif}}(\tau_{\text{del}})$ 和 $q_{\text{SR}}(\tau_{\text{del}})$，它们快振荡信号的包络完全一致，且都是类 $\sin z/z$ 函数形状。包络取值为零的那些点之间，相互间隔 $\lambda/4$，且振荡分量相位迁移值为 π。

函数 $q_m(\tau_{\text{del}})$ 的包络记为 $F_{\text{envel}}(\tau_{\text{del}})$，$F_{\text{envel}}(\tau_{\text{del}})$ 的平方值由下式给出，即

$$F_{\text{envel}}^2(\tau) = |F_{\text{dif}}(\tau) + \exp(-j\omega\tau + \Phi_1) + F_{\text{SR}}(\tau)\exp(-j\omega\tau + \Phi_2)|^2 \quad (8.28)$$
$$= F_{\text{dif}}^2(\tau) + F_{\text{SR}}^2(\tau) + 2F_{\text{dif}}(\tau)F_{\text{SR}}(\tau)\cos(\Phi_1 - \Phi_2)$$

式中：$\Phi_1 = \omega\tau_{\text{del}} + \varphi_s(\tau_{\text{del}}) - \varphi_s(\tau_{\text{del,ref}})$；$\Phi_2 = \omega\tau_{\text{del,SR}} + \varphi_s(\tau_{\text{del,SR}}) - \varphi_s(\tau_{\text{del,ref}})$。

跟踪丢失现象的发生可清晰地归结为两个方面条件的达成：相位严格一致且为 0，$\varphi_s(\tau_{\text{del}}) = \varphi_s(\tau_{\text{del,SR}}) = \varphi_s(\tau_{\text{del,ref}}) = 0$；与 SR 和反射液面的距离差等于 $m\lambda/4$（m 为奇数）。此时，包络的平方值等于

$$F_{\text{envel}}^2(\tau_{\text{del}}) = F_{\text{dif}}^2(\tau_{\text{del}}) + F_{\text{SR}}^2(\tau_{\text{del}}) \quad (8.29)$$

由此，对 $F_{\text{envel}}(\tau_{\text{del}})$ 为零的那些点，一定有 $F_{\text{dif}}(\tau_{\text{del}}) = F_{\text{SR}}(\tau_{\text{del}})$ 成立，且两者相位变化量需恰好等于 π。随着 UR 朝向 SR 运动（假设明确 UR 由左侧接近 SR），函数 $q_{\text{SR}}(\tau_{\text{del}})$ 的旁瓣首先造成 $q_{\text{dif}}(\tau_{\text{del}})$ 极值点的偏差。由于 SR 的干扰，主瓣最大值 Z_τ 明显高于 $q_m(\tau_{\text{del}})$ 最大值。当两者接近到 $\Delta\tau < 1/2\Delta\omega$ 时，$q_{\text{dif}}(\tau_{\text{del}})$ 和 $q_{\text{SR}}(\tau_{\text{del}})$ 主瓣发生混叠，有用信号最大值和 SR 反射信号最大值均会降低，原因在于高频振荡分量因相位相差 π 而在相加时发生抵消。当这些最大值点 τ' 在时延间隔 ΔT_{del} 内分别位于间隔 $\lambda/4c$ 的一些邻域内时，高频振荡分量相位变化量以 π 为单位步进，则跟踪丢失现象就会发生。对点 $F'_{\text{envel}}(\tau') = 0$ 及其邻域，函数 $q_m(\tau_{\text{del}})$ 的极值取得极小值。在 τ' 的左侧，$q_m(\tau_{\text{del}})$ 的极值点位置与函数 $q_{\text{DFS}}(\tau_{\text{del}})$ 相吻合。而在其右侧，当 $A_{\text{dif}} < A_{\text{SR}}$ 满足时，它又与 $q_{\text{SR}}(\tau_{\text{del}})$ 的极值点位置吻合。因此，当 UR 通过点 τ' 后，函数 $q_m(\tau_{\text{del}})$ 的那些与 $q_{\text{SR}}(\tau_{\text{del}})$ 相吻合的极值点不可避免地会落入间隔 ΔT_{del} 中。当 UR 继续运动（朝向点 τ' 右

第 8 章　干扰存在时提高测量精度的参数化方法

侧)且满足条件 $A_{dif} < A_{SR}$，测量器将会跟踪到 $q_m(\tau_{del})$ 函数的一个固定极值点位置上，此时，跟踪丢失现象就发生了。此时，时延间隔 ΔT_{del} 的起始端 $\tau_{del,init}$ 和终止端 $\tau_{del,final}$ 都会依据针对这个固定极值点的距离测量结果而确定。通常，当跟踪丢失现象发生时，可以基于下式确定其相对 SR 的距离 $R_{tr,1}$，即

$$A_{DFS} < A_{SR} \sin \left[\frac{\dfrac{\Delta\omega(\tau_{SR}-\tau)}{2}}{\dfrac{\Delta\omega(\tau_{SR}-\tau)}{2}} \right] \tag{8.30}$$

换句话说，跟踪丢失发生在函数 $q_s(\tau_{del})$ 包络最大值开始小于函数 $q_{init}(\tau_{del})$ 包络的时候。对 sinz 进行泰勒级数展开，仅考虑级数前两项并将时延转换为距离，所以式(8.30)的解为

$$R_{tr,1} \geq \left[6(1-\sqrt{q_{s/i}}) \right] \frac{c}{\Delta\omega} \tag{8.31}$$

基于仿真获得的距离 $R_{tr,1}$ 与 $q_{s/i}$ 之间的关系示于图 8.11，仿真中取 q 等于 70dB。

图中 FM 扫频带宽分别取为 1GHz 和 500MHz，对应每种扫频带宽，仿真结果上端曲线表示一阶跟踪模式的结果，下端曲线为采用二阶跟踪模式后的结果，后者利用反射体运动速度信息。由图 8.11 可知，式(8.31)所示计算结果与仿真结果很好地吻合在一起。

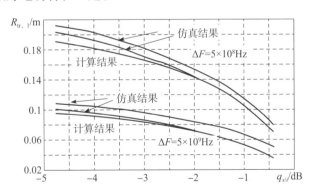

图 8.11　不同 SIR 下跟踪丢失发生位置相对 SR 的距离

由图中给出曲线可以得出的一个主要结论是：当 $q_{s/i} < 0$ 时，跟踪丢失现象就会发生。但是针对函数 $q_m(\tau_{del})$ 已锁定极值点(IEZ 单元内)的跟踪在 $q_{s/i} < 0$ 的情况下有时也可稳定得到保持。对此需要进一步给出解释。跟踪算法首先需要依据算法式(3.4)进行目标捕获，若 $q_{s/i} < 0$，则借助该算法，频率会依据距离 SR 的远近而变化。在 FMCW 雷达测距仪进行液位测量的特殊应用场合中，

满足 $q_{s/i}<0$ 条件的 SR 一般都是来自容器底部的反射，而容器底部的距离均是已知量。而该 SR 的视在距离会大于容器底部距离，原因在于容器底部的溶液会引起额外增加的电波传播时延。这为在 $q_{s/i}<0$ 时判断 SR 提供了一种明显的识别标志。

计算结果和仿真结果相当精确地吻合在一起。图 8.11 所示跟踪模式下的仿真结果曲线利用了距离增量估计信息，这种距离增量估计来源于相邻两次已有测量数据的处理。当这种距离增量估计信息无法获得时，跟踪丢失现象会在距离 SR 更远的地方开始发生。当 $\Delta R = 0.003$m 时，$R_{tr,1}$ 会增加约 0.02m；而当 $\Delta R = 0.005$m 时，$R_{tr,1}$ 会增加 0.03m。上述计算值是在 $\lambda = 3$cm 条件下得到的。

8.3.6 弱幅度伪反射体存在时的距离测量

如前所述，最大似然距离估计在应用中需要分两个阶段进行处理：第一阶段是基于算法式(3.4)进行距离的初始估计 $\hat{R}$，以确保估计值落在主瓣似然函数最大值邻域附近；第二阶段是对这个初始估计值作进一步的精确确定，也就是搜索得到主瓣似然函数的最大值位置。SR 的存在导致算法式(3.4)进行距离测量时误差的增加，这一点已在第 6 章相关图像结果中说明。因此，非所测距离对应的那些极值点会落入距离区间 $-\lambda/4<\hat{R}-R<\lambda/4$ 内，此时，最大似然法会出现取值等于 $\lambda/2$ 倍数的异常测量误差。

我们称这种 SR 为弱强度 SR，采用算法式(3.4)进行距离估计，误差 ΔR 不超过 $\lambda/4$。此时，对应测量距离的 LLF 极值点在实际中以概率 1 位于区间 $-\lambda/4<\hat{R}-R<\lambda/4$ 中，因此，利用当前跟踪算法中未利用但已知的 DFS 相位信息，是有可能将测量误差进一步降低的。依据式(8.17)得到的计算结果及其仿真验证结果表明，对弱强度 SR，算法式(3.4)得出的测量误差不会超过 $\lambda/4$，足以保证待测距离对应 LLF 极值点落在 $-\lambda/4<\hat{R}-R<\lambda/4$ 中。依据式(8.17)，在弱强度 SR 的影响，LLF 全局极值点的位置偏移不会超过 0.1mm。

图 8.12 给出了基于仿真得出的弱强度 SR 存在时瞬时误差估计值随距离的变化关系(载频 10GHz，FM 扫频带宽 500MHz)。SR 的信干比为 $q_{s/i}=30$dB，距离位置在 3.5m 处。曲线 1 为算法式(3.4)得到的距离测量结果，曲线 2 则对应 MLM 算法给出的距离测量结果。

在距离测量跟踪算法的实际应用中，较算法式(3.4)，MLM 类算法的最大测距误差下降约 82 倍。不同于跟踪算法，对弱强度 SR 的距离测量中依据已知相位直接使用 MLM 估计时，无需对 UR 的运动速度进行限制。

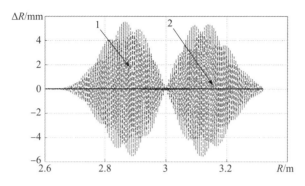

图 8.12 弱强度 SR 存在时的测距误差结果

在抑制信号相位的条件下使用 MLM 法进行近程距离测量在应用中总具有现实的需求。此时，$\omega<0$ 区域的谱表征了特定的干扰，它们的影响无法根除。取载频 10GHz，FM 扫频带宽 500MHz 进行仿真试验，结果示于图 8.13 中。图中虚线所示为使用算法式(3.4)得到的测量结果，其中所用窗函数为布莱克曼窗；实线所示为基于 MLM 算法得到的测距结果。若初始距离估计误差超过 $\lambda/4$，即图中距离为 0.41m 处的情况，则紧邻全局最大值的极值点落入 $-\lambda/4<\hat{R}-R<\lambda/4$ 区间以内，异常测距误差产生。

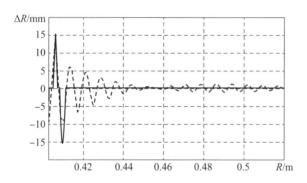

图 8.13 MLM 算法近距测量误差仿真结果

随着距离的不断增加（即相应频率值的增加），初始距离估计误差降低至 $\lambda/4$ 以下，此时 MLM 算法有效且可显著削减测距误差值。在相位已知时应用 MLM 法意味着 FMCW 雷达测距仪的相位频率特性已知。可基于第 4 章给出的方法对其进行估计。依据式(8.17)进行的计算以及对此进行的仿真验证实验表明，较算法式(3.4)，本小节方法在近距测量时的截断误差可削减 82 倍。

8.4 参数谱分析法频率测量

8.4.1 基于噪声子空间特征矢量分析的频率测量算法

基于噪声子空间特征矢量分析的谱估计方法是一种参数谱分析(PSA)方法，它可以获得最优的谱分辨能力，适合用于进行窄带信号频率估计[1]。典型的算法包括 Pisarenko 谐波扩展法(PHE)、多重信号分类法(MUSIC)和特征矢量法(EV)等。如文献[1]所述，当待分析序列长度变短时，不同于 MUSIC 算法和 EV 算法，PHE 算法的显著劣势是频率估计精度会出现恶化。

MUSIC 算法和 EV 算法基于以下基本原理：对于观测数据协方差矩阵或者修正协方差矩阵，假设其特征矢量有 p 个，其中 L 为主特征矢量(信号矢量)个数，那么噪声子空间对应的 $p-L$ 个特征矢量 v_{L+1}, …, v_p 均与正弦信号矢量正交[1]。这种正交性将足以保证当复正弦信号矢量 $e(\omega_i)$($i=1, 2, …, N$) 为任一数据中的待测正弦信号时，下列线性组合式取值恒为 0。

$$\sum_{k=L+1}^{p} a_k \mid e^H(\omega) v_k \mid^2 \tag{8.32}$$

式中：符号 H 表示矩阵的共轭转置。

在 EV 和 MUSIC 方法中，假设谱估计的表达式为

$$P_{EV}(\omega) = \frac{1}{\sum_{k=L+1}^{p} a_k \mid e^H(\omega) v_k \mid^2} \tag{8.33}$$

MUSIC 算法和 EV 算法的不同之处在于，在 EV 算法中，系数 a_k 取为对应第 k 个特征根 λ_k 的倒数，即 $a_k = 1/\lambda_k$；而在 MUSIC 算法中，取所有的系数 $a_k = 1$。因此，相比于 MUSIC 算法，EV 法谱估计中因噪声干扰而产生的伪谱峰(SSP)数量要少些，且伪谱峰的强度也明显较弱。典型的情况是，在 EV 谱估计得出的 DFS 谱中不会出现幅度大于正弦信号分量的 SSP。因此，为解决 SR 背景下的 DFS 频率估计问题，EV 法是个不错的选择，因为在实际应用中它允许对异常测量误差进行消除处理。

尽管如此，EV 具有所有参数谱分析方法的共同缺点。这些算法的设计初衷在于解决当 FFT 和 DFT 算法分辨能力不足以满足要求时，如何更好地确定一系列窄带信号的问题。必须要指出的是，PSA 方法的主要任务是解决窄带信号分量分辨能力的问题，进行频率估计只是它们的次要任务。PSA 谱估计中会出现低稳定性问题，我们理解这种问题源于谱估计过程中对信号正弦分量功率

描述不够精确所致。谱估计的低稳定性是提高谱分辨所必须付出的代价。产生这种问题的原因可从式(8.33)得到解释,在该伪谱表达式中,较强的分量可以使用较弱的谱分量加以表示。换句话说,各自独立的信号分量的功率在表达时都存在或多或少的不精确性。对于 SR 存在背景下的信号 DFS 频率估计问题,这一缺点却有着十分重要的影响,因为强度的不精确性使得通过幅度大小辨别有用和伪反射信号的标识丢失了。

文献[7-8]专门论述了如何选择矩阵维数 m 和模型阶数 p,这都是计算特征矢量的必备参数。推荐使用数据的修正协方差矩阵或是协方差矩阵来计算特征矢量[1]。前者可允许确保得到一个较高的谱分辨能力(提高 15%~20%)。修正矩阵维数的确定首先需要考虑信号的样本数,需要满足 $m=2p \div K/2$。为了在 SR 存在时保证测距更加精确,需要 m 的取值等于或接近其可能的最大值。至于模型阶数 p 的选择,研究文献[7-8]表明,当 $p \geq (2 \sim 4)L$ 时,测量误差与其关联性就很弱了,进一步提高模型阶数纯属徒劳无益。

此外,在 DFS 计算时进行补零处理也可提高频率估计的精度。

尽管如此,文献[7-8]给出的方法可为正弦信号分量的分辨提供路径指导。如前所述,FMCW 雷达测距仪输出 DFS 谱具有寄生幅度调制(PAM)效应,这将导致 EV 算法在频域距离测量应用过程中出现一些独特问题。

在文献[9]中,作者使用 EV 法对 SR 强于有用信号条件下的距离估计问题进行了研究,这是近罐底微弱吸收材料液位测量过程中会遇到的典型情况。由于罐底距离已知,对 EV 谱中罐底反射信号谱分量进行提取并不困难。此时,当存在有用信号和有且仅有一个罐底反射产生的 SR 时,需要计算以下距离值,即

$$\hat{R}_{\min,\max} = c\hat{f}_{\min,\max,EV} \frac{K}{4\Delta f} \tag{8.34}$$

式中:$\hat{f}_{\min,\max,EV}$ 为 EV 伪谱中以 π 为单位表示的信号分量的最小和最大频率值。

关于反射液面距离的估计,这里选择接受采用 $\hat{R}_{\min}$ 值(即采用最近距离估计值)。还有另一种可行的频率选择方法。首先在 EV 伪谱中确定罐底反射对应谱分量所在的频率区间 $\Delta\Omega$,然后在区间 $\Delta\Omega$ 外进行有用信号谱分量的搜索。

图 8.14 给出了基于数据协方差的 EV 法(曲线 1)以及基于调制效应的算法式(3.4)(曲线 2)分别得到的距离测量瞬时误差结果。两者都反映了远处测量误差随距离罐底液位高度 $r_x = R - \hat{R}$ 的变化关系。其中,FMCW 雷达测距仪的载频为 10GHz,FM 扫频带宽 500MHz,信噪比等于 70dB。仿真过程中,首次距离估计值近似时考虑容器介电特性的影响,罐底距测距仪 15m。随着液位距

离从14m变化到15m,罐底的视在距离由15.5m变化到15m;因此,比率q从-3.5dB变化至-4.2dB。DFS采样单元数量256个,模型阶数$p=8$。在计算EV谱时,人为将信号周期扩大64倍,不采用距离FMCW雷达测距仪过远距离(超过15m)上的谱分量。图8.14中相关曲线未考虑PAM的影响。在使用算法式(3.4)进行距离估计时,使用了Blackman窗函数进行加窗处理。由图可知,基于EV的距离估计算法在处理罐底反射引起的测量误差时可获得十分显著的误差削减效果,且IEZ的大小得到减小。仅在距离罐底15~20cm处可观测到测量误差增量的产生,也就是在EV伪谱无法分辨的一个距离上才会产生误差增量。算法式(3.4)则在距离罐底很远的地方即产生距离误差增量。在傅里叶谱分辨单元以外,测量误差较小,但是当傅里叶变换无法分辨时,误差会急剧增长。为了获得曲线2,对算法式(3.4)进行了如下的修正:搜索两个最大的谱分量(分别对应有用信号和SR),然后选择距离FMCW雷达测距仪较近的那个作为有用信号谱分量。此外,在仿真过程中为了提高算法性能,引入对谱旁瓣特性的考察。只有那些强度超过SR对应最大谱分量旁瓣最大电平的谱分量才会被视为有用谱分量。尽管如此,DFS谱的特有失真效应的影响并没有被考虑[9]。

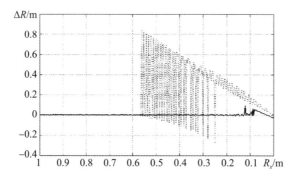

图8.14 瞬时测距误差随反射液面距离罐底高度的变化情况(采用数据协方差矩阵)

在应用EV方法进行距离测量时,研究寄生幅度调制对算法有效性的影响具有重要的现实意义。图8.15给出了式(4.31)所示PAM调制深度因子μ对测距误差的影响结果,该结果依据式(8.4)计算而得。曲线1对应算法式(3.4)获得的结果,相关仿真条件与图8.14一致。从图中可以看出,PAM效应会增加测量误差,且误差增长在距离罐底相当远的距离上都清晰可见。尽管如此,PAM带来的精度提升同样也是十分显著的。当UR远离IEZ时,需要转换使用算法式(3.4)进行距离测量,以利用后者对PAM不敏感的优势。

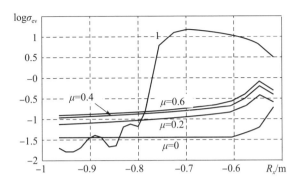

图 8.15　相对测量误差 MSD 随 PAM 调制深度的变化关系（采用数据协方差矩阵）

基于图 8.14 和图 8.15 所得相关结果，有理由确信，基于 EV 的距离估计算法有助于在十分不利的信干比条件 $q_{s/i}<0\text{dB}$ 下，仍能削减误差和缩窄 IEZ；当然，作为测量精度提高的代价，需要额外增加计算复杂度。

8.4.2　基于 Prony 最小二乘法的距离测量算法

对 Prony 法的研究和应用意义在于它可以获得一个接近 EV 法的分辨能力，同时却有着较小的计算消耗。Prony 法的基本原理可参考文献[1]。

采用以下的 p 个复指数和作为信号模型，即

$$x[n] = \sum_{k=1}^{p} h_k z_k^{n-1} \tag{8.35}$$

式中：$h_k = A_k \exp(\mathrm{j}\theta_k)$ 为复幅度；$z_k = \exp[(a_k+\mathrm{j}2\pi f_k)\Delta t]$ 为复指数项；A_k 和 a_k 分别为第 k 个分量的幅度及阻尼系数；f_k 和 θ_k 分别为第 k 个正弦分量的频率和初相位。Δt 为时域采样间隔，$x[n]$（$n=1,2,3,\cdots$）为信号的复样本。模型参数的选取准则为最大化模型和数据之间的吻合度。

在 Prony 方法应用于 DFS 频率测量时，依据拟合 p 元复指数模型（称 p 为模型阶数）所需的最小值设置采样单元数量 K。此时，文献[1]提出一种专门的参数取定方法，称为基于最小二乘的 Prony 法。

基于 Prony 法的频率估计算法在实际应用中会面临一些明确的挑战。为了实现有用信号与 SR 之间的最大分辨，需要确定最优的模型阶数 p 以及 DFS 采样单元数量 K。需要指出的是，目前尚无关于 p 和 K 的理论最优化方法，因此，采用文献[10]给出的建议性方法，该方法来自仿真和实测数据研究。

模型阶数的确定需要从满足 $p \approx K/4$ 条件开始。随着模型阶数逐渐增加至该值，可以观测到测量误差的充分减少。一种模型阶数选择方法是在 $p = K/4 \sim K/3$ 之间进行选取，可以发现精度得到提升，但是收益并不显著；而且当 $p>K/3$ 之后，测量精度开始转而降低。在模型阶数 p 相对 K 较小时，误差的增

加源于计算系数 α_m 时方程组是超正定的;而当选用相对较大的模型阶数时,误差的增加原因是上述方程组又出现欠定的情况。

对 DFS 采样单元数量的选择可通过以下方法得到简化,即其取值不能大于 $2K_K$(K_K 是由 Kotelnikov 定理决定的 DFS 采样单元数),当采样单元数大于 $2K_K$ 之后,系数 α_m 计算过程中会出现误差的增大。需要注意的是,基于 Kotelnikov 定理得出的 DFS 采样单元数与反射体的距离有关。因此,在实际应用中,通常很难据此确定最优的模型阶数,因为这意味着测量误差会成为距离的函数。基于条件 $p=K/4\sim K/3$ 进行模型阶数选择将导致 Prony 谱中出现伪信号谱峰。由于谱信号分量幅度的不稳定性,此时相对较小的谱分量并不一定总是对应有用信号。

为了在检测有用信号谱峰值时消除错误接受伪反射体谱分量的可能性,文献[11]采用以下的假设检验方法。首先针对 N_p 次 DFS 样本,基于 Prony 谱最大值谱分量对距离进行测量,并通过式(8.35)将它们转换成 N_p 个距离估计值。然后对这 N_p 个距离估计值,剔除 N_M 个最大的和 N_M 个最小的;最后对剩余的估计值进行平均处理。该方法可稳健地消除异常测量误差,此外,平均处理还可降低估计方差。综上所述,以下的两阶段距离估计流程便于降低异常误差的出现概率。

步骤 1:基于算法式(3.4)进行距离粗估计,以缩小需进一步使用 Prony 谱最大谱分量精确搜索的可能距离区间。

步骤 2:基于 N_p 次测量的 DFS 样本,采用前述算法对异常误差进行消除。

Prony 最小二乘法进行距离估计的瞬时测距误差示于图 8.16,相关条件如下:SR 位于距离 5.5m 处,信干比 $q_{s/i}=70$dB,DFS 采样单元数 $K=64$,模型阶数 $p=34$;载波频率和 FM 扫频带宽分别为 10GHz、500MHz。未获得每个特定距离上误差特性,共进行 10 次测量试验,最大的两个测距值和最小的两个测距值均被剔除,其余的测量结果被求平均处理。

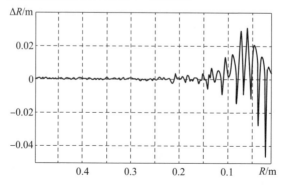

图 8.16 使用 Prony 最小二乘法时的瞬时测距误差

由图 8.16 可知，较算法式(3.4)，基于 Prony 法的距离测量算法无论是在削减误差还是缩小 IEZ 方面都取得了良好的效果。通过对图 8.16 的细致分析可以发现，误差在距离 SR 小于 0.4m 后开始出现轻微的增长，在远离 SR 的距离上，测量误差上、下边界不超过±1mm；仅当距离 R_x 约等于 0.23m 时，测距误差才开始出现较尖锐的增长，尽管如此，此时的误差最大值也不超过 4~5cm。

注意到上述测量结果是在无 PAM 的条件下取得的。现在考察 PAM 对测量误差的影响。图 8.17 给出了采用 Prony 最小二乘法时距离测量 MSD 值随 PAM 调制深度的变化情况，相关参数取值同图 8.16。

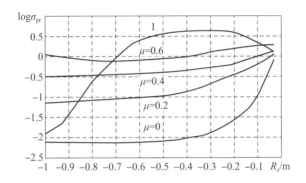

图 8.17　采用 Prony 最小二乘法时相对测距误差 MSD 随 PAM 调制深度的变化情况

和使用 EV 法的情况一样，PAM 的存在导致分辨力的恶化并使得确定最大谱分量的频率位置过程出现误差。由图 8.17 可知，基于 Prony 最小二乘的测距算法较 EV 法对 PAM 更加敏感。

综上所述，可以得出结论，基于谱分析的频率估计算法较算法式(3.4)允许测量误差削减一个数量级左右，IEZ 的大小也会出现类似明显的收窄；但这些方法均对由 PAM 引起的 DFS 谱失真敏感，PAM 的存在将导致测量精度出现明显降低。

8.5　引入运动速度信息的距离预测

现在讨论当 UR 运动速度矢量方向已知，FMCW 雷达测距仪距离测量在应用时的新变化。为了和工业系统保持一致，考虑反射信号用于自动控制系统中 FMCW 雷达测距仪的情况，这种反射信号来自于接近或远离雷达测距仪的有用反射体。

假设 UR 的运动速度可表征为若干单调函数且所有 SR 的位置已知，在 IEZ

区以外，以相同的时间间隔基于算法式(3.4)进行距离测量。考虑实践中可能出现的两种典型情况。

8.5.1 有用反射体匀速运动时

在反射体进入 IEZ 之前的某些距离区间 ΔR 上，对该反射体的运动速度进行估计。由此，当它进入 IEZ 之后，可以使用下式对其距离进行预测，即

$$\hat{R}_i = \hat{R}_{i-1} + \hat{V}_{\text{vel}} t_{\text{meas}} \tag{8.36}$$

式中：$\hat{R}_i$ 和 $\hat{R}_{i-1}$ 分别为当前和上一时刻距离测量值；$\hat{V}_{\text{vel}}$ 为反射体运动速度估计值；t_{meas} 为两次相邻测量之间的时间间隔。

若 t_{meas} 为固定值（即非随机），显然测量误差由速度 $\hat{V}_{\text{vel}}$ 的估计误差所决定。第 $i-1$ 和第 i 次测量时的速度估计应等于

$$\hat{V}_{\text{vel},i} = \frac{(\hat{R}_i - \hat{R}_{i-1})}{t_{\text{meas}}} \tag{8.37}$$

式中：$\hat{R}_i$ 和 $\hat{R}_{i-1}$ 分别为两次相邻测量时的距离估计结果。速度估计的精度取决于两个独立的因素，即噪声干扰以及 DFS 谱的旁瓣电平，即

$$\hat{V}_{\text{vel},i} = V + \delta V_{\text{ni},i} + \delta V_{\text{tr,er}} \tag{8.38}$$

式中：$\delta V_{\text{ni},i}$ 为噪声引起的误差；$\delta V_{\text{tr,er}}$ 为 DFS 旁瓣引起的截断误差。

考虑到算法式(3.4)得出的距离估计值不具备渐进平移性，随机变量 $\hat{V}_{\text{vel},i}$ 的均值可定义为

$$M\{\hat{V}_{\text{vel},i}\} = V_{\text{vel}} + \delta V_{\text{tr,er},(i-1)} - \delta V_{\text{tr,er},i} \tag{8.39}$$

考虑到 $\hat{V}_{\text{vel},i}$ 由相邻两次独立测量得到，由式(4.8)可知其方差可表述为

$$D(\hat{V}_{\text{vel},i}) = \frac{3N_0 c^2}{[E(2\Delta\omega)^2 t_{\text{meas}}^2]} \tag{8.40}$$

通过在距离区间 $R_{\text{init}} < \Delta l < R_{\text{final}}$ 内对 $V_{\text{vel},i}$ 进行平滑处理，误差 $\delta V_{n,i}$ 和 $\delta V_{\text{tr,er}}$ 可得到有效削减，由此可得速度的平均值为

$$\overline{V}_{\text{vel}}(\Delta l, R_{\text{init}}, R_{\text{final}}) = \frac{\sum_{i=1}^{L} \hat{V}_{\text{vel},i}}{L} \tag{8.41}$$

式中：L 为反射体进入 IEZ 之前在长度为 Δl 的距离间隔上针对 $V_{\text{vel},i}$ 进行的测量次数。

式(8.41)给出的平均速度表现为 3 个变量的函数，即 Δl、R_{init}、R_{final}。$\hat{V}_{\text{vel},i}$ 测量值序列随 i 的变化呈现出振荡特性，其总体特征甚至高频振荡分量的相位与扩展特性都与由式(8.37)得出的算法式(3.4)的测量误差特性一样。有

证据表明,当距离区间 Δl 内存在整数倍周期高频振荡分量时,速度估计误差取得最小值;而当该区间内包含整数倍周期加半周期的高频振荡信号时,速度估计误差取得最大值,且该最大值在该高频振荡信号包络的最大值处取得。

上述反射面匀速运动情况下距离估计算法的仿真结果示于图 8.18(速度估计在距离等于 3mm 的节点给出)。

该仿真试验相关条件如下:SR 位于距离 5m 处,FM 扫频带宽 500MHz,载波频率 10GHz,采用 Blackman 窗。在距离小于 4.092m(该距离对应高频振荡分量包络的第一个节点)和距离大于 6.3m 时,采用算法式(3.4)进行距离测量;距离预测通过式(8.36)基于不同的给定反射面运动速度(曲线 1~4)进行。给定反射面运动速度分别基于图 8.18 中 A、B、C 和 D 这 4 个不同距离段估计得到。选择对测量最为不利的情况,即取误差函数高频振荡分量包络的结节中心(距离区间内高频振荡分量周期数等于整数加 1/2)。仿真中引入噪声干扰背景,且 $q_{s/i}=2$dB。由图可知,基于速度估计的算法可显著降低测距误差。例如,在上述信干比以及其他条件下,误差可达 1.8mm 以下。但是,同时也可以看到,误差结果与速度估计时所选用的距离区间关系密切,在最坏情况下,即选择第一结节中心(即 D 点)作为 Δl 时,测量误差最高可达 27mm。当然,随着 Δl 的增加测量误差迅速下降。

由上述仿真试验结果可以推断出,为了获得较小的距离预测误差,速度估计最好在离 SR 约等于 1.75m 处的距离上(为应对最不利情况计)。当 FM 扫频带宽 ΔF 发生变化时,图 8.18 所示结果也会发生改变,但是关于距离区间 Δl 选择的相关结论仍然成立。采用 1GHz 的扫频带宽,考虑对测量最为不利的情况,为获得较小的测量误差,速度估计需要在一个较 500MHz 扫频带宽小 2 倍的距离上进行。

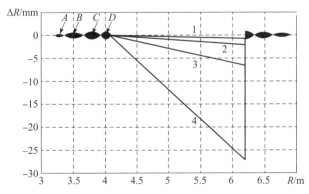

图 8.18　反射体匀速运动时的距离测量瞬时误差结果

需要指出的是，当速度估计所依据距离对应高频振荡分量的包络结节时，速度估计误差可通过降低 $\delta V_{n,\text{inter},i}$ 而得到削减。举例说明，假设从 SR 前的第二个结节点开始进行速度估计，距离预测误差不超过 1mm；而当速度估计的起始距离位于 SR 前的第三个结节点时，速度估计误差甚至只有几分之一毫米。距离区间内基于速度估计获得的距离预测值的方差，依据式（4.8），其值为

$$D(\hat{R}_{\text{vel}}) = \frac{2.25c^2}{q_{s/n}L(\Delta\omega)^2} \tag{8.42}$$

该结果已为仿真试验所验证。

图 8.18 所示结果是在使用 Blackman 窗函数以及 FM 扫频带宽等于 500MHz 的条件下得出的。使用其他窗函数进行处理，所得结果会出现一定的变化。增加扫频带宽可使得速度估计的起始距离成比例减小。

8.5.2　有用反射体非匀速运动时

实际应用中，FMCW 雷达测距仪作为液位计最有应用需求。给水设备的工作状态可依据容器容积状态以及溶液特性而做出改变。假设反射体运动速度可建模为一个包含未知衰减因子 α 的指数函数，即

$$V(R) = V_{\text{init}}(R)\exp(-\alpha R) \tag{8.43}$$

式中：$V_{\text{init}}(R)$ 为距离 FMCW 雷达测距仪 R 处的反射体初始运动速度。

需要指出的是，式（8.43）描述了速度的变化特性，且衰减系数 α 具有较大的自由取值空间（保证 2m 的距离变化下速度变化量为 20%）。尽管如此，通过以上述假设为基础进行的仿真试验，可以回答，当该近似函数因干扰和有用信号谱旁瓣相互干涉产生振荡时，距离预测的误差特性究竟如何。

和通常的处理过程一样，首先假设在 IEZ 区外进行测量时依旧使用算法式（3.4）。

假如能够确定速度变化随测量次数 i 的变化函数，那么在距离预测时降低测量误差的积累就是可能的。首先在 IEZ 的起始端，依旧假设 t_{meas} 不会随机变化，基于上述速度模型函数进行距离估计。对于该未知函数，可以很简单地对其进行多项式展开逼近，有

$$\overline{V}_n = \sum_{i=1}^{K_p} b_i(n), \quad n=1,2,\cdots,N \tag{8.44}$$

基于最小二乘法则估计该多项式系数序列，即最小化下式，有

$$Q(b) = \sum_{n=1}^{N}(V_n - \hat{V}_n)^2 \tag{8.45}$$

相关仿真结果示于图8.19。

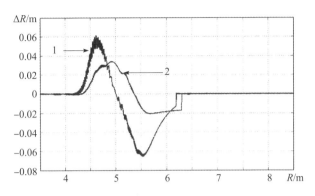

图8.19 非线性速度变化时的瞬时测量误差结果

仿真条件同上，唯一的区别在于信噪比SNR改为70dB。在整个距离区间包括IEZ上，均采用算法式(3.4)进行测量。在此基础上，每次测量时由式(8.44)进行速度估计。在IEZ内部，只有那些与UR速度变化模型函数$\overline{V}=f(n)$相符的距离估计值才会被接受（即仅考虑速度与距离之间的非线性函数关系）。仿真中，采用二阶多项式对函数式(8.43)进行近似拟合。

仿真结果表明，只有IEZ的起始端，也就是$\overline{V}=f(n)$模型参数计算算法执行所在的那段距离区间，才会对预测误差产生明显影响；且预测误差与函数$\overline{V}=f(n)$具体在该距离段中的何处被确定（是在包络节点处还是包络结节处）关联不大。曲线1对应在D点（图8.18）进行$\overline{V}=f(n)$模型参数确定的情况；曲线2对应IEZ区之前第9个误差函数振荡分量包络节点处（即距离IEZ大约1.9m处）进行$\overline{V}=f(n)$模型参数确定的结果。由图8.19可知，预测误差相当高，本小节所述算法在应用中较算法式(3.4)仅有3~6倍的误差削减。尽管如此，需要强调的是增加SIR可成比例削减距离预测误差。当UR的运动状态变为匀速时，本小节方法可将预测误差降低至毫米量级。

8.6 小　结

本章研究SR存在条件下的测距误差削减方法，通过研究可以得出以下结论。在FMCW雷达测距仪载波频率可调整的情况下，SR干扰抵消方法最为有效。此时，通过应用干扰抵消处理程序，可以使得IEZ区内的距离测量得到与载波频率变化范围同量级的误差削减，这一点在实际应用中十分便利。当然，载波频率变化需要考虑商用振荡器载频变动范围的实际限制。

跟踪算法较传统傅里叶谱分析算法,可使测距误差降低 82 倍。已经证明,该算法在应用时可允许的反射体运动速度范围与 SIR 有关。在 $q_{s/i}=2\text{dB}$ 时,反射液面在两次测量之间的距离变动不能超过 $\lambda/8$,且随着 SIR 的进一步降低该值可升至 $\lambda/4$。对于 SR 距离的确定主要依据的是寻找大于有用信号强度且跟踪丢失发生的位置。这一距离在 $q_{s/i}=-4.5\text{dB}$ 条件下约等于 $1.5\delta_R$。

本章还研究了使用基于噪声子空间特征矢量分析的距离估计算法进行容器中液位测量的可行性。研究表明,PAM 会对该算法的距离估计精度产生重要影响。根据 PAM 调制深度的不同,测距误差可得到近似一个数量级的削减。

另一种基于 PSA 的距离估计方法也在本章得到了研究,即 Prony 法。取决于不同的 PAM 调制深度取值,测距误差也可以得到近似一个数量级的削减。而且,研究表明,基于 Prony 法的测距方法对 PAM 效应更加敏感。应该注意到,PSA 类距离估计方法并不足以充分消除 SR 的干扰。

当 SR 存在时,研究了利用反射体运动速度信息进行距离估计的方法。研究证明,速度估计精度取决于在何处进行速度估计运算。当 UR 运动时,应该在距离 SR 大约 $10\delta_R$ 处开始进行速度估计。此时的测距误差削减近似等于两个数量级。当 UR 非匀速运动时,测距误差明显抬升,在其他条件相同的情况下,较 UR 匀速运动的情况,此时测距误差的削减仅有 3~6 倍。

根据我们多年从事 FMCW 雷达测距仪工作的经验,可以得出以下的结论,不存在一个可在所有实际场合均能最小化 SR 影响的普适性的解决方案。FMCW 雷达测距仪,特别是当它们用于液体介质的测距时,其工作环境条件可能时刻变化。必须在综合考虑设备应用特性、FMCW 雷达测距仪计算资源以及测量精确性要求的基础上,选择最小化 SR 影响的具体方法。

参考文献

[1] Marple, S. L., Jr., Digital Spectral Analysis with Applications, Englewood Cliffs, NJ: Prentice-Hall, 1987.

[2] Imada H., and Y. Kawata, "New Measuring Method for a Microwave Range Meter," Kobe Steel Eng. Repts., Vol. 30. No. 4, 1980, pp. 79-82.

[3] Parshin, V. S.; V. M. Davydochkin, V. S. Gusev, "Compensation of Spurious Reflections' Influence on Distance Measurement Accuracy by FMCW Range Finder," Digital Signal Processing and Its Application. -Proceedings of RNTORES Named after A. S. Popov. No. 5, Moscow, Vol. 1, 2003, pp. 261-263. [In Russian.]

[4] Parshin, V. S. "Tracking Frequency Meter of the Beating Signal of the Radio Range Finder with Frequency Modulation of Radiated Signal," Digital Signal Processing and Its Application. Proceedings of RNTORES Named after A. S. Popov. No. 10, Moscow, Vol. 1, 2008, pp. 395-398. [In Russian.]

[5] Patent 2410650(Russian Federation), INT. CL. G01F 23/284, G01S13/34. "Method of Material Level Measurement in a Reservoir," B. A. Atayants, V. S. Parshin, V. V. Ezerskiy. Bull. No 3. Filed November 1, 2008; published January 27, 2011.

[6] Lindsey, V., Synchronization Systems in Communication and Control, Moscow: Sovetskoe Radio Publ., 1978, 600 p. [In Russian.]

[7] Kavex, M., A. J. Barabell, "The Statistical Performance of the MUSIC and the Minimum-Norm Algorithms for Resolving Plane Waves in Noise," IEEE Trans. Acoust. Speech Signal Process, Vol. ASSP-34, April 1986, pp 331-341.

[8] Wang H., M. Kavex, "Performance of Narrowband Signal-Subspace Processing," Proceedings of the 1098 IEEE International Conference on Acoustics, Speech, and Signal Processing, Tokyo, Japan, April 1986, pp. 589-592.

[9] Wax, M., T. Kailath, "Detection of Signals by Information Theoretic Criteria," IEEE Trans. Acoust. Speech Signal Process, Vol. ASSP-33, April 1985, pp 387-392.

[10] Parshin, V. S., A. A. Bagdagiulyan, "Distance Measurement to Material Level in a Reservoir at Presence of Spurious Reflections Exceeding the Useful Signal in Intensity," Digital Signal Processing and Its Application. -Proceedings of RNTORES Named after A. S. Popov. No. 8, Moscow, Vol. 1, 2006, pp. 306-308. [In Russian.]

[11] Parshin, V. S.; V. V. Ezerskiy, "Application of Algorithms of Parametric Spectral Analysis at Distance Measurement with the Help of Radar Range Finders with the Frequency-Modulated Signal," Digital Signal Processing and Its Application. -Proceedings of RNTORES named after A. S. Popov. No. 7, Moscow, Vol. 1, 2005, pp. 234-238. [In Russian.]

[12] Patent 2399888(Russian Federation), INT. CL. G01F 23/284, G01S13/34. "Method of Material Level Measurement in a Reservoir," B. A. Atayants, V. S. Parshin, V. V. Ezerskiy, S. V. Miroshin. Bull. No. 26. Filed January 26, 2009; published September 20, 2010.

第9章
近程 FM 雷达精密测量系统测试与实际应用

9.1 引 言

利用特定的装置或测试台，在上面指定的距离上安装一个标准的反射体，就可以完成 FM RF 系统的开发、测试、标校、验证。第6章中已经阐述了反射体的尺寸和形状如何影响测量的精度。例如，图 9.1(a)给出的是对直径为 530mm 圆盘的测量误差随着测量距离变化的理论计算结果，其中曲线 1 为采用 50mm 直径的天线，曲线 2 为采用 145mm 直径的天线。图 9.1(b)所示为采用 50mm 直径天线时的试验结果。图 9.1 中雷达信号为中心频率 9.8GHz，调频范围 1GHz 的 FM 信号。从图 9.1 中可以看出理论计算与试验的结果具有较好的一致性。

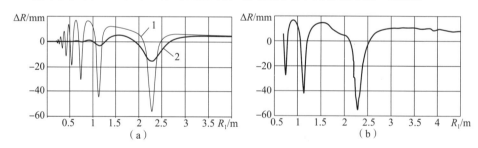

图 9.1 测距误差随待测距离的变化关系曲线
(a) 计算值；(b) 实测值。

进一步，从图 9.1 中可以看出，如果用上述圆盘作为标准反射体，那么带来的测量误差对于任何实际应用来说都无法接受，而且这个测量误差本质上依赖于天线方向图(DP)的宽度。从这个意义上看，研究能够提供高精度的雷达反射体就十分必要了。

另外，本章还阐述了 FM RF 系统在工业和科学研究领域的应用。尽管本章不可能详细地覆盖所有的应用场景，但是本章所涉及的一些应用仍具有一定的代表性，可以用来解决绪论中所提到的一些实际问题。

9.2 用于试验估计 FM RF 信号特性的设备和方法

为了可靠地测量 FM RF 特性，理想的标准雷达反射体是无限大的平板。然而，实际中这种雷达反射体是不存在的。从图 9.1 中可以看出，如果将圆盘作为标准的雷达反射体，当雷达反射体的尺寸与 FM RF 系统天线方向图宽度是相同量级并大于天线方向图宽度时，随着距离的减少测量误差也会降到一个较低的水平。利用这种方法来降低误差并适用于各种应用场合的话，那么雷达反射体的尺寸就需要与 FM RF 系统的测量区域相当，这在实际中是不现实的。在气象 FM RF 支持的情况下，雷达反射体的形状选择就十分重要了，因为最小尺寸的雷达反射体也提供了一个相应的几何距离和电动距离。考虑到高精度测量下 FM RF 系统通常都采用宽带信号，那么标准雷达反射体也必须适应宽的频率范围。因此，具有指定特性的标准雷达反射体在这里就十分重要。

在 FM RF 系统中，降低虚假反射到某个需要的水平也很重要，它和具有指定特征的干涉情况一样需引起重视。这些条件在微波暗室中绝大部分都能够满足，暗室中具有较低的虚假反射，因此在微波暗室中可以获得标准雷达反射体的不同特性，进而模拟有效的反射和虚假的反射。一般情况下微波暗室要求满足的条件在文献[1]中已有描述，这些条件同样适用于 FM RF 系统。

9.2.1 用于精确测量的雷达反射体设计

如图 6.18 所示，选取平面作为雷达反射体垂直放置于距离 FM RF 系统 R1 处。图中放置的雷达反射体最大限度地使其反射场在指定频率范围和角度范围内与一个无限大平面的反射场保持尽可能一致。当然，针对这种雷达反射体最优性能可以选取多种等效的评价准则。在这里给出一种雷达反射体的优化准则，即在特定的尺寸和给定的工作区域长度下，在工作区域内能够提供一个最小的干扰场的复幅度(也就是最小的干扰场复幅度模数的旁瓣电平)。

在这种条件下，认为雷达反射体干涉场与频率的关系(频率响应)是最优的，因此得到的雷达反射体也就是最优的。

同时考虑到要最小化雷达反射体尺寸的问题，假设其角尺寸相对于 FM RF 天线处而言十分小，而其线尺寸通常都超过了电磁波波长。此时，可以利用标量 Kirchhoff(基尔霍夫)近似得到反射场(式(6.15))。

式(6.18)将天线分析的现有方法用于雷达反射体的分析中。为了确定雷达反射体的几何形状,可以利用经典的天线分析方法,即 Dolph-Chebyshev 法。

假设某个雷达反射体的边缘由半径为 ρ_1, ρ_2, $\cdots$, ρ_N(图 9.2),扇区角度为 ϕ_1, ϕ_2, $\cdots$, ϕ_N 的圆弧组成。

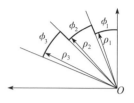

图 9.2 确定平面 RR 形状

那么归一化的干涉场的复幅度可以表示为

$$\dot{U}_{\text{int,norm}} = \frac{\dot{U}_{\text{int}}}{\dot{U}_\infty} = \sum_{i=1}^{N} C_i e^{-jk[(i-1)v+d]\lambda_0} \tag{9.1}$$

式中:$C_i = \dfrac{F(\theta_i)}{F(0)} \dfrac{\phi_i R_1^2}{2\pi r_i^2}$;$r_i^2 = R_1^2 + \rho_i^2$;$d \geqslant 0$;$v$ 为雷达反射体边缘的半径变化值;λ_0 为中心频率对应的波长。需要注意的是,扇区的编号是随着边缘半径的增大依次增加的。

根据文献[2]中的推导过程,可以得出最优雷达反射体干涉场的幅频特性(AFR),其由 Chebyshev 多项式来表示,即

$$U_{\text{int,norm}}(k) = \sum_{i=0}^{M} 2C_i T_{2i-1}\left(\cos kv\,\frac{\lambda_0}{2}\right) = T_{2M-1}\left(\frac{1}{\alpha}\cos kv\,\frac{\lambda_0}{2}\right) \cdot \left[T_{2M-1}\left(\frac{1}{\alpha}\right)\right]^{-1} \tag{9.2}$$

式中:$M = N/2$。

当已知上述扇区数量时,α 定义为频率范围 $|\cos(\pi v f/\hat{f}_0)| \leqslant \alpha$,干涉场抑制的深度 $Q = T_{2M-1}(1/\alpha)$。

假设雷达反射体扇区数目为 N、参数 v、频率范围 α、干涉场抑制的深度 Q 均为已知量时,确定反射体几何形状的系数 C_i 可由下式计算得出,即

$$C_i = \frac{(2M-1)}{2T_{2M-1}\left(\dfrac{1}{\alpha}\right)} \sum_{\mu=1}^{M} (-1)^{M-\mu} \left(\frac{1}{\alpha}\right)^{2\mu-1} \frac{(\mu+M-2)!}{(\mu-i)!\,(\mu+i-1)!\,(M-\mu)!} \tag{9.3}$$

式中:$i = 1, 2, \cdots, M$;$M = 0.5N$。

当雷达反射体是由奇数个扇区组成时,有

$$C_i = \frac{M}{T_{2M-1}\left(\dfrac{1}{\alpha}\right)} \sum_{\mu=1}^{M} (-1)^{M-\mu} \left(\frac{1}{\alpha}\right)^{2\mu} \frac{(\mu+M-1)!}{(\mu-i)!\,(\mu+i)!\,(M-\mu)!} \tag{9.4}$$

式中:$i = 1, 2, \cdots, M$;$M = 0.5(N-1)$。

对于最优反射体干涉场的深度参数 Q 和参数 α,其不模糊的表达式为

$$\frac{1}{\alpha} = \frac{1}{2}\left\{\left(Q+\sqrt{Q^2-1}\right)^{\frac{1}{N-1}} + \left(Q-\sqrt{Q^2-1}\right)^{\frac{1}{N-1}}\right\} \tag{9.5}$$

同时,雷达反射体扇区个数 N 与参数 Q、α 的关系为

$$N = \frac{\text{arch}Q}{\text{arch}\frac{1}{\alpha}} + 1$$

为了进一步简化上式，假设系统的最大频率 $f_{max} = f_{aver} + df$，最小频率 $f_{min} = f_{aver} - df$，其中 $df = dF/2$，f_{aver} 为中心频率。那么有

$$\cos\left[\pi v\left(\frac{1+\Delta f}{f_{aver}}\right)\right] = -\alpha, \quad \cos\left[\pi v\left(\frac{1-\Delta f}{f_{aver}}\right)\right] = +\alpha$$

对上面两个等式求和，可得 $\cos\pi v \cdot \cos\pi v \Delta f/f_{aver} = 0$。

如果 $v = 0.5, 1, 1.5, \cdots$，那么对于任意 $\Delta f/f_{aver}$，上式中的等号均成立，即雷达反射体扇区半径增大的步长等于中心频率 Fresnel 区的奇数倍。因此，当 $v = 0.5$ 时，对应最小尺寸的雷达反射体。

因为 $d\lambda$ 并未包含在上述 AFR 幅频特性中，因此 $d\lambda$ 可以取任意值。但是随着 $d\lambda$ 的增大，雷达反射体的尺寸也会增大。

利用上述方法，可以根据不同干涉场抑制的幅频特性响应设计出相应的雷达反射体。例如，为了实现最大化平板特性，雷达反射体配置中的参数 C_i 应服从二项式定理的分布。

设计具有平滑边缘的雷达反射体是一项有挑战性的工作。如果雷达反射体扇区数量可以无限制增加，同时 $v\lambda_0$ 可以同步减小，那么雷达反射体的最大尺寸 ρ_{max} 将是一个常量。因此，最优雷达反射体的 AFR 表达式可以简化为

$$U_{int,norm}(f) = \frac{1}{Q}\text{ch}\sqrt{\ln^2(Q+\sqrt{Q^2-1}) - \left(\frac{\pi}{2}b\frac{f}{f_{aver}}\right)^2} \quad (9.6)$$

式中：$\sqrt{b} = 2\rho_{max}/2\sqrt{R_1 0.5\lambda_0}$ 为在 $f = f_{aver}$ 处以第一菲涅耳区直径进行归一化后的最大雷达反射体尺寸。

相应的干涉场复振幅函数，即雷达反射体 AFR 可表示为

$$U_{int,norm}(f) = e^{-j\frac{\pi}{2}b\frac{f}{f_{aver}}} \sin\frac{\left(\frac{\pi}{2}b\frac{f}{f_{aver}}\right)}{\left(\frac{\pi}{2}b\frac{f}{f_{aver}}\right)} \quad (9.7)$$

此时，雷达反射体可由下列方程确定，即

$$F(\Theta)\frac{R_1^2}{r^2}\frac{d\varphi}{dr} = \text{const} \quad (9.8)$$

应该注意到，当 FM RF 系统采用一个宽方向图的天线时会引入一个指定的误差，由此设计的雷达反射体相比窄方向图天线，可以降低上述误差。因此，我们更加推荐使用宽方向图的天线设计的雷达反射体形状。对于 $kr \gg 1$，根据式(9.7)有

$$\rho = \sqrt{R_1 \frac{\varphi}{\pi} b \frac{\lambda_0}{4}} \tag{9.9}$$

由式(9.9)对应的雷达反射体形状如图9.3所示,其中第Ⅰ和第Ⅱ菲涅耳区在图中用点线和链线表示,对应为图中的圆1和圆2。

一个不对称的雷达反射体形状自然会导致一个指向雷达反射体中心方向上的不对称干涉场分布,也会导致沿着FM RF和雷达反射体方向上的测量误差。为了减少上述干涉场分布的不对称度,可以考虑采用一个对称的多叶结构雷达反射体。

将式(6.19)改写为求和的形式,即

$$\dot{U}_{\text{int,norm}} = \frac{1}{2\pi} \sum_{i=1}^{N} \int_{\phi_i}^{\phi_{i+1}} \frac{F(\theta_i)}{F(0)} \frac{R_1^2}{r^2} e^{-j2k(r-r_0)} d\varphi \tag{9.10}$$

式中:$\sum_{i=1}^{N}(\phi_{i+1}-\phi_i)=2\pi$。那么式(9.1)至式(9.9)的结论适用于上述求和公式中的每一项。进一步,所给出的表达式对角坐标计数的方向是不变的。因此,上述方法可以应用于多叶结构,特别是对称的双叶结构雷达反射体,如图9.4所示。此时式(9.9)可以表示为

$$\rho = \begin{cases} \sqrt{R_1 \dfrac{4\varphi}{\pi} b \dfrac{\lambda_0}{4}} & 0 \leq \varphi < \dfrac{\pi}{2} \\ \sqrt{R_1 \dfrac{4(\pi-\varphi)}{\pi} b \dfrac{\lambda_0}{4}} & \dfrac{\pi}{2} \leq \varphi < \pi \\ \sqrt{R_1 \dfrac{4(\varphi-\pi)}{\pi} b \dfrac{\lambda_0}{4}} & \pi \leq \varphi < \dfrac{3\pi}{2} \\ \sqrt{R_1 \dfrac{4(2\pi-\varphi)}{\pi} b \dfrac{\lambda_0}{4}} & \dfrac{3\pi}{2} \leq \varphi < 2\pi \end{cases} \tag{9.11}$$

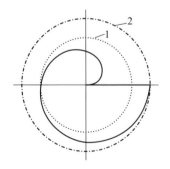
图9.3 雷达反射体形状

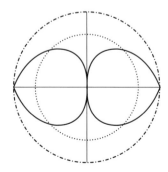
图9.4 双叶结构的雷达反射体

根据式(9.7)，当 $f=f_{aver}$ 时，为了降低由于雷达反射体尺寸限制引入的干涉场，雷达反射体的尺寸必须在最大距离上大于2个菲涅耳区的尺寸。

这个反射面的距离测量误差具有一个振荡特性。图9.5所给出的误差随着天线到雷达反射体距离之间的变化曲线，图中加粗曲线对应的是在 ρ 最大值为750mm，并满足式(9.11)的雷达反射体，图中细线对应的是半径为750mm的圆盘。FM RF系的中心频率为9.8GHz，调频范围为1GHz，天线采用的是一个直径50mm的天线。

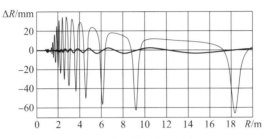

图9.5 对于雷达反射体的距离测量误差

从图9.5中可以看出，当雷达反射体满足式(9.11)时，测量误差明显降低，最大值降低到2.5mm左右。也就是说，相对于同尺寸的圆盘，上述方法可以将测量误差降低超过20倍。随着 ρ_{max} 的进一步增大，测量误差还有可能进一步降低。

对于式(9.6)对应的最优雷达反射体，距离测量误差 Δr_{err} 由给定 Q 值通过式(3.22)确定。因此，对于给定的距离测量误差，要满足所需要的干涉场抑制深度，在平均频率和最大距离上，最大的雷达反射体相对于第I菲涅耳区的归一化尺寸为

$$\sqrt{b} = \sqrt{\frac{2}{\pi}\ln\left[Q+\sqrt{Q^2-1}\right]} \tag{9.12}$$

式(9.12)对应的曲线如图9.6所示。

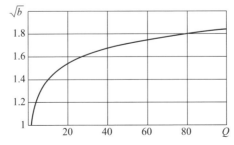

图9.6 归一化的最大雷达反射体尺寸与干涉场抑制深度的变化曲线

从图中曲线可以看出有一个特定的工作区间，在这个区间上最优雷达反射体尺寸只需要稍微增大一点就可以带来较为显著的干涉场抑制深度。

9.2.2 用于 FM RF 参数测量的测试台

测试台具备已有文献中描述测试台的主要构造特点，同时 CONTACT-1 公司开发测试台时使用了前面的雷达反射体计算方法，允许对测试台的主要参数进行必要的改进（以减少误差）并扩大功能性（以产生特定的干扰情况）。

测量测试台 MTB-1 安置在尺寸为 17m×8m×3m 的测试间内，如图 9.7 所示。因此，测试间的工作区长度为 16m。当在测试间工作区内任意一点移动标准雷达反射体时，测试间内的结构元件都可能产生强烈的不可分辨的干扰，故而将上述结构元件全部封闭在一种吸波材料内。吸波材料对于特定波长范围内电磁波反射系数可达 -30dB。

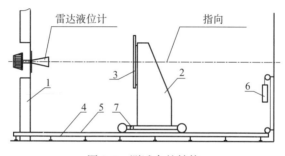

图 9.7 测试台的结构

测试台试验结果如图 9.8 所示。为了与已有的测试台相对比，试验中 FM RF 系统安装在特殊刚体柱上（图 9.7 中 1），标准雷达反射体（图 9.7 中 3）相对

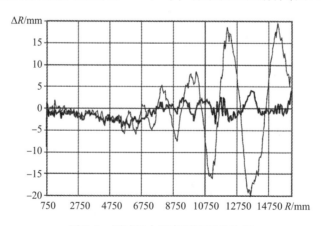

图 9.8 测试间内距离测量误差分布

于 FM RF 系统平稳移动，允许 FM RF 系统能够精确定位。雷达反射体借助轻型刚性小车(图 9.7 中 7)沿着导向管(图 9.7 中 4)移动，并由固定设施提供任意的测量距离。小车的所有结构元件都覆盖有吸波材料。

小车上面有一个弱散射柱，用于安装标准反射体。通过改变雷达反射体的位置来模拟不同的目标反射特性或者液位高度。标准雷达反射体的位置可以在 3 个平面上进行调整。此外，在测试间内还可以安装额外的雷达反射体，用于产生具有不同反射特性的干扰环境。

在导向管上方 1mm 处安装一个标尺(图 9.7 中 5)，用于确定到达雷达反射体的电气距离。标尺由与小车相连的砝码(图 9.7 中 6)拉伸，此时距离读数可以由小车上的游标秤(图 9.7 中 7)获取。上述测试间的设置能够允许标准雷达反射体的位置调整，相对于调整平面，误差不超过 0.2mm。

为了消除测试间内天花板和地面的镜面反射，需要采取特殊的措施。为此，天花板需涂敷吸波材料，同时小车前部也需要涂敷吸波材料以消除对电磁波的反射。

根据测距误差的分布，可以间接估计出测试间背景反射电平的降低程度。图 9.8 给出的是调频范围 0.5GHz 内根据液位计得出的测距误差分布曲线，图中细线为没有屏蔽低波束(地板的镜面反射)时的测量误差，粗线为屏蔽低波束的结果。

从图中可以看到，背景反射引起的误差还是相当大的，并且随着距离的分布并不均匀，因此在测量误差估计和调频射频校准时，必须考虑到这一点。

9.2.3 测量过程

在测试工业生产的 FM RF 系统时，所有的测试计量均要根据适当的标准程序来开展。主要测量误差是根据测量距离范围内 5 个均匀分布固定点的距离测量结果来确定。然而，上述过程并没有考虑到无线电测量中常出现的虚假背景反射情况。正如第 6 章中所指出的，在距 UR 固定距离的 SR 处，与真实距离误差相对应的曲线由 UR 和 SR 参数比值确定。由此可以得出，为了准确、无偏地确定主要测量误差，有必要在上述每个距离点上提供误差函数相对于步长 Δ 的测量值，该步长在不少于一个 ED 的周期内，小于 UHF 振荡器所对应波长的 1/8。根据误差曲线的振荡范围，可以准确地确定出 FM RF 系统的真实测量误差。

为了在测试台上完成上述测量，必须要有相应设备，以此来确定测量距离和测量结果，在这种情况下建议使用带有特殊软件的 PC。根据上述测量过程并使用适当的软件包，可以在计算机内存中固定所有必要的变量，从而获得后面提到的 FM RF 特定样本的结果数据。

9.3 减小虚拟干扰误差的试验研究

许多文献已详细研究了雷达系统中实际存在的干扰信号对频率估计误差的影响[5-8]。但是对于虚拟干扰的影响并没有进行充分分析,因此对于由虚拟干扰引起的实际误差水平的研究,以及减小这些误差的可能性的研究是有必要的。

9.3.1 波导测量测试台

为了消除无线电装置中常出现的虚假背景反射信号的影响,在波导测试台上利用液位计(BARS 351)进行试验研究,其中在液位计的发射机中加入衰减器以降低辐射功率。相应的测量测试台的结构框图如图9.9所示。

液位计与一个PC相连,PC中有特定软件用于根据加权DFS(差频信号)谱的最大值来估计测量距离。DFS来源于标准波导负载下反射电磁波。

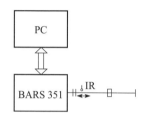

图9.9 测量测试台的结构

深度可调的引脚(图9.9,不规则)通过宽壁中的非辐射槽嵌入波导中,引脚在波导内的侵入深度可以通过反射系数模值 Γ 来进行标定。波导中槽的长度为800mm,它可以用来改变引脚沿着波导轴的归一化位置,在调频范围 9.55~10.05GHz 时,对应的最大归一化距离值为3.6。

9.3.2 减小虚拟干扰影响可能性的试验研究

图9.10给出的是距离估计误差随着引脚沿波导轴位置的归一化测量结果。结果对应的 $\Gamma = 0.1$,$q_{s/n} = 60\text{dB}$。

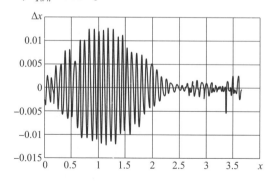

图9.10 AWP中频率测量归一化误差关于归一化距离的曲线的不规则性

距离估计误差随着 UR 和 SR 之间距离差变化的不规则性实际上与式(3.21)给出的理论误差曲线较为相似。

图 9.11 给出的是归一化距离估计随着反射系数模值的变化曲线，其中 2 条曲线分别对应沿着波导轴的两个固定标准引脚位置：

① $x_1 = b_1 = b_2 = 2.544$（粗线），此时给定的 AWF 零点与归一化干扰点相对应；

② $x_1 = 1.02$，$b_1 = b_2 = 2.544$（细线），此时给定的 AWF 零点与归一化干扰点不对应。

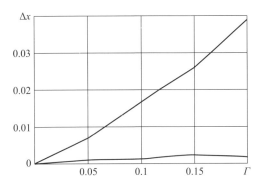

图 9.11　频率测量归一化误差随 AWP 不规则下反射系数模值的变化曲线

在上述两种情况下，估计误差实际上与反射系数模成正比。但是，给定 AWF 零点与归一化不规则位置的一致性能够减少距离测量误差，该测量误差由于组合干扰引起并与归一化不规则位置的特定值 $x_1 \approx 0.4b$ 相比有 7.2~19.5 倍的变化幅度，上述特定值对应着固定 AWF 零点位置下误差包络的最大值。

所得结果证实了数值试验结果和理论分析结果。由此可见，降低由于虚拟干扰背景引入距离估计误差的过程，包括结构上的 AWP（天线波导路径）选择和信号处理算法的选择，能够从根本上减少虚拟干扰特性变化导致的测量误差。

9.3.3　辐射功率对于虚拟干扰引起估计误差的影响

对于近程 FM 雷达这样的精密系统而言，在测量误差最小的情况下，如何确定最佳的辐射功率，使得测量误差最小是一个重要的研究问题。

通过与试验结果的比较，检验了理论结果的准确性。图 9.12 和图 9.13 给出了距离 D_x 估计相对误差与 AWP 相对距离的试验结果曲线，该曲线与理论结果（第 6 章）保持一致。

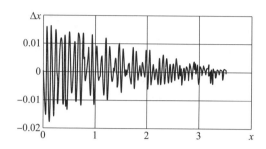

图 9.12　归一化测距误差随着 AWP 相对距离的变化曲线(辐射功率为 20mW)

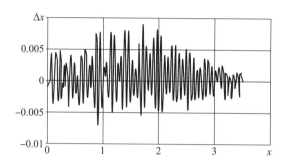

图 9.13　归一化测距误差随着 AWP 相对距离的变化曲线(辐射功率为 2mW)

从第 6 章可以看出，由虚拟干扰和伴随波动引起的测量误差明显与发射信号功率有关，通常是随着发射功率的减小而减小，这一点在图 9.12 和图 9.13 中给出的试验结果也得到了证实。我们都知道，辐射功率的最低电平一般由 SNR 决定，在探测平面时这个最佳的辐射功率一般为 1~2mW。

9.4　通过自适应加权函数减小测距误差的试验结果

7.4 节给出了在复杂干扰背景下减小测量误差的方法。然而在减小误差的理论分析中由于频率估计的不稳定性使得必须进行试验研究，来验证实际结果与理论分析的一致性。如前所述，这里的试验研究是在 9.2 节所给出的测试台上完成的。由于距离估计的不稳定性主要表现在固定干扰接近 UR 和 SR 的情况下，因此需要对这种情况进行试验研究。在这里，试验出现的差异包括这样一个事实，即由 AWP 中的不规则性(在这种情况下为 pin 管脚)形成干扰信号，该干扰信号处于一个固定距离处，该固定距离并不考虑设备输入和形成的不规则性之间的反射。有用的信号来自可移动的短路活塞，通过匹配负载代替可移动活塞对虚假的不规则电动距离进行估计。

接下来给出的试验结果是在约0.2倍干扰幅度下从可移动活塞反射的有用信号中获取的，试验中 $q_{s/n}=60\text{dB}$。

图9.14给出了使用Blackman WF时归一化距离测量误差随着短路活塞和管脚之间归一化距离的变化曲线，图9.15给出的是采用均匀WF的结果。

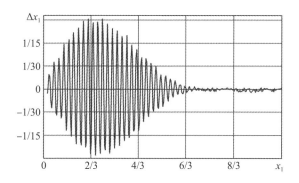

图9.14　Blackman WF下归一化距离测量误差的变化曲线

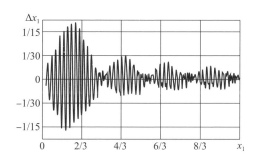

图9.15　均匀WF下归一化距离测量误差的变化曲线

图9.16显示了校正后距离估计误差的归一化函数，并且在频率估计的可能不稳定区域中限定校正系数(详见第7章)。

从7.4节中看出试验结果与理论结果具有很好的一致性。

将该方法应用于实际信号所得结果与已有的高分辨方法处理同一信号时得到的距离估计结果进行了比较，结果显示EV方法[9]获得的结果是最佳的。采用EV方法获得的测量误差随距离变化曲线如图9.17所示。

比较图9.16和图9.17可以看出，在干扰较小的情况下所提出的方法在距离测量误差方面不亚于EV方法，但在干扰和信号可分辨时，计算量和测量误差都会有所增加。

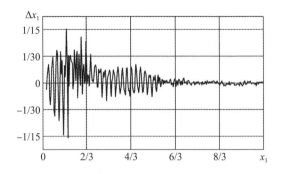

图9.16 校正后的归一化距离测量误差曲线

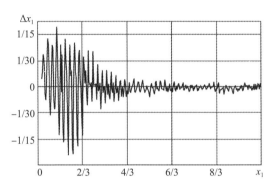

图9.17 采用EV方法获得的距离测量误差曲线

9.5 测试台上距离测量的参数化算法的试验结果

接下来要讨论的试验数据是使用由Ryazan仪器公司JSC Contact-1生产的FM RF BARS351获取的,所采用的FM RF系统调频范围为500MHz,算法测试通过差频处理完成,其中频率估计采用PSA(参数谱分析)方法。根据FM RF系统的测量数据,可以获得MLM算法、跟踪算法、"预测"算法的距离测量误差曲线,对应的载频调频范围为1GHz。

9.5.1 基于参数谱分析的算法

图9.18中实线显示的是基于EV方法的测试结果,其中SIR=6dB。利用上述两步法进行计算,试验参数设置为:修正协方差矩阵的维度$m=80$,模型阶数$p=8$,在DFS信号补零采样数为63K,模拟存储器底部的虚假反射体SR距离为15m,UR以步长3mm进行变化。利用式(8.34)计算相应的距离。通过

EV 伪谱的有用分量，接受离 FM RF 更近的频谱分量。

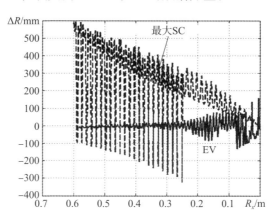

图 9.18　采用 EV 算法时瞬时测量误差随着反射面距离的变化曲线

图 9.18 中的点线给出的是利用式(3.4)算法得出的距离测量结果，通过对比可以看出，基于 EV 的测距算法能够从根本上减小测量误差，试验结果与模拟结果(图 8.14)吻合较好。虽然没有得出更大范围内 EV 方法的测量误差，但仍可以从图中看出随着距离的增大测量误差也会有增大的趋势。

图 9.19 给出的是基于 Prony 最小二乘法得出的测试结果，试验参数设置为：模型阶数 $p=44$，DFS 采样数为 128，$q_{s/i}=6\text{dB}$。UR 相对于 SR 以 3mm 的步长进行移动。测试条件不允许在每个距离上都进行多次 DFS 测量，因此为了减少由于 Prony 谱的虚假分量导致的一场误差，采用了以下步骤。对应测量距离的 SC 分量在 $R_{\min}<R_x<R_{\max}$ 的距离范围内搜索(这里的 R_x 是利用式(3.4)获取的距离信息，$R_{\min}$ 和 $R_{\max}$ 的值分别取 $0.95R_x$ 和 $1.05R_x$)。

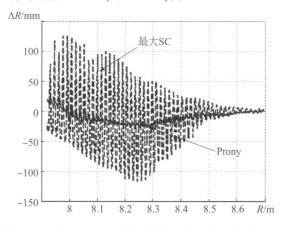

图 9.19　采用 Prony 最小二乘法时瞬时测量误差随着反射面距离的变化曲线

通过与算法式(3.4)得到的测距误差进行比较,可以得出以下结论:与算法式(3.4)相比,Prony 最小二乘法能够明显地降低测量误差。

9.5.2 基于最大似然估计的算法

第 4 章介绍了 MLM 算法的实现,这里有必要定义 FMRF 系统的相位-频率特性(PFC),图 9.20 给出了根据第 4 章方法计算出的 DFS 信号的典型 PFC。PFC 曲线的不规则性是由小强度 SR 引起的,这个小强度 SR 通常是由于存在测试间的特定以及测试间内各种反射引发的小强度虚假反射。

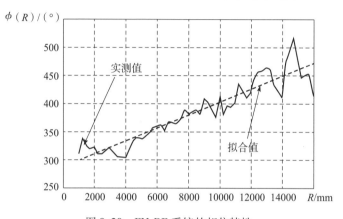

图 9.20 FM RF 系统的相位特性

图 9.21 给出的是单次 PFC 的距离测量误差结果,其他次的试验结果是类似的,不同之处仅在于 PFC 曲线的不同坡度以及存在某个位移值 $\Delta\phi$。

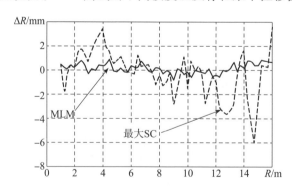

图 9.21 利用 MLM 算法时的瞬时距离测量误差曲线

进一步可以通过某些函数对 PFC 曲线进行近似,如图 9.20 给出的是利用最小二乘的直线近似结果。利用 MLM 得到的测距误差可以作为 PFC 近似的校正依据，PFC 近似误差不可避免地会导致截断测量误差的出现。

图 9.21 中的实线给出的是利用 MLM 法得到的距离测量误差，测试过程中雷达反射体直线运动的步长为 20cm。作为对比，图 9.21 中的点线为利用算法式(3.4)得到的测距误差曲线。

在利用算法式(3.4)时，同样由于测试间结构和各种发射的原因导致测量误差的增大。而利用 MLM 算法时则可以显著降低这些小强度发射引起的测量误差。图中 MLM 算法对应测量误差曲线的起伏是由于 UR 设置得不够精确导致的。通过对 MLM 误差曲线的进一步仔细分析，可以看出在超过 13m 的距离处会出现一个小的截断误差，原因是超过 13m 后对于 PFC 近似时会有一个小的误差出现。

9.5.3 跟踪测距仪的试验结果

跟踪测距仪的试验是通过测试台上装载 UR 的小车在离散点上的运动来完成测试。SR 固定安装在 UR 上方，同样覆盖在天线辐射方向图内。试验中通过改变 SR 的角度来改变其反射强度，进而提供可调的 SIR。图 9.22 给出了跟踪测距仪的典型试验结果，对应的测试条件设置为：$q_{s/i}$ = 2dB，SR 距离为 5.8m，试验中 UR 相对于 SR 运动步长为 3mm，系统调频范围为 1GHz。

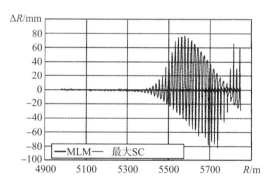

图 9.22 跟踪测距仪的测量误差曲线

在 IEZ 的边界处，可以利用跟踪算法获取 PFC 的估计 $\phi(R_{bound})$。

如图 9.22 所示，跟踪测距仪使测距误差大大减小，该试验结果与模拟结果也是保持一致的，即测量误差相比于算法式(3.4)或其他没有利用 DFS 相位信息的算法，误差降低约 82 倍。

9.5.4 "预测" 算法的试验结果

"预测" 算法的试验采取了与上面相类似的方式，但是 UR 连续平滑地运动。

针对进入 IEZ 之前的不同速度(可提供运动速度估计值),实现对液面下降或上升模式进行仿真。在处理算法中使用的是常速度的线性运动模型,测试结果以"预测"算法和算法式(3.4)差异曲线图的形式表示,IEZ 内的 SR 并没有设置在这些测试中,因此,可将算法(3.4)的测量结果作为标准值,并与"预测"算法的结果进行对比。图 9.23 和图 9.24 显示了类似的例子。在每个图中,给出了 IEZ 内部的具体阅读差异。

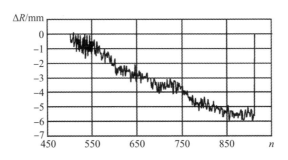

图 9.23　反射面下降运动速度为 10mm/s 时的仿真

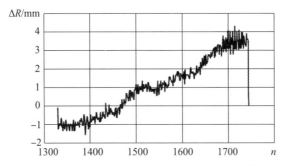

图 9.24　反射面升高运动速度为 10mm/s 时的仿真

在 IEZ 区间的出口处,由于反射器运动速度和估计值的不一致性,当从"预测"算法到式(3.4)算法转换时,由于误差累积而增加可以观察到曲线数值的跳跃。

分析结果表明,在实际应用中,"预测"算法处理结果的成功与否,取决于在入口前和入口内反射面变化速度的均匀性。

9.6　FMCW 雷达的实际应用领域

FMCW 雷达在实际应用领域相当广泛,特别是对以下特殊的情况场合:

①近距离或超近距离的目标测距；
②根据多普勒频移确定的径向速度进行目标测距；
③高精度的距离和径向速度测量；
④利用扫描天线测量目标角度；
⑤根据目标对距离变化的高度敏感性，测量目标细微的距离增量；
⑥获得对目标距离的高分辨能力；
⑦几百赫兹到几百千赫兹低频区域混频后的信号处理；
⑧相对较小的辐射功率；
⑨体积小、重量轻、功耗低。

正是由于自身所具有的上述特点，世界上有大量的公司在开发和制造 FM 测距仪，这些测距仪也被应用于许多实际的工程领域。下面简要介绍这些应用的特点，其中前面提到的算法和方法被实际采用并获得了显著的效果。我们并没有推荐特定类型的设备或者公式，主要考虑的原因是以下两点。

①我们不可能罗列世界上所有的公司，也不希望提到部分公司而忽略了其他公司。

②某些应用产品的部分信息是保密的，这些信息并不能在公开的文献中查询到。

在有些场合下需要确保高精度的测量，但是在另一些应用场合下高精度并不像低成本要求那么重要，它们与 FM 范围直接相关。利用前面描述的理论方法可以成功地解决这些问题。我们希望所考虑的理论问题能够帮助专家们解决实际问题，并在将来能够有效改进他们的设备。

下面分开来描述不同的应用场景。这里只讨论那些从文献中所熟知的问题。因为现代设备的发展速度如此之快，完全有理由相信还有一些尚未发现的新问题。

9.6.1 中小型的无线电高度计

无线电高度计是 FMCW 雷达最传统的应用场景，目前无线电高度计和垂直速度计在民用和军用航空航天设备中得到广泛的应用[11-13]。在这些设备中，FM 信号从飞行器垂直方向上向下辐射到地面，所需测量的是飞行器到地面的距离。反射信号返回飞行器被接收并处理，以获得飞行器高度和速度变化的信息。

因此，这种类型的 FMCW 系统能够解决以下问题：
①在复杂气象条件下，飞机和直升机在飞行至盲降的所有阶段的安全引航；

②确保在行星表面着陆时对空间设备进行自动控制,并确保各种飞行器的安全连接;

③无人飞行器的飞行姿态自动控制;

④各种工业应用中的高度测量。

很明显,这些问题中的每一个都对测量精度、操作速度和其他特性有单独的要求。

测量的准确性和可靠性取决于辐射表面的特性。一般来说,对平面可以得到最好的结果。表面的不规则(如丘陵或森林)都会导致误差。被测表面如果包含各种结构,如高楼大厦、输电线高塔、山丘和山等,也会导致测量结果的失真。只有在水平飞行或与这种情况有很小的偏差时才能得到正确的结果;否则,尤其是在平面上,反射信号可以通过但没有被天线接收到。当在相对较高的高度上飞行时,这些误差并不是很关键。当飞行器着陆对测量精度的要求越来越高时,表面通常要求具有均匀的特性和平坦的外形(机场的着陆场)。直升机在未事先准备好的地方着陆时,必须确保车轮正下方的表面高度大致相同。因此,在这种应用场景下,并不希望对地面进行整体检查来获得相同的平均结果,重要的是借助3个测量设备或通过天线方向图的扫描来详细获取着陆3个点的测量值。

9.6.2　无线电近炸引信

这种设备纯粹用于军事用途,目的是激活爆炸性粒子,使其落入天线方向图中,用于破坏目标。激活的时机是近炸引信与被摧毁物体(如飞机或导弹)的距离达到最小距离。这种雷达通常也被称为最后一英里雷达,即当导弹的地面制导系统关闭时,导弹内部的雷达启动并控制导弹最后的运动。最初,这类雷达用于激活高射炮炮弹或炸弹,此时近炸引信的天线方向图形状通常需要与弹壳爆炸后碎片的散射锥形相吻合。在某些情况下,除了距离测量外,还需要测量目标相互接近时的径向速度,此时FMCW雷达也可以很好地解决这些问题。实际应用中,近炸引信通常都要求尽可能地简单、便宜,但具有较高的可靠性,对测量精度要求不高,但是对测量速度和可靠性要求较高。关于此类设备的更详细特征通常是设备所特定的,在许多文献中没有阐述。

9.6.3　导航雷达

FMCW雷达可作为导航雷达使用,作用距离一般为几公里[15]。在能见度较差的情况下,测量港口内任何物体的距离和相对速度通常都存在问题,但是此时利用FMCW雷达在近距离,几十到几百米范围内应用时却十分有效。重要的问题是在大型船只停靠或通过船闸时测量到船壁的距离。除了大型船只航行外，游艇和小艇也需要在能见度较差的条件下航行[16]，因此这些需求催生了一大批小型 FMCW 雷达。

导航雷达通常都是具有调频功能的宽带设备，可实现目标的高分辨，允许目标分辨率不小于 1m。导航雷达工作频率通常在 10GHz 左右，电磁辐射一般不超过移动电话的辐射水平，因此该雷达的有效作用范围约为 20nmile（1nmile ≈1.85km）。

需要注意的是，在所有导航问题中，不仅要测量到障碍物的距离，还要测量相互接近的速度。

9.6.4　交通雷达

这类 FMCW 雷达有两种：第一种由雷达组成，用于监测道路状况和交通控制[17-18]。这种雷达安装在公路的一侧或上方，作用距离通常为几十米，可以获取通行汽车的数量，并利用测量数据计算出车流量和平均速度等信息。

第二种由多个雷达组成，以确保以下几点：

①运输车辆在高速公路上的安全行驶；
②接近另一辆车时的有效制动；
③汽车驾驶和停车便利化；
④相邻车道的监控；
⑤跟随前方车辆的移动、自动停止和启动。

有些雷达只能完成上述某个任务或能同时完成数个任务。对于上述任务，雷达发射的 FM 信号通常在 24GHz 和 77GHz 两个频段范围内。为了获得所需要的距离分辨率，雷达信号的调频范围通常在 1.5~2GHz 之间。相对而言，24GHz 频段的器件价格要更便宜些。在 77GHz 频段，更为先进的设备被称为自适应巡航控制（ACC）。

FMCW 雷达通过提供障碍物探测、距离测量、障碍物接近速度及其角度测量来确保车辆的安全行驶。为了能确定目标的角度，FMCW 雷达天线必须具备波束扫描能力，同时必须确保能测量汽车周围 360°的空间。为了实现这一点，汽车上需要安装多个雷达，每个雷达只解决部分区域的探测问题，因此最小的雷达组合是由 4 个 FMCW 设备组成[19]的。

前雷达天线波束呈针状，宽度为几度，作用距离为 300~400m，最小距离为 20~30cm。这种前雷达的天线波束连续扫描前方的空间，提供障碍物检测、距离测量和接近速度测量等功能。根据雷达测量数据，当确定有碰撞危险时会产生警告信号，必要时会启动车辆制动系统。

后雷达也是一个针状的天线波束,完成与前雷达相同的任务。此外,当汽车停车和倒车时,后雷达还有一个额外的任务是探测汽车后方周围的圆形区域。在这一点上,后雷达需要检测汽车后方从 20~30cm 到 2~3m 的距离范围。

两个侧面雷达检查车辆侧面的区域,距离大约为 10m,宽度范围与车辆有关,通常在 10°~20°范围内。关于这些侧面雷达天线波束方向的选择,主要是用来检测由于车辆结构特点而驾驶员无法观察到的盲区。

这类雷达的天线尺寸通常都很小,因此可以较为容易地安装在汽车车身所需的位置。

9.6.5 液位计

液位计是用来测量各种蓄水、燃料和油罐内液位高度的装置。在液位计的帮助下,可以进行各种物品的技术和商业核算。这其中的雷达液位计是许多工业领域里重要的测量设备,如石油开采、运输、加工、制造以及在高压、宽温度范围内不同类型液体、黏性和自由流动物质的测量[20]。通常,这种液位计安装在专门生产的舱口盖或已经提前设计过的存储容器的盖上,雷达天线则导入舱口内。如果储液罐内存在高温或冗余压力,就需要一个额外的装置来进行密封。

雷达天线方向图的宽度通常限制在 10°~12°之间,天线波束指向严格垂直于储罐内液体的表面。FMCW 雷达测量天线边缘(校准后作为距离测量的起始点)到液体表面的距离。因为储罐底部到 FMCW 雷达天线的距离是已知的,所以可以很容易地根据到液面的距离计算出液位高度。

此时,对于液位计而言,距离测量误差就是一个很重要指标。通常,根据液位计的应用和安装位置,绝对误差的值从几毫米到几十毫米不等。

世界各地有数百家公司都生产此类设备,它们的产品覆盖不同的频率范围,如:5~6GHz、9~11GHz、24~27GHz、76~77GHz 及 96~98GHz,相应的调频带宽有从 500MHz 到 2~3GHz 不等。

正如前面所示,这些设备的工作参数能够满足在无干扰理想条件下液位测量的误差要求。然而实际情况是在储罐中存在着大量的虚假反射信号,那么前面所讨论的方法能够实现不同干扰情况下的测量误差要求,或者是在较小的调频带宽内实现所要求的测量误差,这反过来能够降低设备的复杂性和实现成本。

9.6.6 冰雪覆盖层厚度计

这种设备通常也称为冰层测量仪,一般用于以下情况:
①在北极、西伯利亚、阿拉斯加、加拿大北部和欧洲地区修建冬季的冰上

公路和冰上机场,以及在结冰的河流上修建临时桥梁;

②冰霜和其他制冰系统;

③水电站大坝附近冰盖厚度的监测;

④完成冰上救援任务;

⑤冰层障碍物监测和冰剖面研究;

⑥渔业安全与质量改进;

⑦世界上新的冰资源估计;

⑧特定地区的雪量估算及可能融雪的情况预测。

上述所有情况都需要地面车辆(如汽车、全地形车、汽车雪橇、拖拉机)或者人为驾驶直升机或飞机,进行紧急、可靠、非接触、连续的冰层厚度测量和冰下环境特性的测定[22-23]。此外,在此类调查中,有必要报告先前的测量结果,并具有一系列其他用户功能,以提高可靠性和工作舒适性。冰层厚度测量时不管冰层测量仪如何运动,其发射的FMCW信号方向必须严格与冰面方向保持垂直。通过接收到的反射信号谱,对上、下冰层边缘的反射信号进行最大值检测,并根据其延迟时间的差异计算出冰层厚度。此外,从上下冰层边缘反射信号振幅的关系还可以确定冰下的环境特征。同理,也可以测量雪的厚度。

相应地,冰层厚度测量的范围从5cm(即人可以在冰上行走的点)到几米。测量仪器的工作频率通常不超过10GHz,这是因为较高的频率在冰中有很强的衰减,较低的频率会导致天线尺寸较大。设备工作时的调频带宽是由最小冰层厚度下所需的分辨率确定的,一般可达到2~3GHz。

9.6.7 调频地质雷达

采用FMCW信号的测距仪也可以被用作地质雷达。此时设备主要执行以下任务[24]:

①寻找可能的考古学遗骨和遗骸;

②初步调查公路、铁路、飞机跑道、各种大型建筑和其他建筑的基本设计;

③采矿业中二次破坏和滑坡等的危险诊断;

④地下室、地下通廊、地下隧道等的定位;

⑤确定管线和墙壁的位置,并搜索空隙、地下水和水孔;

⑥军事系统中的地雷搜索。

通常情况下,上述装置可在40~50m深的地面下发现不规则情况,工作频率带宽一般不超过1.5GHz,发射天线向地面辐射FMCW信号,接收天线接收地下不规则处反射的信号，经过放大和转换后，通过频谱变换进行检测，处理结果呈现在显示器上。地质雷达通常利用小车在地面上移动，在显示器上呈现地下结构剖面，可用于确定不规则层的位置、大小和大致形状。

9.6.8　大气感知雷达

大气湍流、不同空气层（含有大小不同的粒子、水蒸气和小水滴等）会引起大气介电常数的不规则性，而利用 S 波段的电磁波信号能够较好地感知大气的不规则性[25-26]。此时，反射信号是不同大气折射率引起的相干反射信号，以及由昆虫、鸟类、灰尘和其他物体的瑞利反射（物体大小尺寸远小于波长）信号的组合。根据不同的应用条件，昆虫的瑞利反射可以作为晴空观测的干扰源，也可以作为透明空气层观测的有用因素。FMCW 雷达具有良好的空间和时间分辨率，能够分辨昆虫，也能够很好地区分大气中粒子和周围清新的大气。在这种雷达中，通常使用两根天线来提高对大气观测的灵敏度，一个天线垂直向上发射 FMCW 信号，另一个天线用于接收反射信号。

9.6.9　大地测量学研究用的测距仪

在大地三角测量中，需要在适当的位置安装无源反射器（如 V 形反射体），然后利用 FMCW 雷达以要求的测量精度进行距离测量[14]。

此外，FMCW 雷达还可用于观察冰川活动和可能出现的山体雪崩。此时，角反射器需要从直升机或飞机上扔到地面，然后在邻近的山坡或山顶上安装 FMCW 雷达，FMCW 雷达连续测量获得角反射器的距离，并通过无线方式自动传输测量结果，从而获得监测面的运动动态。

通过类似的方式，人们还可以监测高层建筑的墙壁或高塔的自然位移。所有这些测量都是全天候的，即使是完全无能见度的条件。

9.6.10　鸟类观测雷达

这类 FMCW 雷达可用于预防鸟类在机场和航线上与飞机相撞，或者是防止鸟类撞击风力发电塔的叶片，或者是观测鸟类迁徙用于鸟类和栖息地研究[27-28]。目前，这类 FMCW 雷达通常工作在 S 波段或者 X 波段，并采用多普勒处理，可以在三维模式下提供 24h 不间断的鸟类监测。如果是用于机场的鸟类预警，那么这类 FMCW 雷达需要具有 4~8km 的作用距离，2m 的距离分辨率，并具有水平和垂直两个极化通道，能够自动识别不同种类的鸟。通常，当某个鸟群或单只鸟被雷达发现并确定其位置后，它们后续运动的方向、速度和运动轨迹将被连续跟踪和记录，用户可以通过无线或互联网等方式获得这些信息。此外，在建设风力发电厂时，专家也可以利用鸟类观测雷达获取的信息作为生态环境规划的部分依据。同时，风力发电厂的工作人员也可以利用FMCW雷达更好地观测鸟类的活动对风力发电厂的影响，并在必要的时候停止风力机或启动驱鸟手段。

9.6.11 细小位移计

这种设备通常用于各种机械零件的振动测量，它们可以在工作模式、高温和压力等发生显著变化时或者在腐蚀环境下通过非接触方式测量振动参数[14]。

振动测量最灵敏的方法是相位法，但是直接测量超高频振荡相位是非常困难的。同时，如第1章所说的FMCW雷达的相位信息woty是包含在混频器输出的差频信号中，当振动的位移达到雷达信号的半个波长的长度时，差频信号的相位就改变360°，这基本上简化了测量的难度。例如，当雷达波长为8mm时，差频信号相位变化1°就对应着振荡位移为$10\mu m$。

9.6.12 安全系统

这类FMCW雷达广泛应用于军事或民用领域的各种警戒系统中，用于警戒区域周边及其内部的整个区域监视[29]。FMCW雷达具有体积小、重量轻、辐射功率小，易于在静止背景中检测运动目标并确定其坐标等优点，因而非常适合建立安全和防御系统。

这类安全防御系统种类繁多，有便携式、移动式和固定式，它们能够检测监控区域内的移动或固定物体，然后产生音频报警信号，并通过无线信道传输该报警信号。

通常，这种警戒雷达具有高分辨能力，还可以自主模式工作或嵌入复杂的警戒系统中。他们也有可能会对目标进行分类，并在地图上以一个单独符号来显示当前的态势。当然，可以将这种雷达与其他传感器，如热成像仪或摄像机组合起来使用以达到更好的效果。

通常，雷达工作在X波段，辐射功率仅为几百毫瓦。根据雷达特性和目标类型的不同，探测距离可以从几百米到几十公里不等，相应地测距误差为2~10m，速度误差为0.3~1.5km/h。同时，为了提高系统工作的可靠性和抗干扰能力，雷达采用连续调频的工作方式，因此雷达可以在几十个频点中随机选择当前的工作频率。

由于系统内置了GPS模块和指南针，所有雷达的测量结果都可以转换到统一的坐标系中。

9.6.13 机器人导航和绘图系统

货运车辆或特殊用途车辆中使用的机器人系统，如地面日常机器人、工业机器人或特定机器人、有人或无人飞行器、军用飞机、制导导弹以及外层空间作业机器人等。这些机器人车辆的参考信息可以由特定的无线电信标、导航系统和地图数据提供，也包括那些以数字形式记录在专用处理器和存储设备中的信息。通常，导航机器人雷达的工作频段选取在9.4GHz（脉冲雷达）、77GHz和94GHz（地面或航空的毫米波FMCW雷达），机器人自主导航系统的工作范围一般在几米到几百米之间。

根据机器人系统的具体应用，实际导航的实现可以是基于GPS、当地景观（明显的参照物）和清晰地图。因此，在使用机器人系统时，核实过期地图并找到新的地图就非常重要，许多研究（如文献[30]）最近都致力于解决这个问题。利用安装在机器人上的FMCW雷达和其他传感器（可见光和激光）来实现机器人的自主导航具有重要意义，这种雷达通常可以提高测绘和导航性能，也能提高机器人定位跟踪性能。

地面、航空和天基系统在距离和角度上对于分辨率的要求有着本质的区别，地面导航系统（如路上的标准运输车辆）的导航精度要求在米级以内，而对于高速运动的航空或空间目标而言，其精度要求要严格得多。

FMCW雷达是机器人车辆不可或缺的组成部分，其可以探测到光学和激光等系统无法探测的部分环境。在这种雷达系统中，地面设备的工作距离一般从小于1m到几百米，而航空系统中则需要数公里的距离范围。

9.7 小 结

本章主要研究了FM RF系统中保证正确误差估计的可靠性问题，给出了用于精密测量的最小尺寸标准雷达反射体的合成过程，表明使用特殊形状的反射体是十分必要的。通过研究反射体尺寸和形状对测量误差的影响，表明允许电动距离与特定几何距离相对应（在相应的允许误差下）的最小反射体尺寸应大于FM RF系统最大距离处两个菲涅耳区的长度。对于实际应用，建议构建相当容易实现的测试台。

本章也开发、制造了测量FM RF参数的测试台，并作为一种测量手段进行了验证，该测试台具有很强的通用性，可以模拟各种实际情况，同时测试台上的试验结果证实了所提出方法的适用性。

因为虚假反射点会导致测量结果的畸变，因此本书所提出的测量方法是考虑了虚假反射点而设计的，因此有更强的适用性。同时对上述许多算法都进行了试验研究，与理论分析和数值模拟结果具有很好的一致性，也验证了所提出算法的正确性。最后简要介绍了FMCW雷达可能的应用领域。

参考文献

[1] Emerson, S., "Improved Construction of Anechoic Chamber," TIIER, No. 8, 1965, pp. 1227-1229. [In Russian.]

[2] Markov, G. T., and D. M. Sazonov, Antennas, Moscow: Energia Publ., 1975.

[3] Patent 2207676(Russian Federation), INT. CL. H01Q 15/14. "Plane Radar Refltor," V. M. Davydochkin. No. 2002111035/09. Bull. No. 18. Filed April 24, 2002; published June 27, 2003.

[4] Patent 2298770(Russian Federation), G01S 13/14. "Work-Bench for Adjustment and Testing of Radar Level-Meters," B. A. Atayants, V. M. Davydochkin, V. A. Bolonin, V. V. Ezerskiy, Yu. V. Masalov, S. A. Markin, and D. Ya Nagorny; published May 10, 2007.

[5] Parshin, V. S., V. M. Davydochkin, V. S. Gusev, "Compensation of Spurious Reflctions' Influence on Distance Measurement Accuracy by FMCW Range Finder," Digital Signal Processing and Its Application. -Proceedings of RNTORES Named after A. S. Popov. No. 5, Moscow, Vol. 1, 2003, pp. 261-263. [In Russian.]

[6] Parshin, V. S., "Tracking Frequency Meter of the Beating Signal of the Radio Range Finder with Frequency Modulation of Radiated Signal," Digital Signal Processing and Its Application. -Proceedings of RNTORES Named after A. S. Popov. No. 10, Moscow, Vol. 1, 2008, pp. 395-398. [In Russian.]

[7] Patent 2410650(Russian Federation), INT. CL. G01F 23/284, G01S13/34. "Method of Material Level Measurement in a Reservoir," B. A. Atayants, V. S. Parshin, V. V. Ezerskiy. Bull. No 3. Filed November 1, 2008; published January 27, 2011.

[8] Parshin, V. S., and A. A. Bagdagiulyan, "Distance Measurement to Material Level in a Reservoir at Presence of Spurious Reflections Exceeding the Useful Signal in Intensity," Digital Signal Processing and Its Application. -Proceedings of RNTORES Named after A. S. Popov. No. 8, Moscow, 2006, Vol. 1, pp. 306-308. [In Russian.]

[9] Parshin, V. S., and V. V. Ezerskiy, "Application of Algorithms of Parametric Spectral Analysis at Distance Measurement with the Help of Radar Range Finders with the Frequency-Modulated Signal," Digital Signal Processing and Its Application. -Proceedings of RNTORES Named after A. S. Popov. No. 7, Moscow, 2005, Vol. 1, pp. 234-238. [In Russian.]

[10] Johanngeorg, O., "Radar Application in Level Measurement, Distance Measurement and Nondestructive Material Testing," Proc. of 27-th European Microwave Conference, September 8-12, 1997, pp. 1113-1121.

[11] Patent 4456911 USA, INT. CI. G01S 13/88, G01S 13/00, G01S 13/04, G01S 13/34. "Frequency Modulated Continuos Wave Altimeter," C. F. Augustine. US 06/198, 600; Filed Oct. 20, 1980; date of patent June 26, 1984.

[12] http://www.barnardmicrosystems.com/ME4%20fles/download/DSTO-TR-1939_PR.pdf.

[13] Patent 4456911 USA, IPS8 Class AG01S130FI. "High integrity radio altimeter," W. Devensky. No. 20090289834. Filed Jct. 20, 1980; date of patent November 26, 2009.

[14] Komarov, I. V., S. M. Smolskiy, Fundamentals of Short-Range FMCW Radar, Norwood, MA: Artech House Publishers, 2003, 289 p.

[15] http://www.simrad-yachting.com/en-US/Products/NSS-Touchscreen-Navigation/NSS12-Navigation-Pack-en-us.aspx.

[16] Navico Broadband Radar BR24. Installation Manual.

[17] Moldovan, E., S. Tatu, T. Gaman, R. Wu K. Bosilio, "New 94-GHz Six-Port Collision-Avoidance Radar Sensor," IEEE Trans. on MTT, Vol. 52, No. 3, 2004, p. 751.

[18] Gresham, I. et al., "SHF-Wideband Radar Sensor for Short-Rang Vehicle Applications," IEEE Tran. On MTT, Vol 52, No. 9, 2004, pp. 2105-2122.

[19] R. Kulke, C. Gunner, S. Holzwarth, J. Kassner, A. Lauer, M. Rittweger, P. Uhlig, P. Weigand, "24 GHz Radar Sensor Integrates Patch Antenna and Frontend Module in Single Multilayer LTCC Substrate," EMPS 2005, June 12-15, Brugge, Belgium.

[20] Weib, M., and R. Knochel, "A highly Accurate Multi-Target Microwave Ranging System for Measuring Liquid Levels in Tanks," IEEE MTT-S International Microwave Symposium Digest, Vol. 3, 1997, pp. 1103-1112.

[21] Baranov, I. V., V. V. Ezerskiy, A. Yu. Kaminskii, "Measurement of the Thickness of Ice by Means of a Frequency-Modulated Radiometer," Measurement Techniques, Vol. 51, No. 7, 2008, pp. 726-733.

[22] Yankielun, N., W. Rosenthal, and R. Davis, "Alpine Snow Depth Measurements from Aerial FMCW Radar," Cold Reg. Sci. and Tech., Vol. 40, No. 1-2, 2004, pp. 123-134.

[23] Marshall, H. P., and G. Koh, "FMCW Radars for Snow Research," Cold Regions Science and Technology, Vol. 52, 2008, pp. 118-131.

[24] http://www.ks-analysis.de/groundpenetratingradar/contact.htm.

[25] http://keycom.co.jp/eproducts/pbr/pbr72/page.html-meteo-radar.

[26] Ince, T., "FMCW Radar Performance for Atmospheric Measurements," Radioengineering, Vol. 19, No. 1, 2010, pp. 129-135.

[27] http://www.robinradar.com.

[28] http://www.airporttech.tc.faa.gov/Safety/Downloads/TC-13-3.pdf.

[29] http://www.army-technology.com/contractors/navigation/at-communication/pressatfmcw-radar-solutions.html.

[30] Adams, M., J. Mullane, E. Jose, and Vo Ba-Ngu, Robotic Navigation and Mapping with Radar, Artech House. 2012. ISBN 978-1-60807-482-2.

结束语

本书所讨论内容涉及采用近程 FM 雷达技术的各种不同设备在实际中的应用。特定的应用需求鼓励着作者，围绕实现高精度距离测量的可行性展开深入、细致的研究，不管是基于理想条件还是存在各式各样的非稳定性影响因素。

非常明显的是，在理想条件下，基于任何一种 QI 平滑方法，足够小的测距误差都是可获得的。有时，它们可通过对窗函数的选择或是当距离变化时自适应调整窗函数参数来实现。针对不大于 ED 值的微小距离而进行的测量最为复杂，通过对 FM 参数的优化处理可以获得较好效果。适宜的方法是调整 UHF 振荡器的频率调谐范围，以使对称三角波调制的单个周期内 DFS 的周期数为整数。此时，DFS 表现为一个连续正弦信号而不会出现相位跳变。使用该 DFS，对任意的 QI 平滑方法总是能够获得很好的性能。在此基础上再基于对多次测量结果进行平均处理，以平滑因慢 FM 而产生的 DFS 相位变化，可以使测量误差降低约一个数量级。不幸的是，作为必须付出的代价，需要增大 SHF 振荡器的工作频率带宽以及额外的处理时间。总之，可以明确指出的是，当前这种实质上已达到的测量精度可以满足工业应用需要。

尽管如此，上述结果只能在理想线性 FM 情况下获得。SHF 振荡器调制特性对线性调制率的偏离会显著恶化该方法的距离测量精度。当然，在有些情况下，即使在非线性调制率下也是有可能获得一个好的估计精度的。此时，要么是基于这种非线性调制特性对调制电压进行预失真处理，要么是基于调制特性的非线性特征参数对测量结果进行事后校正，又或者是将这种非线性影响直接折算到距离计算中。消除 MC 非线性特性的最彻底方法是在载波 FM 信号产生时直接应用数字频率合成技术。

造成距离测量精度降低的最重要因素是噪声和各种伪反射信号。

抑制噪声影响的方法已广为人知，因此本书对此甚少提及。唯一的例外是最大似然法的部分，它可使测距误差噪声分量的方差得到显著的削减。

伪反射信号存在背景下如何获得高测量精度才是最重要的问题。实际应用中，多种因素会导致这些伪反射信号的产生。它们都会对测量精度产生影响，作用机理既包括引起 DFS 谱或其形状的失真，又包括对振荡器谐振系统产生影响以及使混频器产生组合频率分量。为此，相应的各种应对方法也应运而生。基于测量结果对窗函数形状进行调整和校正是一种具有较大潜力的方法。在测量过程中对伪反射信号或其所在位置进行补偿处理，结合使用其他最适宜处理方法以及镜像频率鉴别方法，其有效性已得到验证。在有些场合中，采用最大似然或其修正算法可以达到较好效果，举例来说，正如书中已有描述，在靠近伪反射体的误差增加区，跟踪信号函数的某个谱瓣是可能的。跟踪结果对应待测参数的真值，可以保证充分削减测量误差。在大部分应用场合，使用一种方法完全消除伪反射信号的影响是不可能的事情，需要组合使用多种方法。不同方法或其组合对应使用在不同的测量或 DFS 处理阶段。

可能有一些公司使用过冠以各种花哨名字的上述方法或是它们的改进版本，甚至可能已获得过相关专利。这些名称之下的具体算法内容，我们无法猜测到，但是我们自己分析过这些专利声明并动手仿真合成了相应的算法。大部分情况下，这些算法都是启发性的，有时会附以严格或者近似性的理论分析。若有读者从我们的一些解决方案发现了自己的算法并阐明他们的理论依据，我们在此一并致谢。任何时候，当我们获知俄罗斯或是任何其他国家的文献中提到过相关内容，一定会将其加入参考文献之中加以标注引用。

本书所述的很多方法和算法均已获得发明专利授权并已在 BARS 的系列型号液位仪设备中得到过工程实现。

我们知道，本书并未完全涵盖和解决所有可能问题。我们的目标是将它们之中最为显著和最为重要的那些指出来，并且向大家证明，一个人是可以开发出现实可用且性能可接受的方法的。我们深知，当前该领域还存在很多尚未解决的问题，特别是在抑制干扰影响、降低算法外部条件敏感性、降低功耗、提升结构技术以及降低设备成本等方面。

诚挚欢迎所有感兴趣读者对本书内容的反馈，期望我们的工作能为读者解决实际或理论问题带来帮助，同时也期待本书能够鼓励读者研究和发展各种非标准解决方案。

附录
用于谐波分析及相关问题的窗函数

窗函数并非谱分析所独有的工具，它们广泛应用在诸多问题中，且可以通过通用数学方法加以研究。

通过对窗函数的使用，在数字信号处理过程中，噪声和干扰背景下信号频率与幅度估计误差可得到降低。与此同时，无论是在 FMCW 雷达测距仪高精度测量还是其他问题的解决中，谱密度函数主瓣宽度固定且旁瓣电平最小以及特定谱密度旁瓣电平衰减速度的窗函数都具有重要的应用潜力。

我们将那些可通过参数调整获得指定谱特性的窗函数称为自适应窗函数（AWF）。关于 AWF 特性以及获取 AWF 的方法可参考文献[1-2]。

A.1 AWF 的解析表达式

为了消除可分辨干扰信号背景下信号分量频率和幅度测量误差，需要使用波形参数可调的窗函数。设计确定该窗函数参数需要依据以下准则，即在每个信号分量对应频率上，其他环境信号（即伪反射信号分量）的谱密度及其给定阶数的导数均为 0。为此，需要求解下式所述方程组的非平凡解，即

$$\begin{cases} S(x, b_1, \cdots, b_N) \big|_{x=b_1,\cdots,b_N} = 0 \\ \dfrac{\mathrm{d}}{\mathrm{d}x} S(x, b_1, \cdots, b_N) \bigg|_{x=b_1,\cdots,b_N} = 0 \\ \qquad\qquad \vdots \\ \dfrac{\mathrm{d}^{(N-1)}}{\mathrm{d}x^{(N-1)}} S(x, b_1, \cdots, b_N) \bigg|_{x=b_1,\cdots,b_N} = 0 \end{cases} \quad (A.1)$$

式中：$\dot{S}(x) = \int_{-\infty}^{\infty} w(t) u(t) \exp(-\mathrm{j}2\pi x t) \mathrm{d}t$ 为谐波和干扰混合信号的加窗谱密度

函数；混合信号 $u(t)=\sum_{1}^{N_s}U_i\cos[\phi_i(t)+\Phi_i]+\eta_i(t)$ 的持续时间为 T；加权窗函数 $w(t)$ 具有对称性，窗函数中心位于时间间隔 T 的中心且仅在该时间间隔内取值；$x=\omega T(2\pi)^{-1}$ 和 $t=t_{abs}/T$ 分别为归一化信号频率和归一化时间；U_i 和 Φ_i 分别为第 i 个信号分量的幅度和静态相位；$\eta(t)$ 为噪声；b_i 为谱密度函数及其导数等于 0 的那些点对应的归一化频率值。

考虑使用离散窗函数对信号谱进行加权的情况，假设模/数转换过程等间隔采样和无量化误差。在此前提下，可以认为截断误差仅与离散信号的傅里叶变换算法自身有关。

由于在上述假设下信号的谱形状与所用窗函数一致，基于给定频率下窗函数谱进行处理就足以解决问题。离散窗函数由利用冲激函数 $\delta(t)$ 的门特性对连续窗函数采样得到，由此获得以 $T_d=T/M_0$ 为离散时间间隔的时间区间 T 上的 M_0 个等距离采样窗函数取值点。

为了尽可能地消除截断误差，引入下面的函数类，即

$$w(t,b_1,\cdots,b_N,M_0)=\left[1+\sum_{n=1}^{N}C_{sn}(b_1,\cdots,b_N)\cos(2\pi nt)\right]\times$$

$$\sum_{m_0=1-0.5M_0}^{0.5M_0}\delta[t-(m-0.5)T_d] \quad (A.2)$$

$$w(t,b_1,\cdots,b_N,M_0)=\frac{1}{K}\left\{\cos(\pi t)+\sum_{n=1}^{N}C_{cn}(b_1,\cdots,b_N)\cos[\pi(2n+1)t]\right\}\times$$

$$\sum_{m_0=1-0.5M_0}^{0.5M_0}\delta[t-(m-0.5)T_d] \quad (A.3)$$

式中：$C_{sn}(b_1,\cdots,b_N,M_0)$ 和 $C_{cn}(b_1,\cdots,b_N,M_0)$ 为未知待确定系数。

式(A.2)和式(A.3)的傅里叶变换可表示为具有相同系数项的无穷次可微的两个函数积，即

$$S_s(x,b_1,\cdots,b_N)$$
$$=\frac{\sin(\pi x)}{M_0\sin(Mx)}\times\left[1+\sum_{n=1}^{N}C_{sn}(b_1,\cdots,b_N)\cos(n\pi)\frac{2\cos(nM)\cdot\sin^2(Mx)}{\cos(2nM)-\cos(2Mx)}\right]$$
$$(A.4)$$

$$S_c(x,b_1,\cdots,b_N)=\frac{-\cos(\pi x)\cos(Mx)}{0.5M_0K}\left\{\frac{\sin(0.5M)}{\cos(M)-\cos(2Mx)}+\right.$$
$$\left.\sum_{n=1}^{N}C_{cn}(b_1,\cdots,b_N)\cos(n\pi)\frac{\sin[M(n+0.5)]}{\cos[M(2n+1)]-\cos(2Mx)}\right\}$$
$$(A.5)$$

式中：$M = \pi/M_0$。

忽略那些复杂晦涩的中间推导变换过程，直接给出式（A.1）所示非约束系统的通解。

当 $N \geq 2$ 时，由式（A.1）可求出系数 $C_{sn}(b_1, \cdots, b_N, M_0)$ 和 $C_{cn}(b_1, \cdots, b_N, M_0)$ 分别为

$$C_{sn}(b_1, \cdots, b_N, M_0) = \frac{(-1)^{n+1}}{\cos(nM)} \cdot \prod_{i=1}^{N} \left[\frac{\cos(2nM) - \cos(2b_i M)}{2\sin^2(b_i M)}\right] \times$$

$$\prod_{\substack{k=1 \\ k \neq n}}^{N} \frac{1 - \cos(2kM)}{\cos(2nM) - \cos(2kM)} \tag{A.6}$$

$$C_{cn}(b_1, \cdots, b_N, M_0) = \frac{(-1)^{n+1}\sin(0.5M)}{\sin[(n+0.5)M]} \times \prod_{i=1}^{N} \left\{\frac{\cos[(2n+1)M] - \cos(2b_i M)}{\cos(M) - \cos(b_i M)}\right\} \times$$

$$\prod_{\substack{k=1 \\ k \neq n}}^{N} \left\{\frac{\cos(M) - \cos[(2k+1)M]}{\cos[(2n+1)M] - \cos[(2k+1)M]}\right\} \tag{A.7}$$

由此

$$w_s(m, b_1, \cdots, b_N, M_0)$$
$$= 1 + \sum_{n=1}^{N} C_{sn}(b_1, \cdots, b_N, M_0) \cos(2nmM) \tag{A.8}$$

$$w_c(m, b_1, \cdots, b_N, M_0)$$
$$= \frac{1}{K}\left\{\cos(mM) + \sum_{n=1}^{N} C_{cn}(b_1, \cdots, b_N, M_0)\cos[(2n+1)mM]\right\} \tag{A.9}$$

对于 $N=1$，则有 $C_{s1}(b, M_0) = \frac{1}{\cos M} \frac{\sin M(b+1) \cdot \sin M(b-1)}{\sin^2 Mb}$ 以及 $C_{c1}(b, M_0) = \frac{\sin(0.5M)}{\sin(1.5M)} \frac{\cos(3M) - \cos(2Mb)}{\cos(M) - \cos(2Mb)}$ 成立。

在信号频率与幅度同时估计问题中，方程中的归一化因子可通过令零频率时的窗函数谱等于 1 而得到，即

$$K = \frac{-2}{M_0} \times \left\{\frac{\sin(0.5M)}{\cos(M)-1} + \sum_{n=1}^{N} C_{cn}(b_1, b_2, \cdots, b_N, M_0)\frac{\cos(n\pi)\sin[M(n+0.5)]}{\cos[M(2n+1)]-1}\right\}$$
$$\tag{A.10}$$

在窗函数已建立的基础上，假设对信号的加权处理是基于信号样本中心对称进行的。然而，在信号处理计算机的内部存储器中，信号样本是按照首样本处于起始位置这样一种方式排列的[3]。在此情况下，为保持关于信号样本中心的对称性，需要对 AWF 样本进行偏置和重新排列，即

$$w_s(m, b_1, b_2, \cdots, b_N, M_0)$$
$$= 1 + \sum_{n=1}^{N} (-1)^n C_{sn}(b_1, b_2, \cdots, b_N, M_0) \cos[2n(m+0.5)M] \quad (A.11)$$

$$w_c(m, b_1, b_2, \cdots, b_N, M_0)$$
$$= \frac{1}{K} \times \left\{ \sin[(m+0.5)M] + \right.$$
$$\left. \sum_{n=1}^{N} (-1)^n C_{cn}(b_1, b_2, \cdots, b_N, M_0) \sin[(2n+1)(m+0.5)M] \right\} \quad (A.12)$$

连续函数形式的 AWF 可由式(A.8)、式(A.9)、式(A.11)和式(A.12)在 $M_0 \to \infty$ 时给出,忽略关于采样单元数的符号标记 M_0,连续函数形式的 AWF 及其谱密度函数可表述为

$$w_s(t, b_1, \cdots, b_N)$$
$$= 1 + \sum_{n=1}^{N} C_{sn}(b_1, \cdots, b_N) \cos(2\pi n t) \quad (A.13)$$

$$w_c(t, b_1, \cdots, b_N)$$
$$= \frac{1}{K} \left\{ \cos(\pi t) + \sum_{n=1}^{N} C_{cn}(b_1, \cdots, b_N) \cos[\pi(2n+1)t] \right\} \quad (A.14)$$

$$w_s(t, b_1, \cdots, b_N)$$
$$= 1 + \sum_{n=1}^{N} C_{sn}(b_1, \cdots, b_N) \cos(n\pi) \cos(2\pi n t) \quad (A.15)$$

$$w_c(t, b_1, \cdots, b_N)$$
$$= \frac{1}{K} \left\{ \sin(\pi t) + \sum_{n=1}^{N} C_{cn}(b_1, \cdots, b_N) \cos(n\pi) \sin[\pi(2n+1)t] \right\} \quad (A.16)$$

$$S_s(x, b_1, \cdots, b_N)$$
$$= \frac{\sin(\pi x)}{\pi x} \left\{ 1 + \sum_{n=1}^{N} C_{sn}(b_1, \cdots, b_N) \cos(n\pi) \frac{x^2}{x^2 - n^2} \right\} \quad (A.17)$$

$$S_c(x, b_1, \cdots, b_N)$$
$$= \frac{-\cos(\pi x)}{\pi K} \cdot \left\{ \frac{0.5}{x^2 - 0.25} + \sum_{n=1}^{N} C_{cn}(b_1, \cdots, b_N) \cos(n\pi) \frac{n+0.5}{x^2 - (n+0.5)^2} \right\}$$
$$(A.18)$$

其中,系数为

$$C_{sn}(b_1, \cdots, b_N) = (-1)^{n+1} \cdot \prod_{\substack{k=1 \\ k \neq n}}^{N} \frac{k^2}{k^2 - n^2} \cdot \prod_{i=1}^{N} \left(1 - \frac{n^2}{b_i^2}\right) \quad (A.19)$$

$$C_{cn}(b_1, \cdots, b_N) = \frac{(-1)^{n+1}}{2n+1} \prod_{\substack{k=1 \\ k \neq n}}^{N} \frac{k^2+k}{(k^2+k)-(n^2+n)} \prod_{i=1}^{N} \left(1 - \frac{n^2+n}{b_i^2-0.25}\right) \quad (\text{A.20})$$

对 $N=1$，有 $C_{s1}(b) = \left(1 - \frac{1}{b^2}\right)$ 以及 $C_{c1}(b) = \frac{1}{3}\left(\frac{b^2-2.25}{b^2-0.25}\right)$ 成立。

A.2 数字信号处理中 AWF 的谱特性

考虑到上述所获取 AWF 对读者来说较为新颖，在此需要对 AWF 的一些特性进行分析和讨论，以便更好地分析它们对采用前述算法进行截断误差削减的影响以及进行 AWF 参数优化。

注意到 AWF 谱密度函数的零点由两个乘数项的零点决定，其中，由式(A.4)和式(A.17)或者式(A.5)和式(A.18)可知，$\sin(\pi x)/\sin(Mx)$ 或者 $\cos(\pi x)/\cos(Mx)$ 所定义的零点的位置具有周期性且不随可变零点参数 b_1, b_2, $\cdots$, b_N 的变化而变化。因此，为了便于简化问题描述，称第一个乘数因子对应的零点为平稳零点，第二个乘数因子对应的零点为可变零点。

(1) 对一个具有 N 个可变零点以及 M_0-1-N 个平稳零点的 AWF 窗函数，基于这些特定的 N 个可变零点值 b_1, b_2, $\cdots$, b_N，可对谱密度函数的零点值进行设置。在谱密度函数中，m 个零点设置在某一个相同频率位置，意味着该频率处 $m-1$ 阶以内导数值均为 0。在差拍信号差频测量时，这一性质有利于实现特定信号频率上的深度抑制处理。

在任意频率上对谱密度零点进行设置的例子见图 A.1，其中式(A.4)所定义 AWF 谱密度公式中相关参数设定如下，$N=6$，$M_0=32$，在给定的两个归一化频率上分别设置了三阶零点。

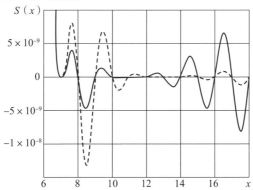

图 A.1　旁瓣区域的 AWF 谱密度函数图（两个三阶零点所对应归一化频率分别为 7 和 11（实线）及 7 和 13（虚线））

(2) 在信号处理中应用式(A.11)和式(A.12)所示 AWF,可以消除采样单元数对信号参数估计结果的影响。窗函数量化效应对其频谱的影响见图 A.2,其中 $N=6$,零点对应归一化频率为 $b=6$。

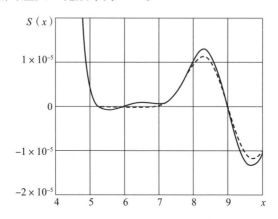

图 A.2　信号处理时零点位置处离散和连续两种 AWF 谱密度函数的比较

图中虚线对应 AWF 函数依据式(A.11),其形式为 $w_s(m,6,6,6,6,6,6,32)$,用于对具有 32 个采样点的离散信号进行分析,且该信号的包络由样本采样数所决定。实线所对应 AWF 由式(A.13)决定,$w_s(m,6,6,6,6,6,6)$,对应 $M_0 \to \infty$ 给出的信号包络,但也应用在 32 个采样点的信号处理过程中。由图可知,在使用窗函数进行信号处理时,虽然信号包络不随采样点数变化,但是窗函数的离散化会引起旁瓣谱出现失真。可以明确的是,对于已有的这些窗函数,离散数字信号和模拟连续信号的这种差异性在处理过程中会以类似的方式被放大。当我们在处理信号参数估计问题时,这种变化和差异性会限制截断误差的最小可达到水平,根本原因在于频率轴上所设定零点的位置会出现偏差而且阶数也会出现下降。

(3) 谱密度函数的旁瓣电平明确无疑地取决于可变零点频率值及其阶数的失真情况。定义旁瓣宽度的两个相邻零点,其频率间隔越大,则必然导致该频率间隔内谱密度旁瓣电平的上升,并且对相邻旁瓣的强度也会造成影响。这种特性以细实线示于图 A.3 中,其中窗函数谱密度采用式(A.14)所定义的形式,$w_s(t;1,8,2.39115,3.27592,4.29842)$,该窗函数对应零点主瓣宽度 3.6 时的最小可达旁瓣电平。

将该窗函数其中的一个可变零点位置由 3.27592 调整为 3.5,这将导致所有大于该频率值上的旁瓣电平值出现下降(如图中粗实线所示),与此同时,所有小于该频率值的旁瓣电平则会上升,且所有零值以外的主瓣宽度均会增加。减小可变零点位置，相反的结果就会出现。这种 AWF 谱密度函数旁瓣电平随零点频率位置调整方向而确定性变化的特性规律，使得我们在设计专门谱特性窗函数时可以创建简化算法。

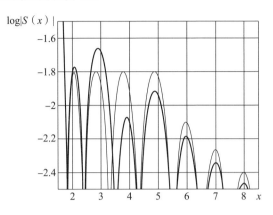

图 A.3　AWF 谱密度函数的旁瓣区域

（4）绝大部分传统窗函数可视为 AWF 在固定参数取值时的特例。这一论断在很多常用窗函数中可以轻易得到验证。对传统窗函数采用三角级数展开，然后提取其谱密度函数零点值，以此替代 $w_s(t, b_1, b_2, \cdots, b_N)$ 中的 b_i 即可实现两者在频率以及信号波形上的精确拟合；反之亦然。应用相关合适级数项的系数，也可得到所对应的频率值 b_i。例如，对于十分流行的 Blackman 窗，假设其系数分别为 $a_1 = 0.5/0.42$ 和 $a_2 = 0.08/0.42$，将其表征为 AWF 形式，由式（A.17）易知，对应 $w_s(t, b_1, b_2)$ 中的参数值分别为 $b_1 = \sqrt{28/3}$ 和 $b_2 = \infty$。

AWF 窗函数的可调整参数，对于 $w_s(m, b_1, b_2, \cdots, b_N, M)$ 待确定参数数量等于采样点数的一半，而对于 $w_c(m, b_1, b_2, \cdots, b_N, M)$，待确定参数数量 $N = 0.5M_0 - 1$；且零点位置参数 b_i 需要与 DC 窗谱函数的零点位置相吻合[4]，即

$$b_i = x_{0i} = \frac{M_0}{\pi} \arccos\left[\left(\text{ch}\frac{\text{arch}Q}{M_0 - 1}\right)^{-1}\left(\cos\pi\frac{2i-1}{2M_0 - 2}\right)\right] \quad (A.21)$$

由此可以获得与 DC 窗函数在谱域完全一致的 AWF 窗函数。其中 Q 为谱主瓣较旁瓣电平的超出量。图 A.4 给出了两者的差值谱，其表达式为

$$\text{ST}(x) = \frac{1}{Q} \cdot \text{ch}\left\{(M_0 - 1) \cdot \text{ach}\left[\text{ch}\left(\frac{\text{arch}Q}{M_0 - 1}\right) \cdot \cos\left(\pi \frac{x}{M_0}\right)\right]\right\} \quad (A.22)$$

式中：$Q = 10^3$ 且对 AWF 谱在取整标志位为 13～15 位的前提下，保证 b_i 等于 x_{0i}。AWF 谱和 DC 窗谱的差值仅由舍入误差组成，且其值不超过 5×10^{-15}。因此，这

两种由 AWF 按照上述方法导出的窗函数均具有最优的 SLL 谱性能（该准则由 S. L. Dolph 提出），尽管他们在表达形式上各不相同且和 Dolph 解也不相同。

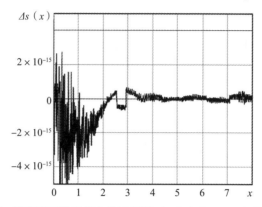

图 A.4　谱密度函数零值点位置相同时 DC 窗和 AWF 窗的差值谱

　　AWF 窗函数的上述特性使我们可以利用 AWF 对某些窗函数进行拟合，这些窗函数无法使用初等函数表示，因此，其使用在实际应用中受到限制。众所周知，DC 窗在选定频段上具有最优的能量值，这也是 DC 窗吸引使用者注意的地方。若实际应用在还需要对窗函数通带带宽进行调整，则较为适宜的选择是 KB 窗函数逼近法[3]。当在这些问题中上述方法均无法取得良好效果时，可以采用基于 AWF 的方法创建符合要求的窗函数，即通过对 AWF 窗函数可变谱值零点位置的调整获得所需要的谱特性。特别是，当需要对 KB 窗进行逼近时，将 AWF 谱密度零值点位置设置为 $b_i = \sqrt{\alpha^2 - i^2}$ 即可，其中 α 为 KB 窗的参数。图 A.5 给出了该 AWF 窗和 KB 窗以及文献[3]所提出窗函数的谱特性比较。其中粗实线对应 AWF 谱密度的对数值，细实线对应 KB 窗，虚线对应 J. Harris 窗函数[3]。深入比较 AWF 窗和 KB 窗的谱密度函数可以发现，AWF

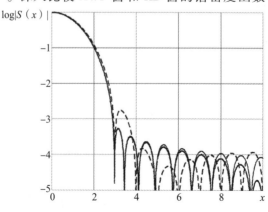

图 A.5　AWF 窗、$\alpha = 2.82$ 时的 KB 窗以及 $\alpha = 3$ 时的 Harris 窗的对数谱函数比较

窗的零值主瓣谱宽度以及第一旁瓣电平均略小于 KB 窗。Harris 窗的零值主瓣宽度较 KB 窗和 AWF 窗均为肉眼可见的区别，且谱密度函数旁瓣电平值较后两种窗函数具有 10dB 左右的幅度衰减。

综上所述，使用 AWF 对 KB 窗函数进行逼近，其效果远优于现有其他窗函数[3]。同时，使用该方法的另一个好处是它对于 KB 窗的待定参数 α（也就是谱密度旁瓣电平）没有任何限制条件。因此，随着 N 的增加，函数逼近精度不断提升；当 $N=M_0/2$ 时，AWF 严格等于 KB 窗。

(5) 当采用传统旁瓣电平渐进衰减速度定义 $C_s = 20\log \lim_{x \to \infty} |S(2x)/S(x)|$（即 dB 每倍频程）对式（A.13）、式（A.15）、式（A.14）和式（A.16）给出的 AWF 窗函数进行分析时可以发现，对 AWF 窗函数簇 $w_s(t, b_1, b_2, \cdots, b_N)$ 有 $C_{ss} = (6+12N_\infty)$；对 $w_c(t, b_1, b_2, \cdots, b_N)$ 则有 $C_{sc} = (12+12N_\infty)$，其中 N_∞ 表示频率为无穷大时的零值点数量。因此，这些窗函数簇在谱密度函数旁瓣电平衰减速度特性方法可以相互起到补充作用。

A.3 旁瓣电平的最小化

到目前为止，已有一系列窗函数被其他研究者提出并得到研究，在此，对这些窗函数在优化（重要）参数下与本书所提窗函数的性能进行比较。主要讨论 DC、KB、Blackman、Blackman-Harris 以及最近提出的其他几种窗函数[6-9]。

基于 AWF 窗函数谱形状与可调整零值点位置之间的关联性，基于 AWF 窗函数簇，可以在任何已知或未知准则下，获得均有最优谱特性的所需窗函数。接下来，将演示在给定主瓣宽度以及特定 SLL 衰减速度的前提下，基于最小化 SLL 准则，由 AWF 设计所需特定窗函数的可行性。这种优化准则与 Dolph 准则类似，但是对谱旁瓣随频率增长而衰减方面附加了额外的限制要求。假设下列参数指标已给定：谱密度函数零值主瓣宽度 ΔF_0，谱密度函数旁瓣电平衰减速度 C_s，以及窗函数采样点数 N。我们需要做的就是基于最小化 SLL 的原则去确定 AWF 谱密度函数中各零值点的位置参数 b_i。

当 $b_i \leq N+1$ 时，其中的一个可调整零点位置是由给定的谱密度主瓣宽度确定的。接下来，为了以示区别，将取值最小的可调整零点命名为零点 1，其位置值由 $b_i = \Delta F_0/2$ 给定。考虑到 N_∞ 由给定值 C_s 决定，可调整的 AWF 窗函数零点位置数量为 $N_{\text{var}} = N-(1+N_\infty)$ 个。由此，为了实现 SLL 谱的最小化，其目标函数可描述为

$$\max S(x, b_2, b_3, \cdots, b_{N_{\text{var}}}) \Rightarrow \min_{\Delta F_0/2 \leq b_i \leq 3N} \quad (A.23)$$

因此，对于所有可变的 b_i，只能允许不超过两个取值 $b_i \geq N+1$。

为求解上述最优化问题，可以使用 DC 窗谱密度函数作为谱主瓣宽度、旁瓣电平以及谱零值点初始分布规律的参考标准，原因在于 DC 窗函数的主瓣宽度与旁瓣电平之比可由 Chebyshev 多项式的基础特性所决定。为了搜索可变零点位置 b_i 的最优解，可以使用标准的多维优化软件系统。前述章节特性 3 中关于 SLL 和零点位置 b_i 之间的明确关系，可以极大简化对 b_i 最优值的搜索过程。

为了有效比较抑制窗函数和使用最优 b_i 值的本书所提窗函数，考察 AWF、DC 窗以及一些已知窗函数[6-9]的主要谱特性。这些窗函数都具有最佳的主瓣宽度与旁瓣电平比，详细结果示于表 A.1。在依据式(A.13)和式(A.14)计算最优 AWF 参数过程中，参数 ΔF_0 和 C_s 的取值保持和已有窗函数相同且预先给定。对于 DC 窗，F_n 在 $M=32$ 的条件下计算得到。

表 A.1 最优窗函数和已有最佳窗函数谱特性之对比

窗函数	F_n	SLL/dB	ΔF_6
代数窗[10]，$C_s=(11-6)$ dB/oct	1.5344	−48.700	2.0400
AWF1，$C_s=12$dB/oct	1.5323	−54.000	2.0375
AWF2，$C_s=6$dB/oct	1.5042	−56.770	1.9998
DC 窗，$\Delta F_0=4.797745$	1.5073	−58.001	1.9833
文献[6]给出窗函数，$C_s=6$dB/oct	1.7772	−68.720	2.3653
AWF3，$C_s=6$dB/oct	1.7341	−76.044	2.3040
DC 窗，$\Delta F_0=6.232644$	1.7325	−77.914	2.2841
文献[7]给出窗函数，$C_s=18$dB/oct	2.0339	−91.100	2.7058
AWF4，$C_s=18$dB/oct	2.0180	−95.656	2.6801
DC 窗，$\Delta F_0=8.0$	1.9677	−102.27	2.6053
文献[8]给出窗函数，$C_s=18$dB/oct	2.6704	−168.00	3.5503
AWF5，$C_s=18$dB/oct	2.6471	−180.26	3.5133
AWF6，$C_s=6$dB/oct	2.6292	−182.89	3.4895
DC 窗，$\Delta F_0=13.99936$	2.5587	−184.49	3.4768
文献[9]给出的窗函数 WF($к_4$，ч$_3$)	1.6932	−65.465	2.2234
AWF7，$C_s=6$dB/oct	1.6705	−71.396	2.2200
DC 窗，$\Delta F_0=5.84$	1.6745	−72.482	2.2062
文献[9]给出窗函数 WF($\hat{E}_{4\times3.5}$)	1.8007	−74.952	2.4255
AWF8，$C_s=6$dB/oct	1.7973	−83.149	2.3876
DC 窗，$\Delta F_0=6.7$	1.7985	−84.369	2.3735

最优 AWF 窗函数对应零点频率值 b_i 示于表 A.2。

表 A.2　最优窗函数对应的零值频点 b_i

AWF 组成项	AWF 类型
1	$w_c(t; 2.3988727; 2.83204; 3.544289; 4.4047608; 5.346507; 6.34103; 7.39)$
2	$w_s(t; 2.3988727; 2.79835; 3.46185; 4.26824; 5.1512; 6.078; 7.0321; 8.0048; 8.9924)$
3	$w_s(t; 3.1163222; 3.437; 4.0043; 4.7365; 5.5887; 6.808)$
4	$w_s(t; 4; 4.27458; 4.77735; 5.447; 6.23285; 7.1074; \infty)$
5	$w_s(t; 6.99968093; 7.147699; 7.434949; 7.846253; 8.363483; 8.968546; 9.64522; 10.379934; 11.161824; 11.98258; 12.83627; 13.719615; 14.633785; 15.59468; 17.04902; \infty)$
6	$w_s(t; 6.99968093; 7.14364; 7.42322; 7.824; 8.3286; 8.9196; 9.5812; 10.3001; 11.0656; 12.7045; 13.5673; 14.4558; 15.3762; 16.439; 27.405)$
7	$w_s(t; 2.92; 3.252978; 3.833244; 4.567715; 5.39413; 6.27668; 7.19651; 8.14425; 9.1416)$
8	$w_s(t; 3.35; 3.643958; 4.170447; 4.854965; 5.641272; 6.49436; 7.395305; 8.34178; 9.466)$

由表 A.1 可知，本书所提最优窗函数的谱密度函数旁瓣电平值较最优的已有窗函数降低 4.5~14.89dB。此外，该最优窗函数还具有更小的等效噪声带宽 F_n 以及更小的 -6dB 主瓣宽度 (ΔF_6)。为了展现所提最优窗函数的显著优势，图 A.6 依据表 A.1 给出了已有窗函数和最优窗函数的对数模值谱，其中曲线 1(虚线)对应已有窗函数，曲线 2(实线)对应本书所提最优窗函数。由图中所示的 AWF 谱特性可知，随着所必需 C_s 值的提升，最优窗函数的性能优势(依据所给定准则)愈加显著。

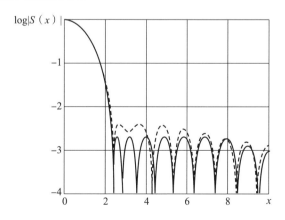

图 A.6　文献[10]代数窗和 AWF 窗的对数模值谱

一种基于上述准则的检验窗函数最优性的视觉观察方法是要求窗函数谱密度的旁瓣电平在归一化频率 $x \leqslant N$ 时保持恒定而对于其他较大的 x 值它又能够

以速度 C_s 衰减(见图 A.7，实线和虚线分别表示 $N=9$ 和 $N=3$ 的情况，其中保持 $C_s=30\mathrm{dB/oct}$)。在该图所示的特例中，通过规定 $x\leqslant N$ 时的 $C_s=0$ 保证在该频率范围内 AWF 窗的谱密度函数与 DC 窗相互一致，同时依据式(A.21)设定它的零值点位置。

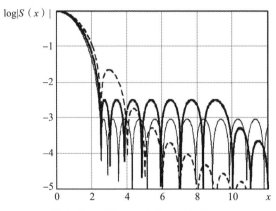

图 A.7　最优窗函数的对数模值谱

注意到依据上述准则所得最优窗函数，其谱特性呈现两条规律性现象。首先，随着最优窗函数组成项的增加，其谱密度函数的旁瓣电平不断衰减，直至渐进达到 DC 窗所给定的旁瓣电平水平；二是非零频处的任意尺度谱瓣宽度随着最优窗函数组成项的增加而不断降低，且也会渐进逼近 DC 窗所给定谱瓣宽度值，尽管在 N 较小时这种变化规律呈现一定的非单调性。但是，考虑到 DC 窗函数旁瓣电平幅度不衰减这一显著缺点，本书所提最优窗函数（依据上述准则获得）可在时间区间的尽头完全消除误差 δ。图 A.8 给出了图 A.7 所对应最优窗函数的时域表达。

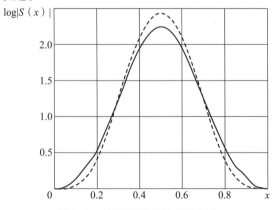

图 A.8　最优窗函数的时域表示

上述窗函数参数计算方法对于离散窗也同样适用。因此，在实际应用中，推荐首先使用连续信号的窗函数参数作为初始估计值，因为其谱密度函数的零值点位置较离散信号应用场合时所需要的零值点位置十分靠近。以一个分别包含 16 和 32 个样本的离散窗函数优化结果为例，较连续信号和连续窗的情况，它们对应的谱密度函数旁瓣电平值仅提升了 1dB 和 0.2dB。

给定主瓣宽度和 SLL 衰减速度下，最小化 SLL 所得到的最优窗函数可变参数 b_i 的详细取值情况示于表 A.3 至表 A.7。

表 A.3　窗函数 $w_s(t, b_1, b_2, \cdots, b_N)$、$C_{ss}=6\text{dB/oct}$、$N_\infty=0$

参数项数量	零值频点 b_i	SLL/dB	ΔF_6
2	1.4；2.0632	−27.09	1.485922
3	1.4；2.054043；2.964663	−27.33723	1.483112
4	1.4；2.044424；2.939971；3.928099	−27.63714	1.47939
2	1.6；2.208305	−32.97952	1.605812
3	1.6；2.182227；3.032195	−33.36247	1.603638
4	1.6；2.178836；3.023188；3.973943	−33.48996	1.602056
2	1.8；2.404129	−38.26729	1.716504
3	1.8；2.32694；3.1405	−39.20138	1.714046
4	1.8；2.321622；3.114431；4.024624	−39.387	1.712335
2	2；2.6491486	−43.18756	1.818843
3	2；2.487429；3.299383	−44.7345	1.817876
4	2；2.475827；3.22575；4.11802	−45.13832	1.815275
2	2.25；3.04927	−49.421	1.936779
3	2.25；2.7035993；3.572	−51.26484	1.940396
4	2.25；2.682512；3.39257；4.30566	−52.02798	1.937086
2	2.5；3.722585	−56.68243	1.937086
3	2.5；2.926707；3.937952	−57.63658	2.054632
4	2.5；2.899511；3.579703；4.56725	−58.6678	2.052087
3	3；3.52432；5.32897	−71.48284	2.263773
4	3；3.348071；3.97259；5.410485	−71.66952	2.263569
3	3.5；4.40431151；6.7356365	−83.77358	2.44219
4	3.5；3.800474；4.367091；7.052055	−85.40866	2.44219
4	4；4.280334；5.089298；8.71832	−98.17392	2.624308
4	4.5；4.858；6.093；10.661	−110.9039	2.779906

表 A.4 窗函数 $w_c(t, b_1, b_2, \cdots, b_N)$、$C_{sc}=12\text{dB/oct}$、$N_\infty=0$

参数项数量	零值频点 b_i	SLL/dB	ΔF_6
3	1.4；2.157665；3.1993	−24.1852	1.52652
4	1.4；2.12117；3.10649；4.20172	−25.1503	1.5138298
2	1.6；2.3355	−28.30025	1.6731
3	1.6；2.2818；3.266	−29.68614	1.65569
4	1.6；2.251815；3.18716；4.24754	−30.6118	1.624943
2	1.8；2.45137	−34.11852	1.7843
3	1.8；2.414494；3.339252	−35.247	1.77066
4	1.8；2.39115；3.27592；4.29842	−36.11872	1.7591
2	2；2.2573142	−40.24508	1.881611
3	2；2.554267；3.418303	−40.92898	1.873854
4	2；2.537702；3.372022；4.353988	−41.657	1.864682
2	2.25；2.754878	−47.96589	1.990550
3	2.25；2.737052；3.524075	−48.28685	1.98942
4	2.25；2.72918；3.50134；4.42942	−48.7074	1.984466
2	2.5；3.030926	−54.30191	2.095928
3	2.5；2.930105；3.650287	−55.86316	2.09357
4	2.5；2.92807；3.63957；4.51068	−55.9594	2.092906
2	3；3.88623	−67.81512	2.288039
3	3；3.376487；4.17828	−69.18546	2.294054
4	3；3.35398；3.97416；4.80736	−70.2846	2.29116
2	3.5；4.643565	−77.21836	2.41346
3	3.5；3.826103；5.17453	−82.7938	2.47636
4	3.5；3,811632；4.384485；5.42966	−83.5472	2.47686
3	4；4.47028；6.3214	−95.412	2.636806
4	4；4.27086；4.77531；6.67625	−97.3896	2.648014

表 A.5 窗函数 $w_s(t, b_1, b_2, \cdots, b_N)$、$C_{ss}=18\text{dB/oct}$、$N_\infty=1$

参数项数量	零值频点 b_i	SLL/dB	ΔF_6
2	1.4；500	−15.20208	1.64042
3	1.4；2.378089；500	−19.4416	1.592094
4	1.4；2.55973；3.418061；500	−21.65974	1.56301
2	1.6；500	−20.278706	1.781389
3	1.6；2.483348；500	−24.493454	1.731378
4	1.6；2.376282；3.483558；500	−26.776783	1.700032
2	1.8；500	−25.638713	1.89916
3	1.8；2.5968291；500	−29.624189	1.85343
4	1.8；2.505462；3.555842；500	−31.904634	1.822282
2	2；500	−31.4675	1.996829

续表

参数项数量	零值频点 b_i	SLL/dB	ΔF_6
3	2；2.7171887；500	−34.9113	1.960934
4	2；2.642124；3.634295；500	−37.0854	1.932324
2	2.25；500	−39.814995	2.095535
3	2.25；2.875389；500	−41.85402	2.078174
4	2.25；2.821662；3.74006；500	−43.7389	2.055044
2	2.5；500	−48.342296	2.173559
3	2.5；3.04；500	−49.3226	2.179454
4	2.5；3.009041；3.853131；500	−50.6284	2.165708
2	3；500	−56.9301	2.28542
3	3；3.469736；500	−64.18742	2.355122
4	3；3.400932；4.095591；500	−65.49388	2.353546
3	3.5；4.240822；500	−77.85908	2.518302
4	3.5；3.843033；4.539741；500	−79.70314	2.5236434
4	4；4.305338；5.376281；500	−93.32656	2.684405
4	4.5；4.9137103；6.42218；500	−106.38509	2.8294814

表 A.6　窗函数 $w_c(t, b_1, b_2, \cdots, b_N)$、$C_{sc}=24\text{dB/oct}$、$N_\infty=1$

参数项数量	零值频点 b_i	SLL/dB	ΔF_6
3	1.4；2.51857636；1000	−16.9138	1.629985
4	1.4；2.349729；3.623464；1000	−19.56942	1.594117
2	1.6；1000	−16.40066	1.84633
3	1.6；2.620621；1000	−21.5749	1.77929
4	1.6；2.46645；3.687565；1000	−24.3922	1.7383038
2	1.8；1000	−20.99572	1.9811186
3	1.8；2.7312594；1000	−26.24906	1.911007
4	1.8；2.5922535；3.75856；1000	−29.19132	1.867258
2	2；1000	−25.71544	2.095355
3	2；2.849307	−31.00025	2.027671
4	2；2.725822；3.835922；1000	−34.0162	1.983531
2	2.25；1000	−32.12221	2.213265
3	2.25；3.0056083；1000	−37.12994	2.155634
4	2.25；2.90197；3.94075；1000	−40.14062	2.1140783
2	2.5；1000	−39.29543	2.308321
3	2.5；3.1697628，1000	−43.56692	2.266916
4	2.5；3.086543；4.05357；1000	−46.4269	2.23089
3	3；3.5141762；1000	−57.84979	2.449435
4	3；3.474819；4.298605；1000	−59.72495	2.431274
2	3.5；1000	−65.83734	2.5407214

续表

参数项数量	零值频点 b_i	SLL/dB	ΔF_6
3	3.5；3.9223575；1000	−73.58677	2.59654
4	3.5；3.88054；4.56127；1000	−74.4692	2.596088
3	4；4.641538；1000	−87.44663	2.737481
4	4；4.322109；4.968644；1000	−89.2459	2.744135
3	4.5；5.37128；1000	−98.46473	2.842198
4	4.5；4.78899；5.7069；1000	−103.2239	2.886153

表 A.7　窗函数 $w_s(t, b_1, b_2, \cdots, b_N)$、$C_{ss}=30\text{dB/oct}$、$N_\infty=2$

参数项数量	零值频点 b_i	SLL/dB	ΔF_6
4	1.4；2.650662；1000；1000	−14.8566	1.6612243
5	1.4；2.439512；3.817512；1000；1000	−17.7969	1.620938
3	1.6；1000；1000	−13.55621	1.896219
4	1.6；2.7495447；1000；1000	−19.23075	1.819364
5	1.6；2.55289；3.88014；1000；1000	−22.3852	1.7716876
3	1.8；1000；1000	−17.63677	2.0452462
4	1.8；2.857214；1000；1000	−23.57575	1.959752
5	1.8；2.675487；3.949685；1000；1000	−26.92525	1.906844
3	2；1000；1000	−21.80682	2.173834
4	2；2.9726；1000；1000	−27.94963	2.084725
5	2；2.806054；4.02569；1000；1000	−31.46477	2.028914
3	2.25；1000；1000	−27.25528	2.308986
4	2.25；3.1261684；1000；1000	−33.52656	2.222467
5	2.25；2.978801；4.129057；1000；1000	−37.19111	2.16619
3	2.5；1000；1000	−32.10006	2.41987
4	2.5；3.28844433；1000；1000	−39.29666	2.342876
5	2.5；3.160425；4.240829；1000；1000	−43.02518	2.28924
3	3；1000；1000	−46.74125	2.585523
4	3；3.632704；1000；1000	−51.723	2.542026
5	3；3.544303；4.485683；1000；1000	−55.20301	2.50112
4	3.5；3.993331；1000；1000	−65.9912	2.697789
5	3.5；3.947912；4.752225；1000；1000	−68.3842	2.676619
3	4；1000；1000	−74.3238	2.7777544
4	4；4.3846225；1000；1000	−82.60318	2.823123
5	4；4.36399；5.03168 1000；1000	−83.0788	2.823103

如有必要，可依据式（A.19）和式（A.20），基于上述表格给出的 b_i 值，计算得到最优窗函数对应的系数 C_{sn} 和 C_{cn} 的数值解。

A.4　最小化 AWF 等效噪声带宽

在无噪声存在时，使用 AWF 理论上对可分辨信号可实现零误差频率估计。由此，在讨论 AWF 类型及其参数项选择时，有必要考虑噪声引起频率估计误差的最小化问题。众所周知，在噪声存在时，窗函数的等效噪声带宽（ENB）会对频率估计方差产生影响。对应连续和离散窗函数，其 ENB 的定义式分别为[3]

$$F_n = \frac{\int_{-0.5}^{0.5} [w(t, b_1, b_2, \cdots, b_N)]^2 dt}{\left[\int_{-0.5}^{0.5} w(t, b_1, b_2, \cdots, b_N) dt\right]^2} \tag{A.24}$$

$$F_n = \frac{M_0 \sum_{0}^{M_0-1} [w(m, b_1, b_2, \cdots, b_N)]^2}{\left[\sum_{0}^{M_0-1} [w(m, b_1, b_2, \cdots, b_N)]\right]^2} \tag{A.25}$$

采用上述定义式，代入式（A.11）和式（A.12）并经过化简计算可得，式（A.11）、式（A.15）、式（A.12）和式（A.16）所示 AWF 窗函数的 ENB 的解析表达式分别为

$$F_{nS} = 1 + \frac{1}{2} \sum_{n=1}^{N} [C_{sn}(b_1, b_2, \cdots, b_N)]^2 \tag{A.26}$$

$$F_{nC} = \frac{\pi^2}{8} \cdot \frac{1 + \sum_{n=1}^{N} [C_{cn}(b_1, b_2, \cdots, b_N)]^2}{\left[1 + \sum_{n=1}^{N} \frac{\cos(n\pi)}{2n+1} C_{cn}(b_1, b_2, \cdots, b_N)\right]^2} \tag{A.27}$$

图 A.9 所示为 $b_n = b$ 时 ENB 随 AWF 窗函数 $w_s(t, b_1, b_2, \cdots, b_N)$ 以及 $w_c(t, b_1, b_2, \cdots, b_N)$ 零值点频率位置的变化曲线。从这两组曲线中可以明显看出它们具有最小极值点，且当 $b = b_{\min}$ 时 ENB 取得较低的最小值 $F_{n,\min}$。$F_{n,\min}$ 的取值随着 N 的增加而单调增加。$b_{spec} < b_{\min}$ 区域 ENB 的快速增长，源于频率区间 $[b_{spec}, N+1]$ 上形成的第一旁瓣电平的抬升。当 $b_{spec} > b_{\min}$ 时，END 的慢速增加则主要由主瓣宽度引起。当可调整参数的数量一致时，有 $F_{n,S} < F_{n,C}$ 成立。

由上述公式以及图 A.9 所示结果可知，当频率 $x > 1.5$ 时，一定存在一个 N，其对应的 F_n 最小。

现在讨论同时最小化噪声和干扰引起的估计误差问题。假设为实现干扰引

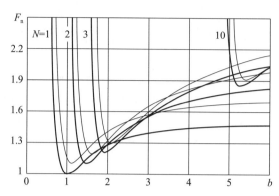

图 A.9　AWF 窗 $w_s(t, b, N)$（粗线）和 $w_c(t, b, N)$（细线）的
ENB 随设定零谱值点频率位置变化的关系曲线

起估计误差最小化，需要设定 $N-N_n$ 个 AWF 窗可变参数；与此同时，对于另外的 N_n 个可调参数，它们的取值使得 $F_n|_N < |F_n|_{N-N_n}$ 成立。在仅有一个额外可调参数 $b_{n,\min}$ 的特殊场合下，给定参数个数 N，通过最小化 ENB 求解，可以得到 b 的解析解。对 AWF 窗函数 $w_s(t, b_{n,\mathrm{Smin}}, b_2, \cdots, b_N)$，最小化 ENB，可以得到

$$b_{n,\mathrm{Smin}}^2 = \frac{\sum_{n=1}^{N} A_{sn}^2 n^4 (b_2^2 - n^2)^2 \cdots (b_N^2 - n^2)^2}{\sum_{n=1}^{N} A_{sn}^2 n^2 (b_2^2 - n^2)^2 \cdots (b_N^2 - n^2)^2} \tag{A.28}$$

式中：$A_{sn}(b_1, \cdots, b_N) = (-1)^{n+1} \prod_{\substack{k=1 \\ k \neq n}}^{N} \dfrac{k^2}{k^2 - n^2}$。

对窗函数 $w_c(t, b_{n,C_{\min}}, b_2, \cdots, b_N)$，相应地有

$$b_{n,C_{\min}}^2 = 0.25 + \frac{D_n(1+G_n) - C_n F_n}{C_n(1+G_n) - (1+H_n) F_n} \tag{A.29}$$

式中：$D_n = \sum_{n=1}^{N} B_n^2 L_n^2$；$B_n = A_{cn} \prod_{i=2}^{N} \left(1 - \dfrac{n^2+n}{b_i^2 - 0.25}\right)$；$A_{cn}(b_1, \cdots, b_N) = \dfrac{(-1)^{n+1}}{2n+1}$ $\prod_{\substack{k=1 \\ k \neq n}}^{N} \dfrac{k^2+k}{(k^2+k)-(n^2+n)}$；$L_n = n_2 + n$；$G_n = \sum_{n=1}^{N} B_n \dfrac{\cos n\pi}{2n+1}$；$C_n = \sum_{n=1}^{N} B_n^2 L_n$；$F_n = \sum_{n=1}^{N} B_n \dfrac{\cos n\pi}{2n+1} L_n$；$H_n = \sum_{n=1}^{N} B_n^2$。

上述表达式中的 AWF 相关参数，下标 1（即 b_1）是 ENB 最小化过程中的可调参数，而下标 n，min 表示优化后的结果。

经过上述单参数 ENB 最小化，优化后的 ENB 值可由下式得出，即

$$F_{nSmin} = 1 + \frac{1}{2} \sum_{n=1}^{N} A_{sn}^2 \left(1 - \frac{n^2}{b_{nSmin}^2}\right)^2 \prod_{i=2}^{N} \left(1 - \frac{n^2}{n_i^2}\right)^2 \quad (A.30)$$

$$F_{nCmin} = \frac{\pi^2}{8} \cdot \frac{1 + \sum_{n=1}^{N}\left(1 - \frac{n^2+n}{b_{nCmin}^2 - 0.25}\right)^2 A_{cn}^2 \prod_{i=2}^{N}\left(1 - \frac{n^2+n}{n_i^2 - 0.25}\right)^2}{\left[1 + \sum_{n=1}^{N} \frac{\cos(n\pi)}{2n+1}\left(1 - \frac{n^2+n}{b_{nCmin}^2 - 0.25}\right) A_{cn} \prod_{i=2}^{N}\left(1 - \frac{n^2+n}{n_i^2 - 0.25}\right)\right]^2}$$

(A.31)

式中，b_n 由式(A.29)给出。

图 A.10 所示为最小 ENB 值随参数 b 的变化情况，AWF 窗函数 $w_s(t, b_{nSmin}, b_2, \cdots, b_N)$ 中的一个可调参数取为 b_{nSmin}，其他所有参数取值相同，即 $b_2 = b_3 \cdots = b_N = b$。

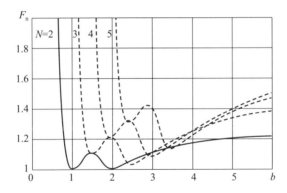

图 A.10　AWF 窗 $w_s(t, b, N)$ 的最小 ENB 值随设定谱零值点位置的变化情况

计算结果表明，在同时针对干扰和噪声进行估计误差最小化时，可将噪声分量引起的误差降低 1.5 倍。

在某些应用场合中，倾向于使用具有更快谱旁瓣电平衰减速度的窗函数。由稍早前关于 AWF 特性的讨论可知，根据所分析信号时连续信号还是离散信号的不同，该衰减速度的增加需要通过对无限大频率或是半采样频率处的零值点数量实现。所付出的代价就是主瓣宽度会扩展而且谱域中相邻旁瓣的电平会增强，也就是 ENB 会得到增大。此时，最小化 ENB 的优化过程仍具备可能性，但是，优化后的最小 ENB 值将会大大增加。

此外，还必须考虑到此时的参数优化设计计算中，存在一些特殊的根值使 $b_n \to \infty$，这些根值所对应函数项，其取值渐进等于 1。在此基础上，沿用前述解析方程式，也可完成 SLL 衰减速度增加时的 AWF 参数设计问题。

A.5　频率估计误差的最小化

在单个干扰信号存在背景下同步进行信号检测与距离(频率)估计,若窗函数选择无偏差,则信号频率估计误差由主瓣宽度以及 WF 谱密度旁瓣电平值所决定。因此,在现有 WF 谱特性参数化表征体系[6,9]的基础上,再引入两个额外的指标参数。第一个指标参数是频率估计相对误差 F_{EE},其取值定义为 $q_{s/i} \gg 1$ 时待分析窗函数的当前误差包络值 $\Delta x_{EE}(b_1, b_2, \cdots, b_N)$ 与矩形窗频率估计误差最大值 $\Delta x_{max}(b_1=1, b_2=2, \cdots, b_n=N)$ 的比值,即

$$F_{EE} = \left| \frac{\Delta x_{EE}(b_1, b_2, \cdots, b_N)}{\Delta x_{max}(b_1=1, b_2=2, \cdots, b_N=N)} \right| \quad (A.32)$$

第二个指标参数为最大频率估计相对误差 F_{EEmax},其定义为 $q_{s/i} \gg 1$ 时待分析窗函数的当前误差包络最大值与矩形窗频率估计误差最大值的比值,即

$$F_{EEmax} = \left| \frac{\Delta x_{max}(b_1, b_2, \cdots, b_N)}{\Delta x_{max}(b_1=1, b_2=2, \cdots, b_n=N)} \right| \quad (A.33)$$

图 A.11 所示为采用均匀加权窗函数(实粗线)和 AWF 窗函数 $w_s(t) = 1-(1-1/b^2)\cos(2\pi t)$ 的 F_{EE},其中所用 AWF 窗函数只有一个可调参量 b,即 $N=1$,b 分别等于 2.2(虚线)和无穷大(实细线)。

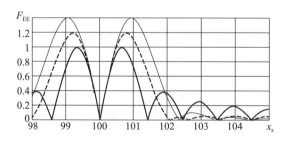

图 A.11　不同主瓣宽度 $2b$ 下矩形窗和 AWF 窗的相对误差包络值随当前距离的变化情况

注意到图中所示不同窗函数的 F_{EE} 所呈现出的典型特性,比如,它们均有两个对称的主瓣,这是信号谱主瓣与干扰谱主旁瓣交互作用的结果。

F_{EE} 的旁瓣电平与所用窗函数谱的 SLL 有关,且它们均处于归一化谱密度旁瓣宽度等于 1 的频率区域里,幅度大小正比于窗函数谱密度 SLL。对于所考察窗函数,F_{EE} 的旁瓣电平衰减速度(记为 C_F)等于窗函数谱的旁瓣电平衰减速度 C_S。对于那些具有可变旁瓣宽度的窗函数(如 DC 窗和 KB 窗等),C_S 成比例变化,但在确定的 C_S 区域内,仍有 $C_F \approx C_S$ 成立。

依据 F_{EE} 的变化规律特性,可以估计特定液位距离处 IEZ 的大小。和传统的谱参数指标定义方式类似,将 F_{EE} 的主瓣宽度定义在零值电平之间或者其他的与 F_{EE} 旁瓣水平相符合的特定值上,两者都是可接受的选择。后者有助于估计实际 IEZ 区域的大小。对传统窗函数,第一种指标参数(零值主瓣宽度)定义为主瓣最大值与第一旁瓣对应频率之差;而对于 AWF 窗,该指标则可通过谱密度函数一阶导数零值点的位置来确定。

最大频率估计相对误差 F_{EEmax} 随窗函数谱主瓣宽度的增加而增加,但是此时由于 SLL 会降低,因此,在旁瓣所在区域 F_{EE} 会降低。

由此相关指标的定义可得,对于任意窗函数,F_{EE} 随 UR 与 SR 间的距离而变化;而 F_{EEmax} 则取决于存在测量误差损失频点所对应距离上所用窗函数与矩形窗之间的差距。从这一点出发,F_{EEmax} 和广泛使用的指标参数 F_n(即 ENB)类似。可以确定 F_n 和 F_{EEmax} 之间一定存在着相互联系,因为两者都与窗函数参数有关。

若待探测空间存在多个 SR,则旁瓣 F_{EEmax} 的存在会对测量结果存在不利影响。

F_{EE} 与 AWF 谱密度函数波形,旁瓣 F_{EE} 的非规则性及其幅度随设定零值点频率的关联性使得通过合理选择待设计 AWF 窗零点频率而将 SLL 的 F_{EE} 最小化成为可能。

为了搜索合理的零值点分布,首先给出窗函数优化准则。假设对于 SLL 的 F_{EE} 最小化来说,满足以下特征的窗函数是最优窗函数,即该窗函数在给定频率估计相对误差极值 F_{EEmax} 和特定频率估计误差衰减速度 $C_F=C_S$ 下,其频率估计相对误差函数具有最小的旁瓣电平值。换句话说,该准则也可等效为寻找这样一个最优窗函数,在给定频率估计相对误差旁瓣电平衰减速度和给定 SLL 的前提下,它具有的频率估计相对误差极值 F_{EEmax} 最小。或者说,获得一个在给定主瓣宽度和 SL 衰减速度 $C_F=C_S$ 下具有最小 $SLLF_{EE}$ 的窗函数。

考虑到 $C_F=C_S$ 且从 AWF 窗的角度来看,该条件由无限大频率 N_∞ 处的设计零值点个数所决定,当采用第一个和第二个优化准则时,AWF 可变零值点数量为 $N_{var}=N-N_\infty$;而当采用第三个优化准则时,其值应为 $N_{var}=N-(1+N_\infty)$。由此,基于最后一种准则实现旁瓣电平 F_{EE} 最小化,其目标函数可描述为

$$\max F_{EE}(x, b_2, \cdots, b_{N_{var}})|_{x \geq b_1} \Rightarrow \min$$
$$b_1 \leq b_i \leq 10N \tag{A.34}$$

由于优化准则之间的等效性,上述目标函数获得的最小 SL 电平 F_{EE} 随 F_{EEmax} 的变化规律,在任意一种特定 AWF 窗函数下,都会和其他两种准则给出的优化结果相吻合。但是,采用最后一种准则进行优化,所需确定的可调参

数数量较前两种准则可以少一个,这将显著降低可行零点分布位置搜索过程的计算时间消耗。

表 A.8 给出了基于上述方法获得的最优窗函数的 F_{EEmax}、$SLLF_{EE}$ 和 IEZ 大小值,其中 $N=6$,$C_s=6\text{dB/oct}$。计算过程中,未考虑 $x<0$ 频率区域谱分量的影响。实际应用中,该假设条件仅在 $x \gg 1$ 且窗函数 $C_s \neq 0$ 时才能得到满足。对于 $C_s=0$ 的窗函数(即 DC 窗),由于旁瓣电平在 $x<0$ 频率区域的非衰减特性,仅能得到关于 F_{EEmax}、$SLLF_{EE}$ 和 IEZ 的理论估计值。

表 A.8 窗函数 $w_{sN}(t, b_1, b_2, \cdots, b_N)$、$C_s=6\text{dB/oct}$、$N_\infty=3$

N	频点 b_1	F_{EEmax}	$SLLF_{EE}$/dB	IEZ
1	1.10363; 1.9634756; 2.6927854	1.0	−11.113341	2.566581
2	1.15; 1.9789563; 2.7092358	1.012501	−11.882937	2.645502
3	1.25; 2.0141513; 2.74710129	1.03931	−13.594666	2.816267
4	1.4; 2.0712165; 2.8099343	1.078821	−16.284956	3.073758
5	1.6; 2.1540838; 2.9045467	1.12958	−20.075839	3.418789
6	1.8; 2.2426; 3.01056	1.177608	−24.066848	3.763904
7	2; 2.333534; 3.126187	1.2225	−28.213420	4.105807
8	2.25; 2.3242544; 3.3119933	1.262522	−31.749849	4.408618
9	2.5; 2.5; 3.54939	1.319770	−36.669657	4.853110
10	2.75; 2.75; 3.913199	1.383134	−42.280005	5.366718
11	3; 3; 4.4269384	1.443876	−48.075619	5.879149
12	3.25; 3.4371126; 5.4825578	1.521717	−56.592380	6.556808
13	3.5; 3.9609817; 6.5190642	1.587437	−64.176026	7.166845
14	3.75; 4.3739306; 7.3095371	1.632825	−69.619660	7.603479
15	4; 4.6523975; 7.916533	1.664815	−73.569385	7.918859
16	4.25; 4.6978354; 8.1266794	1.681526	−75.339694	8.103814
17	4.5; 4.5195775; 8.1535615	1.686078	−75.704378	8.165823
18	4.75; 4.75; 6.5925594	1.687513	−72.720134	8.212658
19	5; 5; 5.671635	1.687534	−71.442070	8.239690
20	5.1982811; 5.1982811; 5.1982811	1.687427	−71.202871	8.246364

表 A.8 中第 20 行对应现有条件下基于上述准则优化 AWF 的 3 个参数,即 b_1、b_2、b_3 所能获得的性能上界,若需要获得具备更低 $SLLF_{EE}$ 性能的 AWF 窗函数,则需要增加参数个数 N。

为比较已有窗函数和所提窗函数的性能,图 A.12 给出了采用 3 种不同窗函数进行信号处理时,F_{EE} 对数值随信号频率的变化关系曲线,其中干扰信号频率固定等于 10。

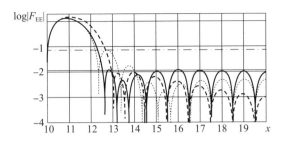

图 A.12 F_{EEmax} 优化窗、$b_1 = 2$、$b_2 = 5.16353246$ 窗函数
以及 Blackman 窗下的 F_{EE} 对数模值曲线

图中实粗线对应 F_{EEmax} 取值最优的窗函数，其 IEZ 区在旁瓣电平 F_{EE} 取 -38.773718dB 的条件下，大小等于 5.2。虚线对应参数为 $N = 2$、$b_1 = 2$、$b_2 = 5.16353246$ 时的窗函数，其 F_{EEmax} 值和前者相同，都等于 -1.35，在相同的 -38.773718dB 旁瓣电平 F_{EE} 下，IEZ 区大小等于 8；点画线对应 $b_1 = \sqrt{28/3}$、$b_2 = \infty$ 的 Blackman 窗函数，在 -38.773718dB 旁瓣电平 F_{EE} 下，IEZ 区大小等于 5.8。F_{EEmax} 值远大于 -1.53，但此时对应的 $SLLF_{EE}$ 值则为 -40.3659333dB。

上述对比结果清晰地表明窗函数优化在降低频率估计误差方面的应用优势。

在所有的已知窗函数中，对所有的 F_{EEmax} 取值条件，DC 窗具有最小的 $SLLF_{EE}$ 值（不考虑 $x<0$ 频率区旁瓣的影响）。KB 窗在 $F_{EEmax} = 1.9$ 时较 DC 窗在 $SLLF_{EE}$ 方面超出 $12 \sim 15.2\text{dB}$。表 A.8 中给出的优化窗函数较已知的所有窗函数[3,6-10]在 $SLLF_{EE}$ 方面超出 $12 \sim 15.2\text{dB}$ 领先 $1.5 \sim 18.4\text{dB}$。需要特别强调指出的是，优化窗函数在频率估计误差削减时，较 DC 窗其性能优势甚至能够超过一个 SAD 分辨单元。在 $N = 3$ 时，表 A.8 最后几行所示优化窗函数在可允许 F_{EEmax} 条件下，其 $SLLF_{EE}$ 方面的性能增益即已达到 3dB；而且它们的旁瓣还具有衰减传播特性。

由 AWF 谱特性可知，增加 N，给定 F_{EEmax} 下的最小可达 $SLLF_{EE}$ 会进一步降低，也就是说，这些最优窗函数（基于前述准则获得）在信号频率估计方面的优势还可进一步扩大。

这些结果可以证明，在射频脉冲频率估计及其相关问题（如天线扫描进行目标角坐标估计时）中，基于 F_{EEmax} 的窗函数优化处理可以获得显著的性能改善优势。

A.6 小 结

AWF 窗函数独有的特性允许我们最小化截断误差，特别是在基于傅里叶变换的多频率信号谐波分析应用中。这些特性允许我们基于多种不同准则（已知或新创）获得满足要求的窗函数，举例来说，可以在给定主瓣宽度和旁瓣电平衰减速度下，创建具有极低谱密度旁瓣电平值的窗函数，又或是允许我们设计可带来极低频率估计误差的窗函数。

我们确信，AWF窗函数以及据此对传统窗函数进行改造而得到的那些窗函数，它们的这种性能优势足以使得信号处理性能得到显著提升。

参考文献

[1] Davydochkin, V. M., and S. V. Davydochkina, "New Calculation Method for Effective Weighting Functions for a Spectral Analysis," Proceedings of XII Intern. Conf. Radar Technology, Navigation and Communication, Voronezh, Vol. 3, 2006, pp. 1662-1668. [In Russian.]

[2] Davydochkin, V. M., and S. V. Davydochkina, "Weighting Functions for Digital Adaptive Harmonic Analysis of a Signal," Radiotekhnika, Vol. 9, No. 144, 2009, pp. 11-20. [In Russian.]

[3] Harris, F. J., "On Use of Windows for Harmonic Analysis with the Discrete Fourier Transform," IEEE Transactions on Audio Electroacoustics, Vol. AU-25, 1978, pp. 51-83.

[4] Voskresenskiy, D. I., et al., Antennas and SHF Devices: Calculation and Design of Antenna Arrays and Their Radiated Elements, Moscow, Russia: Sovetskoe Radio Publ., 1972. [In Russian.]

[5] Dolph, C. L., "A Current Distribution for Broadside Arrays Which Optimizes the Relationship Between Beam Width and Sidelobe Level," Proc. IRE, No. 6, 1946, pp. 335-348.

[6] Dvorkovich, A. V., "New Calculation Method of Effective Window Functions Used at Harmonic Analysis with the Help of DFT," Digital Signal Processing, No. 2, 2001, pp. 49-54. [In Russian.]

[7] Dvorkovich, A. V., "Once More About One Method for Effective Window Function Calculation at Harmonic Analysis with the Help of DFT," Digital Signal Processing, No. 3, 2001, pp. 13-18. [In Russian.]

[8] Kirillov, S. N., M. Y. Sokolov, and D. N. Stukalov, "Optimal Weighting Processing at Spectral Analysis of Signals," Radiotekhnika, No. 6, 1996, pp. 36-38. [In Russian.]

[9] Kravchenko, V. F., Lectures on Atomar Function Theory and Some Applications, Moscow, Russia: Radiotekhnika Publ., 2003. [In Russian.]

[10] Kharkevich, A. A., Spectra and Analysis, 4th ed., Moscow, Russia: Fizmatgiz Publ., 1962. [In Russian.]